JN270406

**大人も子どももすらすら復習！**

# この算数、できる？

## 1年生から6年生まで丸ごと一冊

小学校の算数を楽しむ会

中経出版

# はじめに

### ●算数嫌いだなんて、モッタイナイ！

　最近、算数嫌い、理科嫌いのお子さんが増えているそうです。中高生の理系離れも進む一方で、大学の理系学部もレベルが低くなってきているという話さえ耳にします。

　かくいう私たち「小学校算数で遊ぶ会」の面々も、実はそんな子どもたちの親であったり、自分たち自身、子ども時代に算数や数学が決して得意ではなかったという過去を持っていたりします（算数や数学ばかりでなく、「学校の勉強そのものが苦手でした」なんていう人も多いのですが）。

　私たちがこの会を始めたのは、子どもに算数について聞かれたとき、なかなか的確に、そして面白く教えてやることができなかったことにあります。というと、「子どものためにやっている」会のようですが、そうではありません。私たち自身、算数がとても面白く、学んでいてワクワクするのです。

### ●算数は楽しくって、すごいヤツ

　仕事にもよりますが、一般的に社会に出ると、学生時代と違って、算数や数学に触れる機会はずっと少なくなります。英語などはいろいろな教材が売られていますし、そのほかの知識（文学や歴史、法学、経済学など）も、社会に出てからのほうが造詣が深まります。ところが、算数や数学だけは、とんとご無沙汰になってしまいますよね、なぜか。

会えないと恋しくなる――ではありませんが、「どんなものだったっけ？」と、気になりませんか。私たちはそうでした。そして、久しぶりに会った小学校の算数は思っていた以上に楽しく、刺激的なものだったのです。私たちは会を重ねるごとに、算数の面白さにはまっていき、今回機会を得てこうして本の形にさせていただくことができました。

　みなさんにも、ぜひ本書で算数を楽しんでいただければと思います。

　そして、小学校のお子さんがいらっしゃる方は、ぜひ一度、お子さんとともに本書を広げてみてください。本書は実際に使われている小学校1～6年生の教科書に基づいていますが、「できる」ことよりも「楽しむ」ことを、「速く解答する」ことよりも「解くプロセスを発見して、正解にいたる楽しみ」を味わっていただけるように工夫して書いたつもりです。

　なお、こうした経緯で"素人"の私たちから生まれてきた本ですから、学校で先生方が使っている「学習指導要領」などは参考にしていません。そうした面でご批判があるかもしれませんが、あくまでも大人である自分たちのアタマで発想し、楽しみながらおさらいするのが目的の本だということをご理解いただき、ご容赦いただければと思います。

　では、そうぞ――。果たして楽勝か、はたまた意外な苦戦か？結果は解いてみてからのお楽しみ、です！

　2001年11月　　　　　　　　　小学校の算数を楽しむ会

# もくじ CONTENTS

## 1章 計算 足し算、引き算、かけ算、わり算

足し算・引き算① 　一年生 　……………………10

足し算・引き算② ～筆算 　二年生 　………16

コラム① 暗算のコツ ～足し算・引き算……20

大きな数①（1000までの数） 　二年生 　…22

大きな数の足し算 　二年生 　………………………29

大きな数の引き算 　二年生 　………………………33

かけ算 ～九九①（5の段まで） 　二年生 　………35

かけ算 ～九九②（9の段まで） 　二年生 　………42

九九の表 　二年生 　……………………………………48

大きな数②（1万までの数） 　二年生 　…………51

かけ算 ～かけ算の決まり 　三年生 　……………56

かけ算 ～筆算① 　三年生 　…………………………60

コラム② 暗算のコツ ～かけ算 ……………66

わり算 　三年生 　………………………………………67

あまりのあるわり算 　三年生 　……………………74

わり算 ～筆算① 　三年生 　…………………………80

# もくじ

大きな数のわり算　三年生 …………… 82

**コラム③** わり算の虫食い算をやってみよう ………… 92

大きな数③（千万の位までの数）　三年生 ……… 93

かけ算　〜筆算②　三年生 …………… 101

□を使った計算　三年生 …………… 105

**コラム④** そろばんを覚えていますか？ ………… 109

大きな数④（億と兆）　四年生 …………… 110

かけ算　〜筆算③　四年生 …………… 114

およその数（概数、概算）　四年生 …………… 118

わり算　〜筆算②　四年生 …………… 125

式と計算　四年生 …………… 136

文字と式　五年生 …………… 143

## 2章　単位　時間、長さ、かさ、重さ

時間と時刻①　二年生 …………… 150

時間と時刻②　三年生 …………… 153

長さ①　二年生 …………… 156

長さ②　三年生 …………… 161

# CONTENTS

水のかさ（ℓ, dℓ, mℓ）　二年生 …………………… 164

重さ　三年生 …………………………………………… 168

平均、単位量あたりの大きさ、速さ　五年生 …172

## 3章　いろいろな数　分数、小数、倍数、約数

分　数　三年生 ………………………………………… 182

小　数①　三年生 ……………………………………… 187

小　数②　四年生 ……………………………………… 192

小数のかけ算、わり算　四年生 ……………………… 199

いろいろな分数　四年生 ……………………………… 206

小数のかけ算　五年生 ………………………………… 213

小数のわり算　五年生 ………………………………… 216

整　数　～倍数、約数、偶数・奇数　五年生 ……… 220

分数の足し算、引き算　五年生 ……………………… 228

分数と小数、分数とわり算　五年生 ………………… 235

分数のかけ算　六年生 ………………………………… 240

分数のわり算　六年生 ………………………………… 246

# もくじ

## 4章 図形

形作り　`一年生` ……………………………… 254

三角形と四角形　`二年生` ……………… 256

箱の形（展開図）　`二年生` …………… 263

円と球　`三年生` ………………………………… 267

三角形　`三年生` ………………………………… 272

角　`四年生` ……………………………………………… 276

垂直と平行　`四年生` ……………………… 280

いろいろな四角形〜台形、平行四辺形、ひし形

　　　`四年生` ……………………………………………… 283

直方体と立方体　`四年生` ……………… 288

図形の合同と角　`五年生` ……………… 292

対称な形　`六年生` …………………………… 300

立体　`六年生` …………………………………… 304

# CONTENTS

## 5章 面積・体積

- 面 積　四年生 ……………………… 314
- 体積と容積　五年生 ……………… 319
- 三角形や四角形の面積　五年生 …… 326
- 正多角形と円　五年生 …………… 335
- 立体の表面積と体積　六年生 …… 345
- いろいろな単位　六年生 ………… 354

## 6章 表・グラフ

- 表とグラフ　二年生 ……………… 360
- 表と棒グラフ　三年生 …………… 362
- 折れ線グラフ　四年生 …………… 368
- 百分率（割合）とグラフ　五年生 …… 371
- 資料の調べ方（散らばり、延べ）と柱状グラフ
  　　　六年生 …………………… 382

# もくじ

## 7章 比、比例、場合の数

比　六年生　……………………………………390

拡大図と縮図　六年生　………………………397

コラム⑤　はかれないものをはかるには？……403

比例　六年生　…………………………………404

反比例　六年生　………………………………409

場合の数　六年生　……………………………414

1章

# 計算
## ——足し算、引き算、かけ算、わり算

ここでは算数の基本中の基本、
「四則算」(足し算、引き算、かけ算、わり算)
を見ていきましょう。
最初は簡単な足し算の問題から始まり、
最後には $x$ や $y$ を使った式まで
おさらいします。

# 足し算・引き算 ①

小学生レベル ★☆☆ ☆☆☆ 一年生

小学校１年生で最初に学ぶのは１～10までの数。教科書だけでなく、おはじきなどを使って１～10までの数と数字をしっかりと覚え、それから足し算・引き算に入っていくのです。

そして、だんだんと大きな数字の計算問題をやっていきます。

では、ご一緒に始めましょう。

**❶ 10はいくつといくつでしょうか。**

4 と □　　2 と □　　5 と □

8 と □　　9 と □　　6 と □

**❷ 答えはいくつでしょうか。**

3 + 4 = □　　2 + 5 = □　　1 + 9 = □

6 + 4 = □　　2 + 7 = □　　4 + 4 = □

5 − 2 = □　　8 − 3 = □　　9 − 5 = □

7 − 2 = □　　10 − 6 = □　　5 − 3 = □

**❸ □はどんな数でしょうか。**

10と5で □　　　10と9で □

12は10と □　　　17は10と □

**④ 答えはいくつでしょうか。**

3 + 8 = ☐　　8 + 7 = ☐　　10 + 4 = ☐

5 + 9 = ☐　　7 + 4 = ☐　　9 + 9 = ☐

―――――● 答え ●―――――

① 6　　8　　5
　　2　　1　　4
② 7　　7　　10
　　10　　9　　8
　　3　　5　　4
　　5　　4　　2
③ 15　　19
　　2　　7
④ 11　　15　　14
　　14　　11　　18

☞ 答えが2けたの数字になる足し算の問題です。

足し算は、次のように考えます。

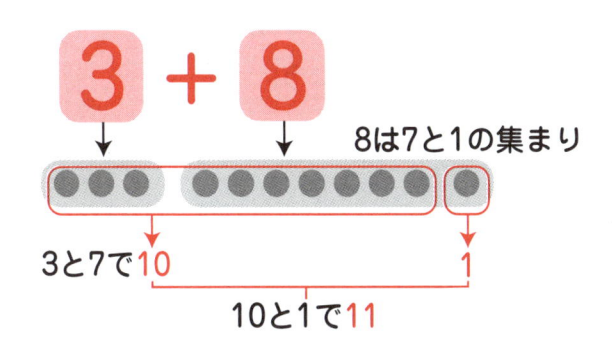

**3 + 8**

8は7と1の集まり

3と7で **10**　　　　**1**

10と1で **11**

さて、こうして基本的な数の概念をしっかりとつかんだら、0や数のしくみ（数の大小関係や10進法など）に慣れていきながら、少しずつ複雑な計算に入っていきます。

**5** 数字が順序よく並ぶように、□に数字を書き入れましょう。

例) －11－12－13－14－

(1) －18－□－16－□－　　(2) －10－□－□－14－

(3) －□－2－1－□－　　(4) －3－□－□－7－9－

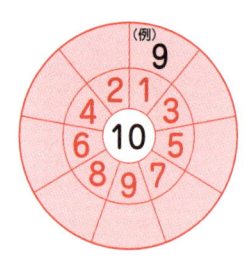

**6** 答えはいくつでしょうか。

2 + 2 + 5 = □　　　　9 + 3 + 4 = □

5 − 3 + 1 = □　　　　10 − 3 − 7 = □

4 + 2 − 2 = □　　　　2 + 8 − 5 = □

**7** 赤い数字は、まん中の数とまわりの数が「いくつ違うか」を表しています。あいているところにあてはまる数を書き入れましょう。

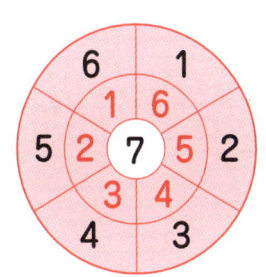

**❽ 答えはいくつでしょうか。**

11 − 3 = ☐   15 − 6 = ☐   14 − 8 = ☐

13 − 7 = ☐   16 − 9 = ☐   18 − 5 = ☐

**❾** 赤いビー玉が8こあります。黄色いビー玉は、赤いビー玉より6こ（多い、少ない）そうです。黄色いビー玉は何こですか。

答え　多いとき　→　　こ　少ないとき　→　　こ

―――――― 答え ――――――

⑤　(1) 17　　15　　(2) 12　　16
　　(3) 3　　0　　(4) 5

⑥　　9　　16
　　　3　　0
　　　4　　5

⑦

外側（左の円）: 6, 1, 2, 3, 4, 5
内側（左の円、中央7）: 1, 6, 5, 4, 3, 2
中央: 7

外側（右の円）: 8, 9, 7, 5, 3, 1, 2, 4, 6
内側（右の円、中央10）: 2, 1, 3, 5, 7, 9, 6, 4
中央: 10

⑧    8      9      6
     6      7      13

☞⑧は2けたの数字の引き算。たとえば11−3は、11を「10と1」としてとらえ、まず10から3を取り、残った7と1を足すと8になる——と考えます。なんだか、かえってややこしいように思われるかもしれませんが、最初はそんなふうにして引き算の原理をつかんでいくのですね。

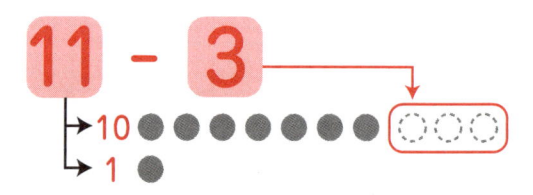

⑨ 多いとき  →  14こ（8＋6＝14）
   少ないとき  →  2こ（8−6＝2）

次は、文章問題をやってみましょう。

**⑩ キャンディーが9こあります。5人の子どもが1つずつ食べると、残りは何こですか。**

式 _____　答え　　こ

**⑪ たろうくんは前から5番目にいます。たろうくんの後ろには8人います。全部で何人いますか。**

式 _____　答え　　人

## ⑫ □にあてはまる数を書き入れましょう。

(1) 10を8つと1を4つ集めた数は□です。

(2) 94は□を9つと、1を□つあわせた数です。

(3) 一の位が6、十の位が4の数は□です。

● 答え ●

⑩ 式　9−5=4　　答え　4こ

⑪ 式　5+8=13　　答え　13人

☞ ⑩も⑪も、意外にややこしい問題。とくに⑪は絵に描いてみると、わかりやすくなります。

⑫ (1) 84　　(2) 10、4　　(3) 46

☞ 10進法という"数のしくみ"を意識した問いです。私たちは10進法を当たり前のように思って使っていますが、時間は60進法ですし、コンピュータプログラミングなどでは2進法を使っています。また、古代ローマでは5進法が使われていました。10進法は必ずしも絶対的なものではないのですね。

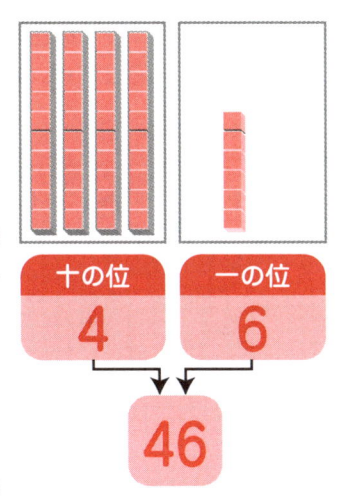

# 足し算・引き算② ～筆算

小学生レベル ★（二年生）

2年生になると、いよいよ**筆算**やかけ算・わり算に入っていきます。まずは、足し算、引き算の筆算のやり方を見てみましょう。

筆算では、位ごとに計算します。

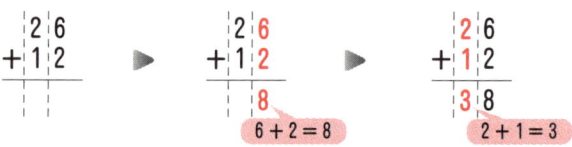

```
  2 6        2 6        2 6
+ 1 2      + 1 2      + 1 2
────       ────       ────
              8        3 8
           6+2=8       2+1=3
```

①たてに位をそろえる。　②「一の位」を計算する。　③「十の位」を計算する。

今度は**繰り上がり**のある筆算です。こんなふうに習ったのを覚えていらっしゃいますか。

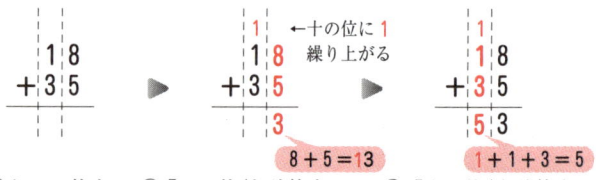

```
            1           1
  1 8       1 8         1 8
+ 3 5     + 3 5       + 3 5
────      ────        ────
              3         5 3
          ←十の位に1繰り上がる
          8+5=13      1+1+3=5
```

①たてに位をそろえる。　②「一の位」を計算する。　③「十の位」を計算する。

## ❶ 答えはいくつでしょうか。

```
  2 7        4 3        7 4
+ 3 2      + 2 6      + 1 3
────       ────       ────
```

## ❷ 答えはいくつでしょうか。

```
  2 4        5 9        3 5
+ 6 8      + 1 2      + 2 7
```

```
  7 5        4 9          8
+   9      +   8      + 8 7
```

## ❸ □にあてはまる数字を書き入れましょう。

```
  2 □        4 □        3 1
+   8      + 3 9      + □ 9
  □ 1        □ 2        7 0
```

●━━━━━━━━● 答え ●━━━━━━━━●

① 59　　69　　87

② 92　　71　　62
　　84　　57　　95

③ ☞「虫食い算」と呼ばれるものです。どの問題も、一の位から考えていきましょう。たとえば、1つめは……。

```
  2 □       8を足したときに、         1            1
+   8    ▶ 答えの一の位が1    ▶   2 3      ▶   2 3
  □ 1       になる数は3だけ。       +   8          +   8
            □は3。                  □ 1            3 1
```

ほかの計算も同じように考えてやってみましょう。

1章●計算　17

```
  4 3         3 1
+ 3 9       + 3 9
-----       -----
  8 2         7 0
```

さて、次は引き算の筆算です。こちらも、足し算と同じように、位ごとに計算していきます。

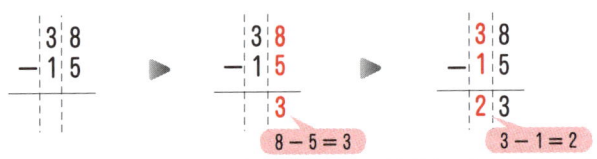

```
  3 8         3 8         3 8
- 1 5       - 1 5       - 1 5
-----       -----       -----
              3           2 3
```

① たてに位を　② 「一の位」を計算する。　③ 「十の位」を計算する。
　そろえる。　　　　8−5=3　　　　　　　　3−1=2

続いて、**繰り下がり**がある引き算を見てみましょう。繰り下がりは、十の位から一の位に数を移して計算する方法です。

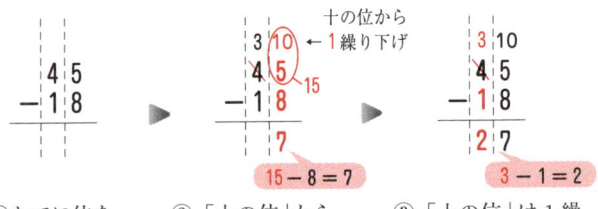

```
                  十の位から
  4 5     3 10 ←1繰り下げ    3 10
- 1 8     4 5 15             4 5
-----   - 1 8              - 1 8
          -----              -----
              7                2 7
```
　　　　　　15−8=7　　　　　　3−1=2

① たてに位を　② 「十の位」から　③ 「十の位」は1繰
　そろえる。　　1繰り下げる。　　り下げたので、3。

## ❹ 答えはいくつでしょうか。

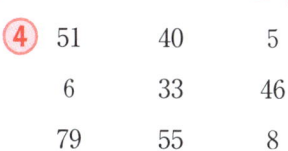

```
  6 3        8 4        5 7
- 1 2      - 4 4      - 5 2
```

```
  2 4        5 2        7 3
- 1 8      - 1 9      - 2 7
```

```
  9 8        6 2        5 5
- 1 9      -   7      - 4 7
```

● 答え ●

❹　51　　　40　　　5
　　 6　　　33　　　46
　　79　　　55　　　8

コラム ①

# 暗算のコツ
## ～足し算・引き算

　2けたくらいまでの足し算や引き算の場合、次のような方法で暗算すると簡単に答えが出せます。

　「自分は計算が遅くて……」なんていう人でも大丈夫。コツをのみ込みさえすれば、効果テキメンです。

● 足し算

例) 45＋37

**こんなふうにやってみよう！**

45＋37だから、5と7を足すと12、1繰り上がって…あれあれ？？

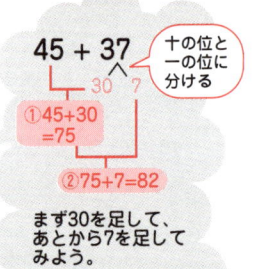

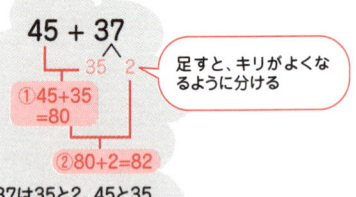

45 ＋ 37
　　　　30　7
① 45＋30 ＝75
② 75＋7＝82

十の位と一の位に分ける

まず30を足して、あとから7を足してみよう。

45 ＋ 37
　　　　35　2
① 45＋35 ＝80
② 80＋2＝82

足すと、キリがよくなるように分ける

37は35と2。45と35を足すと、ちょうど80ね。

## ●引き算

例）45－37

**こんなふうにやってみよう！**

えーっと…
5から7を引けないから、
繰り下げて…
あれあれ？？

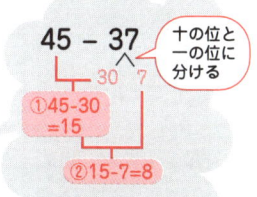

45 － 37
　　　30　7

①45－30＝15
②15－7＝8

十の位と一の位に分ける

まず30を引いて、あとから7を引くとすごく簡単！

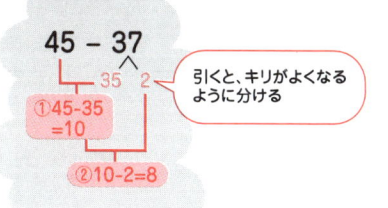

45 － 37
　　　35　2

①45－35＝10
②10－2＝8

引くと、キリがよくなるように分ける

# 大きな数①
# （1000までの数）

小学生レベル
二年生

　私たち大人は、数は無限にあることを知っています。でも、幼い子どもたちにとって「大きな数」といえば、たいていは数百数千どまり。おこづかいも、ふつうは3けたか4けたでしょう。そんな子どもたちも、2年生になると1000までの数を学びます。

　数のしくみは、次のような説明とともに、こんな図を使って理解していきます。

100を2つ集めた数を**二百**といいます。
二百と四十三をあわせた数を**二百四十三**といいます。

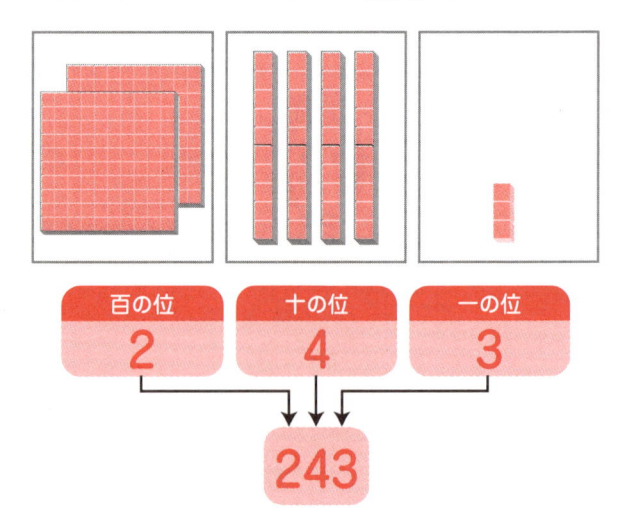

| 百の位 | 十の位 | 一の位 |
|---|---|---|
| 2 | 4 | 3 |

243

二百四十三は243と書きます。2は**百の位**の数字です。

# 1 棒は何本、色紙は何枚ありますか

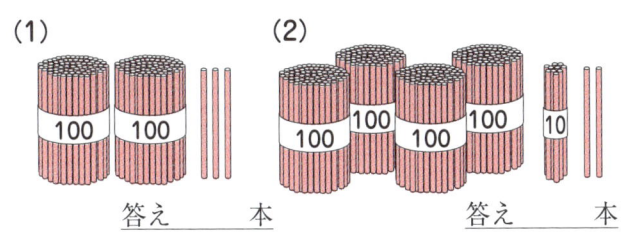

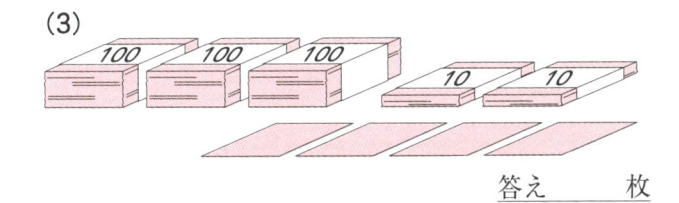

(1) 答え ____ 本

(2) 答え ____ 本

(3) 答え ____ 枚

# 2
(1) 100を3こ、10を5こ、1を9こあわせた数は ____ です。

(2) 303は ____ を3こ、10を ____ こ、1を ____ こあわせた数です。

(3) 一の位が3、十の位が2、百の位が4の数は ____ です。

# 3
(1) 10を13こ集めた数は ____ です。

(2) 280は10を ____ こ集めた数です。

● 答え ●

① (1) 203　　(2) 412　　(3) 324

② (1) 359　　(2) 100　0　3　　(3) 423

③ (1) 130　　(2) 28

☞大人はかけ算やわり算のしくみを知っていますから、(1)は10×13、(2)は280÷10という式で表すことができ、答えが出せることを知っています。一方、2年生の子どもたちは「10が10こで100。だから、13こだと……」と考えます。こうして、数のしくみとともに、かけ算やわり算を理解する素地を養っていくのですね。

さて、100を10こ集めた数を**千**といい、**1000**と書きます。

こんなふうに、ある位の数が10こ集まると、次の位に1繰り上がるのは、「10進法」にのっとっているからですよね。

0　100　200　300　400　500　600　700　800　900　1000

900　910　920　930　940　950　960　970　980　990　1000

1000は100が10こ集まったもので、
100は　10が10こ集まったもので、
10は　　1が10こ集まったもの
ということがよくわかるなぁ。

**❹ □にあてはまる数を書き入れましょう。**

(1) 378 □ 380 381 □ □ 384

(2) □ 500 □ 600 650 700 □

**❺ 答えはいくつでしょうか。**

40 + 80 = □　　300 + 50 = □　　400 + 600 = □

110 − 50 = □　　900 − 800 = □　　650 − 50 = □

1000 − 200 = □　　1030 − 30 = □

---
● 答え ●

❹ (1) 379　382　383　　(2) 450　550　750

☞これは「めもり」(数直線)の問題です。めもりがついたものには、たとえば「ものさし」があります。ものさしにもいろいろあって、いちばん小さいめもりが1のものもあれば、50のものもある——大人にすれば、当たり前のこんなことも、子どもたちにとっては初めて学ぶことなのですね。「めもり」は用途(使いみち)や目的によって、自由に設定できます。考えてみると、とても便利なことだと思われませんか。

⑤ 120　　　350　　　1000
　60　　　100　　　600
　800　　　1000

☞どれも暗算で楽に解けるものばかりのようでいて、案外、途中で頭がこんがらがったような気持ちになった方も多いのではないでしょうか。「小さい頃、そろばんをやっていた」なんていう方をのぞくと、なかなか1000以上の数が混じる計算は面倒なものですよね。

　一方、「手ごたえがなかった～」という方のために、オマケの問題です。どうぞ（暗算で挑戦してみてくださいね）。

(1) $1030 + 80 = \boxed{\phantom{0}}$　　(2) $1250 + 90 = \boxed{\phantom{0}}$
(3) $1210 - 12 = \boxed{\phantom{0}}$　　(4) $1118 - 58 = \boxed{\phantom{0}}$

答えは28ページです。

次は「数の大小」です。数の大小は**>**、**<**（**不等号**）を使って表します。大きさが同じときは**＝**（**等号**）を使います。>は「大なり」、<は「小なり」と読むのを覚えていらっしゃいますか。ただし2年生では、**>は「…は〜より大きい」**、**<は「…は〜より小さい」**と読むように教わります。

「どの数が大きいか」を見るときは、大きい位から順に見ていくと、すぐにわかります。たとえば、365と358の場合。まず百の位を見ると、同じなので飛ばします。次に十の位をチェックしてみましょう。すぐわかりますよね。

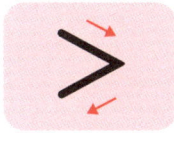

**＞** 「…は〜より大きい」
365 ＞ 358　「365は358より大きい」

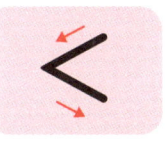

**＜** 「…は〜より小さい」
358 ＜ 365　「358は365より小さい」

**❻ □にあてはまる＞、＜を書きましょう。**

(1) 578□587　(2) 381□348　(3) 92□101

**❼ □にあてはまる数を全部書いてください。**

(1) 475＜4□1　　答え＿＿＿＿＿＿＿＿

(2) 9□2＞955　　答え＿＿＿＿＿＿＿＿

**8** □にあてはまる不等号や等号を書きましょう。

(1) 180 □ 80 + 50　　(2) 700 □ 760 - 60
(3) 160 □ 90 + 80　　(4) 250 □ 280 - 40

———————●　答え　●———————

**6** (1) ＜　　(2) ＞　　(3) ＜

☞ (1)と(2)は百の位は同じなので飛ばし、十の位を見比べます。

**7** (1) 8, 9　　(2) 6, 7, 8, 9

☞ (1)の□は7よりも大きい数、(2)の□は5よりも大きい数が入ります。

**8** (1) ＞　　(2) ＝　　(3) ＜　　(4) ＞

〈26ページの答え〉

(1) 1110　　(2) 1340　　(3) 1198　　(4) 1060

☞(3)は12を「10と2」に分けて考え、1210から、まず10を引き、残った1200から2を引く——と考えます。「200-2」は198ですから、答えは1198ですよネ。

(4)は58を「50と8」に分けて考え、まず8を引き、残った1110から50を引く、と考えます。「110-50」は60ですから、答えは1060になりますよね。

(3)にしても(4)にしても、ちょっとややこしい問題は「引く数」((3)なら12、(4)なら58)を上手に分けるのが、コツです。

# 大きな数の足し算

小学生レベル ★★★ 二年生

次は、今まで見てきた「大きな数」（1000までの数）を使った足し算です。

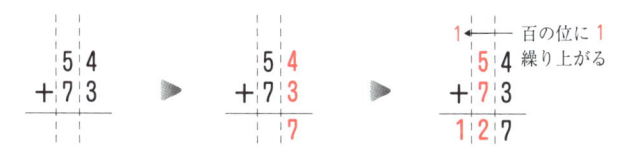

```
    5 4           5 4         1  ← 百の位に1
  + 7 3         + 7 3           5 4   繰り上がる
  -----         -----         + 7 3
                    7         -------
                              1 2 7
```

① たてに位をそろえる。
② 「一の位」を計算する。 4 + 3 = 7
③ 「十の位」を計算する。 5 + 7 = 12

**1** 答えはいくつでしょうか。

```
   9 3          7 4          8 5
 + 2 2        + 5 5        + 6 2
 -----        -----        -----
```

今度はもう少し複雑かもしれません。「繰り上がり」が続くタイプの計算です。

```
    5 7          1 ← 十の位に1      1 1   百の位に1
  + 8 6          5 7   繰り上がる    5 7   繰り上がる
  -----        + 8 6              + 8 6
                -----              -------
                    3              1 4 3
```

① たてに位をそろえる。
② 「一の位」を計算する。 7 + 6 = 13
③ 「十の位」を計算する。 1 + 5 + 8 = 14

**❷ 答えはいくつでしょうか。**

```
  5 9         8 8         9 8
+ 7 3       + 6 6       + 3 7
─────       ─────       ─────


  6 9         7 1         8 9
+ 9 2       + 5 5       + 8 8
─────       ─────       ─────
```

---

だんだん、計算に使う数字が大きくなっていきます。ただ、やり方は、これまでとまったく変わりません。

それでは、3けたどうしの足し算をどうぞ。

```
  2 7 1         2 7 1         2 7 1
+ 3 2 5   ▶   + 3 2 5   ▶   + 3 2 5
───────       ───────       ───────
      6           9 6       5 9 6
```

① 「一の位」を
　計算する。
　1 + 5 = 6

② 「十の位」を
　計算する。
　7 + 2 = 9

③ 「百の位」を
　計算する。
　2 + 3 = 5

繰り上がるタイプの足し算も、見てみましょう。

```
    1                1 ←十の位に1
  3 5 8          3 5 8    繰り上がる      3 5 8
+ 5 2 6    ▶   + 5 2 6              ▶ + 5 2 6
───────        ───────                ───────
      4            8 4                8 8 4
```

① 「一の位」
　8 + 6 = 14

② 「十の位」
　1 + 5 + 2 = 8

③ 「百の位」
　3 + 5 = 8

**③ 答えはいくつでしょうか。**

```
  1 0 6        1 7 6        3 9 4
+ 2 0 5      + 2 1 8      + 2 5 1
---------    ---------    ---------


  5 6 8        4 8 0        6 2 2
+ 3 2 9      + 2 7 0      +   9 5
---------    ---------    ---------


  1 8 7            9        2 5 9
+ 4 1 5      + 6 9 1      + 3 8 9
---------    ---------    ---------
```

●━━━━━━━━━● 答え ●━━━━━━━━━●

① 115　　129　　147
② 132　　154　　135
　 161　　126　　177
③ 311　　394　　645
　 897　　750　　717
　 602　　700　　648

これまでは2つの数の計算を見てきました。今度は3つの数の計算を見てみましょう。

例) ゆうたくんはパン屋さんで120円のジュースを買い、そのあと文房具店で105円のノートと、52円の消しゴムを買いました。全部でいくら使ったでしょうか。

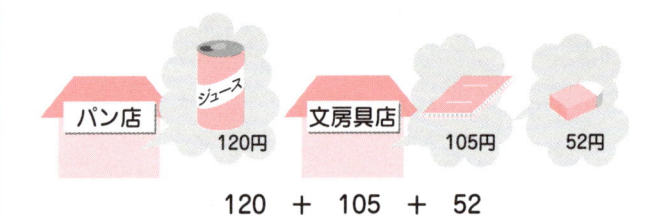

| パン店 | 文房具店 | |
|---|---|---|
| ジュース 120円 | 105円 | 52円 |

120 ＋ 105 ＋ 52

＜1つずつ足すやり方＞
120＋105＝225　　225＋52＝277

＜まとめて足すやり方＞
　文房具店で買った分（105＋52）はまとめて、その合計額をジュース代と足します。
　120＋(105＋52)＝277

　**式では（　）の中は先に計算する**のが決まりです。これは、足し算以外の計算（引き算、かけ算、わり算）でも同じです。
　また、3つの数の足し算も、筆算でできます。

```
      1 2 0
      1 0 5
　＋　  5 2
1+1   2 7 7   0+5+2
      2+0+5
```

# 大きな数の引き算

小学生レベル ★★ 二年生

今度は、「大きな数」（1000までの数）を使った引き算です。

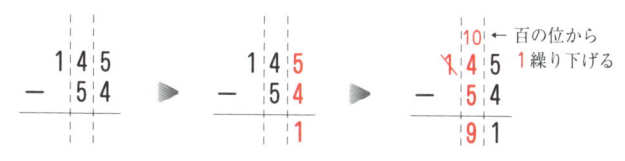

```
  1 4 5              1 4 5            ¹10 ← 百の位から
-   5 4      ▶    -   5 4     ▶   ✕ ✕ 5    1繰り下げる
                          1        -   5 4
                                       9 1
```

① たてに位を そろえる。

②「一の位」を 計算する。
　5 − 4 = 1

③「百の位」から 1繰り下げて、
　14 − 5 = 9

続けて、3けたどうしの引き算も見てみましょう。繰り下がりが続きます。

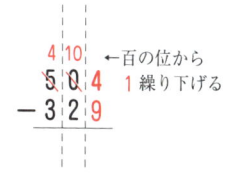

```
                                         9
  ⁴10 ← 百の位から           ⁴10 10
  5 ✕ 4    1繰り下げる       5 ✕ ✕
-  3 2 9            ▶    -  3 2 9
                            1 7 5
```

①まず「一の位」を計算したいが、足りないので「十の位」から1繰り下げることにする。ところが、十の位は0で、足りないので「百の位」から1繰り下げる。

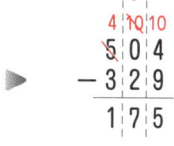

②「一の位」、「十の位」「百の位」の順番で計算する。
　〈一の位〉14 − 9 = 5
　〈十の位〉9 − 2 = 7
　〈百の位〉4 − 3 = 1

**1** 答えはいくつでしょうか。

```
  1 5 2        3 6 9        2 8 9
-   9 1      -   8 5      -   9 9
---------    ---------    ---------
```

**2** 答えはいくつでしょうか。

```
  5 2 0        8 6 5        9 6 6
- 2 3 8      - 6 7 6      - 4 6 8
---------    ---------    ---------


  4 4 7        1 4 4        6 4 2
- 3 5 8      -   9 7      -   4 9
---------    ---------    ---------
```

---

答え

**①** 61　　284　　190
**②** 282　　189　　498
　　89　　47　　593

# かけ算 ～九九①（5の段まで）

小学生レベル
★★★★★★
二年生

2年生といえば、かけ算と九九。最初は次のようにして、かけ算とはどういうものかといったことを学びます。

**例1）** リンゴは全部でいくつあるでしょうか。

答え　1さらに3つずつ、4さら分で☐こあります。

☐は12。リンゴの数は **3＋3＋3＋3** で12こ、つまり **3を4回足す** ことで求めることができます。
（1さら分　1さら分　1さら分　1さら分）

これを **3×4＝12** と書いて、「**3かける4は12**」と読みます。

$$3 \times 4 = 12$$
1さら分の数　さらの数　全部の数

こうした計算を **かけ算** といいます。かけ算は、同じ数のものが何こかあるときに、全部の数を求めるのに使います。

**例2）** ミカンは全部でいくつあるでしょうか。

1章●計算　35

答え　1さらに5こずつ、2さら分で□こあります。

□は10ですね。ミカンの数は**5+5**で10こ、つまり**5を2回足す**ことで求めることができます。

これもかけ算の式で書いてみましょう。

$$5 \times 2 = 10$$
1さら分の数　さらの数　　全部の数

私たち大人は九九が頭にしみついているせいか、ふだん、「なぜ、5×2は10になるのか」などと考えたりしません。

でも、5×2というのは「5を2回足す」ということを表すと決めたものなので、「5×2は10になる」んですね。

**❶ 積み木は全部でいくつあるでしょうか。かけ算の式で書いてみましょう。**

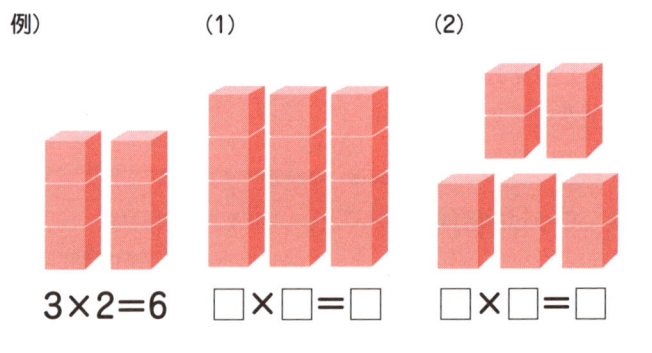

例）　　　　　（1）　　　　　　（2）

3×2=6　　　□×□=□　　　□×□=□

● 答え ●

① (1) ４×３=１２　　(2) ２×５=１０

もうひとつ、例題をやってみてください。

例3）5cmのリボンが2本あります。全部で何cmですか。

式 _____　　　　答え _____

```
      5cm        5cm
```

　　式　5×2＝10　　　　答え10cm

※cm→156ページ

　これも先ほどと同じように、5を2回足す計算で求めることができますね。
　また、5cmの**2つ分**の長さを「5cmの**2倍**の長さ」といいます。
　それでは、3つ分や4つ分は何というのでしょうか。
　そう、もちろん**3倍**、**4倍**ですよね。5cmの3倍は5＋5＋5、4倍は5＋5＋5＋5で求められます。

**②** 3人の3倍は何人でしょうか。かけ算の式に書いて、答えを求めましょう。

式 _____　　　　答え _____

**③** 2ℓのジュースが入ったペットボトルが6本あります。全部で何ℓですか。　　※ℓ→164ページ

式 _____　　　　答え _____

1章●計算　37

●━━━━━━━━━ 答え ━━━━━━━━━●

② 式　3×3＝9　　答え　9人
③ 式　2×6＝12　　答え　12ℓ

---

次はいよいよ**九九**。1の段から9の段までありますが、最初は**2の段**から始めましょう。簡単ですが、改めて見てみると「こういうしくみだったのか」と思われるかもしれません。

それでは、例題をどうぞ。

例) ケーキが2こずつ、おさらにのっています。
　(1) ケーキの数を1さら分から順に5さら分まで調べてみましょう。□に数を書き込んでください。

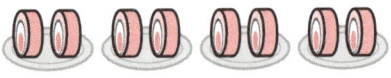

2×1＝□

2×2＝□

2×3＝□

2×4＝□

2×5＝□

(2) ケーキの数を、6さら分から順に9さら分まで調べてみましょう。

2×6＝□
2×7＝□
2×8＝□
2×9＝□

□に数を書き入れ終わりましたか。これが九九の2の段です。

九九では、たとえば2×3＝6は「二三が6」と読みます。

### 2の段の九九

| | |
|---|---|
| 2×1＝2 | 二一が 2 |
| 2×2＝4 | 二二が 4 |
| 2×3＝6 | 二三が 6 |
| 2×4＝8 | 二四が 8 |
| 2×5＝10 | 二五 10 |
| 2×6＝12 | 二六 12 |
| 2×7＝14 | 二七 14 |
| 2×8＝16 | 二八 16 |
| 2×9＝18 | 二九 18 |

答えは2ずつ増えていきます

**4** 子どもたちが、1人2こずつ、あめをもらいました。それぞれ、あめは全部で何こになるでしょうか。

(1) 子どもが5人のとき。

　式＿＿＿＿＿　　答え＿＿＿＿

(2) 子どもが9人のとき。

　式＿＿＿＿＿　　答え＿＿＿＿

● 答え ●

④ (1) 式　2×5=10　　答え　10こ
　 (2) 式　2×9=18　　答え　18こ

次に、5の段を見てみましょう。

### 5の段の九九

| | | |
|---|---|---|
| 5×1= 5 | 五一が | 5 |
| 5×2=10 | 五二 | 10 |
| 5×3=15 | 五三 | 15 |
| 5×4=20 | 五四 | 20 |
| 5×5=25 | 五五 | 25 |
| 5×6=30 | 五六 | 30 |
| 5×7=35 | 五七 | 35 |
| 5×8=40 | 五八 | 40 |
| 5×9=45 | 五九 | 45 |

答えは5ずつ増えていきます

⑤ 子どもが5人ずつ座っているベンチが4つあります。子どもは全部で何人でしょうか。

　　式　　　　　　　　　　　　答え

⑥ まさしさんの班は1人5こずつ、空きかんを拾いました。まさしさんの班は8人です。全部でかんをいくつ拾いましたか。

　　式　　　　　　　　　　　　答え

● 答え ●

⑤ 式　5×4＝20　　答え　20人
⑥ 式　5×8＝40　　答え　40こ

3の段、4の段も見てみましょう。

### 3の段の九九

| | | |
|---|---|---|
| 3×1＝ 3 | 三一(さんいち)が | 3 |
| 3×2＝ 6 | 三二(さんに)が | 6 |
| 3×3＝ 9 | 三三(さざん)が | 9 |
| 3×4＝12 | 三四(さんし) | 12 |
| 3×5＝15 | 三五(さんご) | 15 |
| 3×6＝18 | 三六(さぶろく) | 18 |
| 3×7＝21 | 三七(さんしち) | 21 |
| 3×8＝24 | 三八(さんぱ) | 24 |
| 3×9＝27 | 三九(さんく) | 27 |

答えは3ずつ増えていきます

### 4の段の九九

| | | |
|---|---|---|
| 4×1＝ 4 | 四一(しいち)が | 4 |
| 4×2＝ 8 | 四二(しに)が | 8 |
| 4×3＝12 | 四三(しさん) | 12 |
| 4×4＝16 | 四四(しし) | 16 |
| 4×5＝20 | 四五(しご) | 20 |
| 4×6＝24 | 四六(しろく) | 24 |
| 4×7＝28 | 四七(ししち) | 28 |
| 4×8＝32 | 四八(しは) | 32 |
| 4×9＝36 | 四九(しく) | 36 |

答えは4ずつ増えていきます

1章●計算

# かけ算 〜九九②
# （9の段まで）

小学生レベル
二年生

いかがでしたか。九九のしくみについては、もう十分に思い出されたことでしょう。九九のお話はあと少しでおしまいです。

それでは、9の段まで、順を追って見ていきましょう。

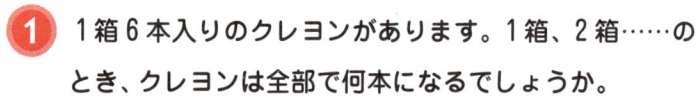

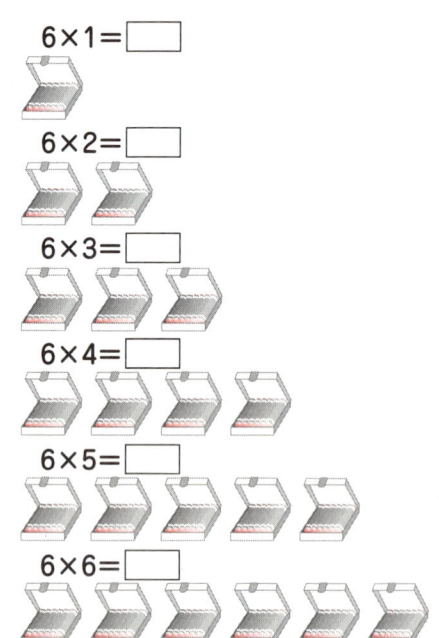

**1** 1箱6本入りのクレヨンがあります。1箱、2箱……のとき、クレヨンは全部で何本になるでしょうか。

6×1＝☐

6×2＝☐

6×3＝☐

6×4＝☐

6×5＝☐

6×6＝☐

6×7=☐

6×8=☐

6×9=☐

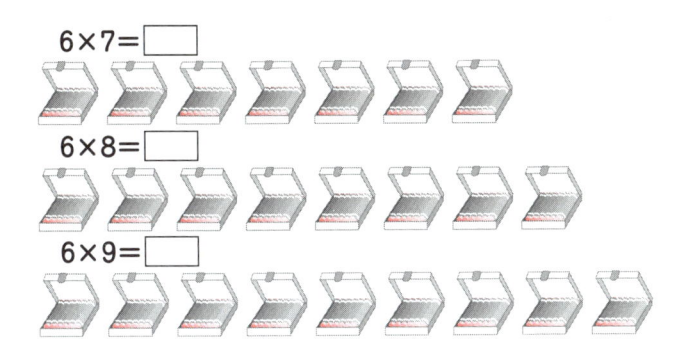

**2** 6の段では、「かける数」が1増えると、答えはいくつ増えるでしょうか。

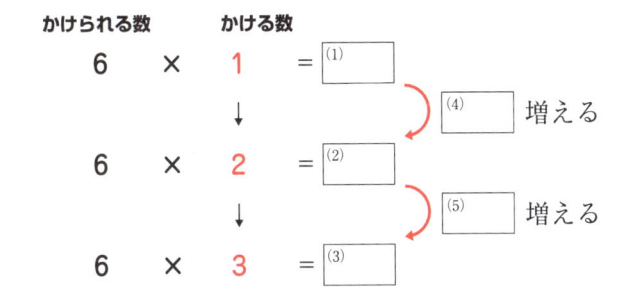

| かけられる数 | | かける数 | | |
|---|---|---|---|---|
| 6 | × | 1 | = | (1) ☐ |
| | | ↓ | | (4) ☐ 増える |
| 6 | × | 2 | = | (2) ☐ |
| | | ↓ | | (5) ☐ 増える |
| 6 | × | 3 | = | (3) ☐ |

**3** 6×2と同じ答えになる3の段の九九は何でしょうか。また、同じ答えになる2の段の九九は何でしょうか。

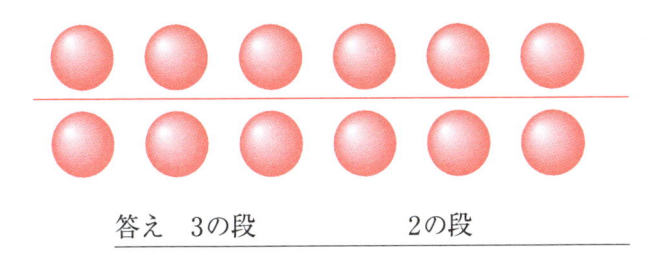

答え　3の段　　　　　2の段

● ━━━━━━━━━━━━━ 答え ━━━━━━━━━━━━━ ●

① ☞ 下の表を見てください。

② (1) 6　　(2) 12　　(3) 18　　(4) 6　　(5) 6

☞ 「かける数」が1増えると、答えは「かけられる数」だけ増えるのです。これは、どの段にも共通する決まりです。

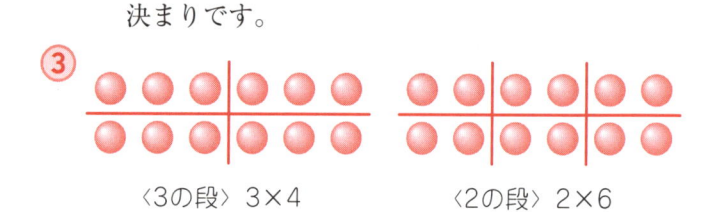

③

〈3の段〉3×4　　　〈2の段〉2×6

---

6の段をまとめてみましょう。

### 6の段の九九

| | |
|---|---|
| 6×1= 6 | 六一（ろくいち）が 6 |
| 6×2=12 | 六二（ろくに） 12 |
| 6×3=18 | 六三（ろくさん） 18 |
| 6×4=24 | 六四（ろくし） 24 |
| 6×5=30 | 六五（ろくご） 30 |
| 6×6=36 | 六六（ろくろく） 36 |
| 6×7=42 | 六七（ろくしち） 42 |
| 6×8=48 | 六八（ろくは） 48 |
| 6×9=54 | 六九（ろっく） 54 |

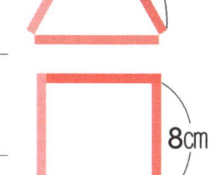

7の段、8の段も見てみましょう。

### 7の段の九九

| | | |
|---|---|---|
| 7×1= 7 | 七一（しちいち）が | 7 |
| 7×2=14 | 七二（しちに） | 14 |
| 7×3=21 | 七三（しちさん） | 21 |
| 7×4=28 | 七四（しちし） | 28 |
| 7×5=35 | 七五（しちご） | 35 |
| 7×6=42 | 七六（しちろく） | 42 |
| 7×7=49 | 七七（しちしち） | 49 |
| 7×8=56 | 七八（しちは） | 56 |
| 7×9=63 | 七九（しちく） | 63 |

### 8の段の九九

| | | |
|---|---|---|
| 8×1= 8 | 八一（はちいち）が | 8 |
| 8×2=16 | 八二（はちに） | 16 |
| 8×3=24 | 八三（はちさん） | 24 |
| 8×4=32 | 八四（はちし） | 32 |
| 8×5=40 | 八五（はちご） | 40 |
| 8×6=48 | 八六（はちろく） | 48 |
| 8×7=56 | 八七（はちしち） | 56 |
| 8×8=64 | 八八（はっぱ） | 64 |
| 8×9=72 | 八九（はっく） | 72 |

**4** 4週間は何日でしょうか。

式 _____　答え _____

**5** 8cmの棒で形を作ります。まわりの長さは全部で何cmになりますか。

(1) 三角形を作るとき

式 _____　答え _____

(2) 四角形を作るとき

式 _____　答え _____

● ━━━━━━━━━━━ ● 答え ● ━━━━━━━━━━━ ●

④ 式　7×4＝28　　答え　28日
⑤ (1) 式　8×3＝24　　答え　24cm
　 (2) 式　8×4＝32　　答え　32cm

9の段、そして1の段も見てみましょう。

| 9の段の九九 | | 1の段の九九 | |
|---|---|---|---|
| 9×1= 9 | 九一（くいち）が 9 | 1×1=1 | 一一（いんいち）が 1 |
| 9×2=18 | 九二（くに）　18 | 1×2=2 | 一二（いんに）が 2 |
| 9×3=27 | 九三（くさん）27 | 1×3=3 | 一三（いんさん）が 3 |
| 9×4=36 | 九四（くし）　36 | 1×4=4 | 一四（いんし）が 4 |
| 9×5=45 | 九五（くご）　45 | 1×5=5 | 一五（いんご）が 5 |
| 9×6=54 | 九六（くろく）54 | 1×6=6 | 一六（いんろく）が 6 |
| 9×7=63 | 九七（くしち）63 | 1×7=7 | 一七（いんしち）が 7 |
| 9×8=72 | 九八（くは）　72 | 1×8=8 | 一八（いんはち）が 8 |
| 9×9=81 | 九九（くく）　81 | 1×9=9 | 一九（いんく）が 9 |

　9の段の一の位は、どんな並び方になっているでしょうか。十の位はどうでしょうか。
　また、一の位と十の位の数を足してみてください。おもしろいことがわかりますよ。

**6** リボンを1人に9cmずつ配ります。5人分では、何cmのリボンが必要でしょうか。

式 _____　　答え _____

**7** たけしくんのお父さんは毎朝、ラジオ体操をします。1週間で何回、体操をすることになるでしょうか。

式 _____　　答え _____

●━━━━━━━━━●　**答え**　●━━━━━━━━━●

⑥ 式　9×5＝45　　答え　45cm

⑦ 式　1×7＝7　　答え　7回

☞ 1週間は7日ですから、こうなりますよね。

小学生レベル ★二年生

# 九九の表

前項で9の段まで、すべて終わりました。お疲れさまでした。

最後にまとめとして、「九九の表」を作ってみたいと思います。□の中を書き入れてください。

| かけられる数＼かける数 | 1 | 2 | 3 | 4 | 5 | 6 | 7 | 8 | 9 |
|---|---|---|---|---|---|---|---|---|---|
| 1の段 | 1 | | | | | | | | |
| 2の段 | 2 | | | | | | | | |
| 3の段 | 3 | | | | | | | | |
| 4の段 | 4 | | | | | | | | |
| 5の段 | 5 | | | 20 | | | | | |
| 6の段 | 6 | | | | | | | | |
| 7の段 | 7 | | | | | | | | |
| 8の段 | 8 | | | | | | | 56 | |
| 9の段 | 9 | | | | | | | | |

|   |   |   |
|---|---|---|
| 4 | 6 | 8 |
| 6 | 9 | 12 |
| 8 | 12 | 16 |

同じ答えが向き合っているんだね！

<ポイント>

①かける数が1増えると、答えはかけられる数だけ増えます

②かけられる数とかける数を入れかえても、答えは同じです。

**1** (1) 6の段では、かける数が1増えると、答えはいくつ増えますか。

答え _____

(2) 3×9のかける数が1増えると、答えはいくつですか。

答え _____

**2** □にあてはまる数を書いてください。

(1) □×6=6×8　　　(2) 5×3=3×□

**3** 答えが次の数になる九九をすべて書き出しましょう。

(1) 9　　答え _____
(2) 16　　答え _____

**4** 次のように、箱にケーキが入っています。ケーキは何こありますか。求め方を何とおりか考えてみましょう。

<例1>2この列が2つ、5この列が2つと考える

<例2>4この列が2つ、2この列が3つと考える

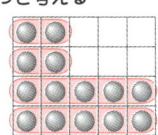

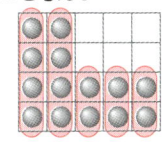

答え _____

## 答え

**①** (1) 6　　　(2) 30

☞ 3×9＝27。「かける数」が1増えると、「かけられる数」だけ増えるので、答えは27＋3で求められます。

**②** (1) 8　　　(2) 5

**③** (1) 1×9、9×1、3×3　　(2) 2×8、8×2、4×4

**④** ①2この列が2つと、5この列が2つと考える。

　　2×2＝4　5×2＝10　4＋10＝14　　答え　14こ

②4この列が2つと、2この列が3つと考える。

　　4×2＝8　2×3＝6　8＋6＝14　　答え　14こ

③4この列が2つと、3この列が2つと考える。

　　4×2＝8　3×2＝6　8＋6＝14　　答え　14こ

☞ ほかにも考えてみましょう。

〈引き算を使う〉この箱は「5こ×4列」あるので、20こ入り。空いているのは「3こ×2列」で6こ分。「20こ－6こ」で14こ入っている――と考えます。

〈移動する〉計算がもっと簡単になるように、お菓子を移動します。
3×4＝12　12＋2＝14

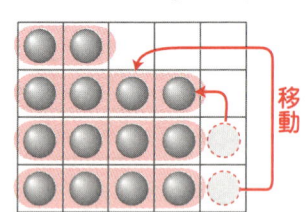

# 大きな数②（1万までの数）

小学生レベル
★★★★★ 二年生

「大きな数」については、1000までは22ページで見ました。ここでは、1万までの数を見ていきましょう。

1000を2つ集めた数を**二千**といいます。

二千と三百四十五をあわせた数を**二千三百四十五**といい、**2345**と書きます。**2**は**千の位**の数字です。

| 千の位 | 百の位 | 十の位 | 一の位 |
|---|---|---|---|
|  |  |  | 1 |
|  |  | 10 | 1 |
|  | 100 | 10 | 1 |
| 1000 | 100 | 10 | 1 |
| 1000 | 100 | 10 | 1 |
| 2 | 3 | 4 | 5 |

### 1 色紙は全部で何枚ありますか

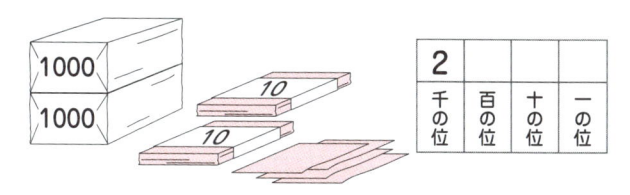

| 2 |  |  |  |
|---|---|---|---|
| 千の位 | 百の位 | 十の位 | 一の位 |

答え _____

**2** □にあてはまる数を書きましょう。

(1) 1000を9こ、10を7こ、1を6こあわせた数は □ です。

(2) 5301は □ を5と、100を □ こと、10を □ こと、1を □ こあわせた数です。

(3) 100を16こ集めた数は □ です。

**3** ア、イ、ウのめもりはいくつを表していますか。また、2800を表すめもりにしるしをつけましょう。

答え　ア　　　　イ　　　　　ウ

**4** □にあてはまる数を書きましょう。

(1) 0　□　2000　3000　□　□　6000

(2) □　4300　□　4500　4600　4700　□

**5** □にあてはまる＞、＜を書きましょう。

(1) 4260 □ 4000 + 100 + 50　(2) 3790 + 200 − 20 □ 3980

**6** □にあてはまる数を書きましょう。

(1) 6600 = 7000 − □　　(2) 7230 = 7000 + □ + 30

## 答え

① 〈百の位〉0 〈十の位〉2 〈一の位〉4　　答え　2024枚

② (1) 9076　　(2) 1000、3、0、1　　(3) 1600

☞ (1)は百の位が、(2)は十の位が0ですね。(3)は100が10こで1000、100が6こで600なので、1600というわけです。

③ ア 1200　　イ 3500　　ウ 4800

```
0    1000  2000  3000  4000  5000  6000
|....|....|....|....|....|....|....|
```

④ (1) 1000　4000　5000　　(2) 4200　4400　4800

⑤ (1) ＞　　(2) ＜

⑥ (1) 400　　(2) 200

1000を10集めた数を**一万**といい、**10000**と書きます。

0  1000  2000  3000  4000  5000  6000  7000  8000  9000  10000

9000  9100  9200  9300  9400  9500  9600  9700  9800  9900  10000

　大きな数の足し算・引き算を筆算でやってみましょう。繰り上がりや繰り下がりがある場合でも、やり方はこれまでと同じです。

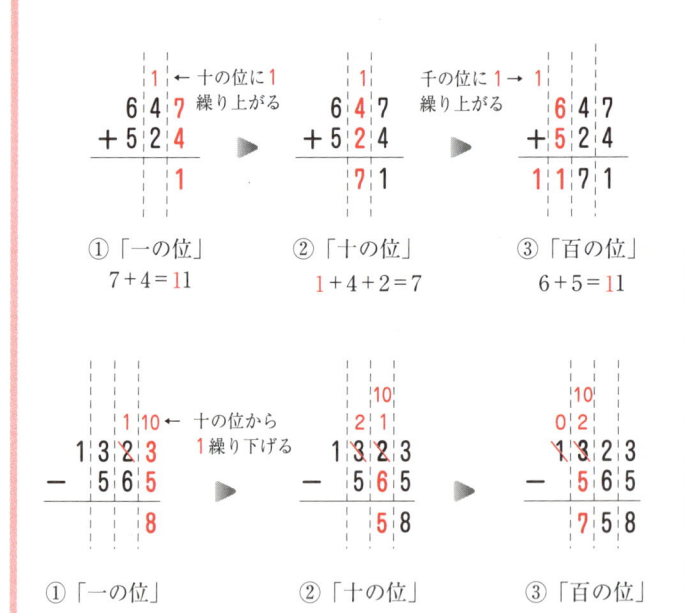

```
   1   ← 十の位に1        1              千の位に1 →  1
 6 4 7    繰り上がる     6 4 7           繰り上がる    6 4 7
+5 2 4              ▶  +5 2 4                    ▶  +5 2 4
─────                  ─────                        ─────
     1                   7 1                       1 1 7 1
```

①「一の位」　　　　②「十の位」　　　　③「百の位」
7＋4＝11　　　　　1＋4＋2＝7　　　　6＋5＝11

```
                              10                    10
    1 10  ← 十の位から       2 1                   0 2
 1 3 2 3    1繰り下げる     1 3 2 3               1 3 2 3
-  5 6 5                ▶  -  5 6 5            ▶  -  5 6 5
 ───────                    ───────               ───────
       8                       5 8                   7 5 8
```

①「一の位」　　　　②「十の位」　　　　③「百の位」
10＋3－5＝8　　　10＋1－6＝5　　　10＋2－5＝7

## ❼ ☐にあてはまる数を書きましょう。

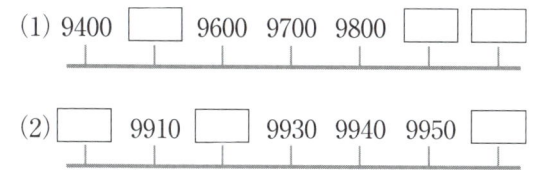

(1) 9400 ☐ 9600 9700 9800 ☐ ☐

(2) ☐ 9910 ☐ 9930 9940 9950 ☐

## ❽ 答えはいくつでしょうか。

```
  764        280        862
+ 231      + 956      + 568
```

```
 1549       1026       1000
-  327     -  812     -  249
```

## ❾

98 + 305 + 428 = ☐　　　762 + 376 − 805 = ☐

10000 − 3000 = ☐

● 答え ●

⑦ (1) 9500　9900　10000　　(2) 9900　9920　9960

⑧ 995　　1236　　1430
　 1222　　214　　751

⑨ 831　　333　　7000

1章●計算

# かけ算
## 〜かけ算の決まり

小学生レベル
★★★
三年生

かけ算の基本、九九については先ほど見てきました。今度はかけ算のルールです。どんなルールがあったか、覚えていらっしゃいますか。

例題を見ながら、確認していきましょう。

例1）たかしくんが点取りゲームをしました。
　　　得点を合計してみましょう。

たかしくんの記録

| 点数 | 2 | 1 | 0 | 合計 |
|---|---|---|---|---|
| 当てた数(本) | 2 | 0 | 1 | 3 |
| 得 点 (点) | | | | |

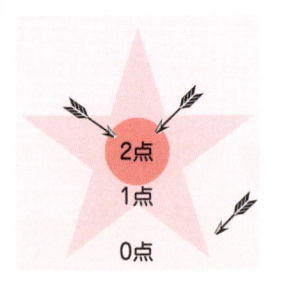

2点が2本
→2×2=<sup>(1)</sup>□　→ <sup>(1)</sup>□点

1点が0本
→1×0=<sup>(2)</sup>□　→ <sup>(2)</sup>□点

0点が1本
→0×1=<sup>(3)</sup>□　→ <sup>(3)</sup>□点

（1）は4、（2）と（3）は0ですね。

「1点のところに0本入る」というのは、「1点のところには1本も入らなかった」ということ。ですから、得点は0点。これは1点が2点や3点だとしても、同じことですよね。
つまり、**どんな数に0をかけても、答えは0になる**のです。

また、0点のところに1回入っても、得点はやはり0点。
つまり、**0にどんな数をかけても、答えは0になる**のですね。

子どもに「0をかけると0になる」ということを説明しようとすると、どうも言葉に詰まってしまうものですが、ゲームの得点を例にすれば、少しは上手に話してやれそうな気がします。

さて、今度は何十、何百のかけ算について見てみましょう。

**例2） 1こ20円のあめを4こ買うと、代金はいくらですか。**

さあ、これを説明するのもけっこう大変そうです。でも、下のような絵を使うと、一目瞭然になります。

代金は20＋20＋20＋20＝80で、80円ですね。
（あめ1こ分）

20を4回足すのですから、かけ算の式では20×4＝80と表すことができます。

　　　　20×4＝80

また、次のように、**何十のかけ算では、九九の答えに0を1つつけると答えになる**と覚えておくと便利です。

| 何十のかけ算 | 20×4＝80 | 0を1つ |
| 九九 | 2 ×4＝8 | つける |

では、何百のかけ算では、答えはどうなるでしょうか。

**例3） 1冊300円の本を4冊買うと、代金はいくらですか。**

これもイラストにしてみましょう。

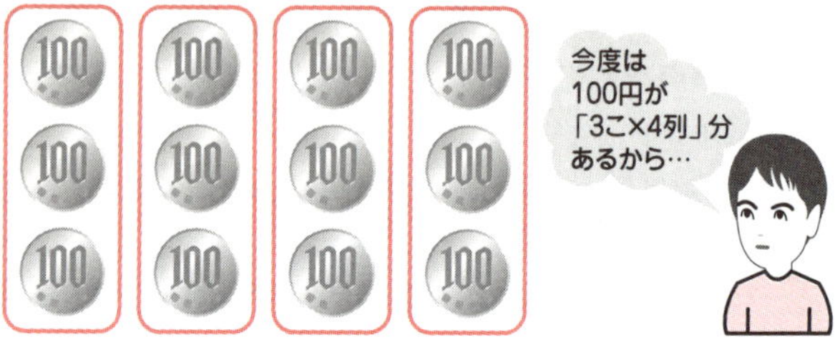

今度は100円が「3こ×4列」分あるから…

代金は300を4回足した金額ですから、式は300×4ですね。
　　300×4=1200
これも、九九と比べてみましょう。

**何百のかけ算**　　300×4=1200
**九九**　　　　　　3　×4=12　　0を2つつける

**何百のかけ算では、九九の答えに00をつけると答えになる**と覚えておくと便利です。

### ❶ □にあてはまる数を書きましょう。

30×8=□　　0×0=□　　600×5=□

8×4=8×3+□　　6×7=6×8−□

㊟ かけ算は、足し算・引き算よりも先に計算します。

### ❷ 下は九九表の一部分です。□にあてはまる数を書き入れましょう。

(1)
```
      | 5 |
 ① | 8 |10 |
      |    | ② |
```

(2)
```
      |16 |
 15 | ① |25 |
      | ② | ③ |
```

（1 2 3 / 1の段 1 / 2の段 2 / 3の段 3）

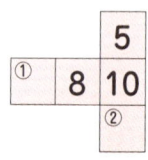

● 答え ●

① 240　　　0　　　3000
　　8　　　6

☞ 8×4は8×3に8を足したもの、6×7は6×8から6を引いたものです。かける数が1増えると、かけられる数分だけ増え、かける数が1減ると、かけられる数分だけ減るのでしたね。

②

|  | かける数 | | | | | | |
|---|---|---|---|---|---|---|---|
|  | | 1 | 2 | 3 | 4 | 5 | 6 | … |
| かけられる数 | 1 | 1 | 2 | (1)3 | 4 | 5 | 6 | … |
| | 2 | 2 | 4 | ①6 | 8 | 10 | 12 | … |
| | 3 | 3 | 6 | 9 | 12 | ②15 | 18 | … |
| | 4 | 4 | 8 | 12 | (2)16 | 20 | 24 | … |
| | 5 | 5 | 10 | 15 | ①20 | 25 | 30 | … |
| | 6 | 6 | 12 | 18 | ②24 | ③30 | 36 | … |
| | ⋮ | ⋮ | ⋮ | ⋮ | ⋮ | ⋮ | ⋮ | |

☞ (1) 横の列は2ずつ増えているので2の段。ですから、①は6。たての列は5ずつ増えているので、5の段。②は15です。

(2) 真ん中の横列は5ずつ増えているので、5の段。①は20。20を書き込むと、たての列が4ずつ増えていることがわかります。そこで、②は24。また、5の段の下は6の段ですから、一番下の横列は6の段。③は24の次なので30です。

1章●計算　59

# かけ算 〜筆算①

小学生レベル
★ ★ ★
★ ★ ★
三年生

さて、かけ算の基本は前項でおしまいです。ここからは、いよいよかけ算の本番。

まず、**（2けた）×（1けた）** の計算です。

例）1こ24円のガムを2こ買いました。代金はいくらでしょうか。

式はどうなるでしょうか。24円のものが2つあるので、
24×2
ですね。それでは、答えはどのようにして求められるのでしょうか。

**＜24×2の計算のしかた＞**

24を位で分けて計算します。□の中を書き込んでください。

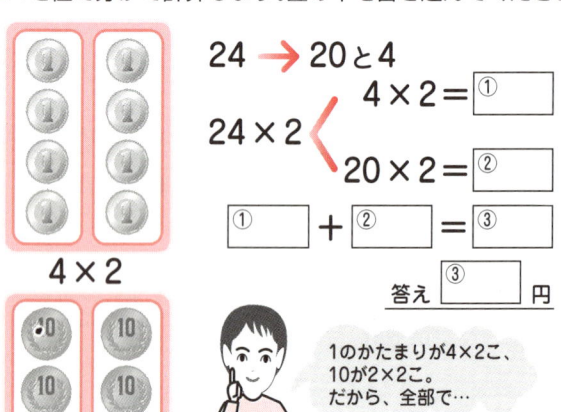

4×2

20×2

24 → 20と4

24×2 ＜ 4×2 = ①□
　　　　20×2 = ②□

①□ + ②□ = ③□

答え ③□ 円

1のかたまりが4×2こ、
10が2×2こ。
だから、全部で…

①8　②40　③48

### <筆算のしかた>

24×2の筆算をやってみましょう。

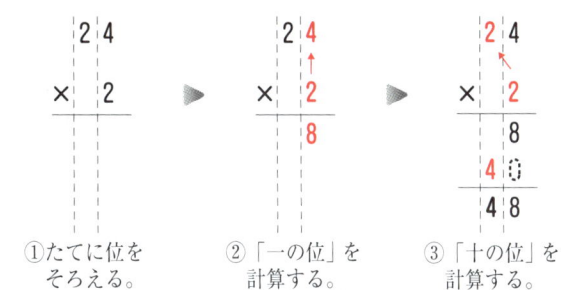

```
  2 4         2 4           2 4
×   2   ▶  ×   2    ▶    ×   2
             ―――            ―――
               8              8
                            4 0
                            ―――
                            4 8
```

① たてに位を
そろえる。

② 「一の位」を
計算する。
4 × 2 = 8

③ 「十の位」を
計算する。
2 × 20 = 40

どうしてこういう計算方法になるのか、お金のイラストを使って見てみましょう。

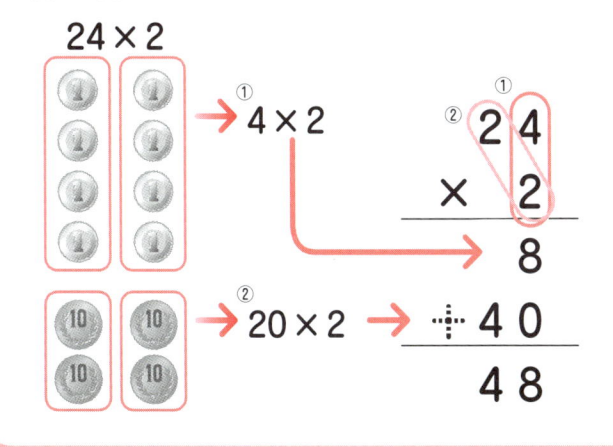

**24 × 2**

→ ① 4 × 2

→ ② 20 × 2

```
②  ① 2 4
  ×    2
   ―――――
         8
       4 0
   ―――――
       4 8
```

### 1 答えはいくつでしょうか。

```
  3 4        2 3        1 1        1 3
×   2      ×   3      ×   4      ×   3
―――――      ―――――      ―――――      ―――――
```

1章●計算 61

● ━━━━━━━━━━━━ ● 答え ● ━━━━━━━━━━━━ ●

**①** 68　　　69　　　44　　　39

---

次に、繰り上がりがある計算を見てみましょう。

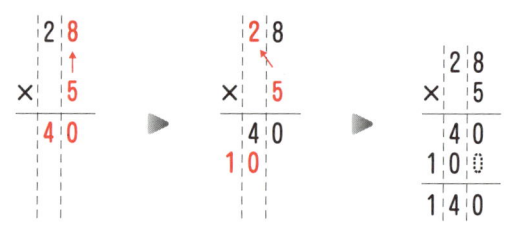

```
  2 8          2 8          2 8
×   5        ×   5        ×   5
─────        ─────        ─────
  4 0          4 0          4 0
               1 0        1 0 0
                          ─────
                          1 4 0
```

① $5 \times 8 = 40$
一の位は0、
十の位に4
繰り上げる。

② $5 \times 2 = 10$
十の位は0、
百の位に1
繰り上げる。

③ $40 + 100 = 140$

続いて、(3けた)×(1けた)の筆算も見てしまいましょう。

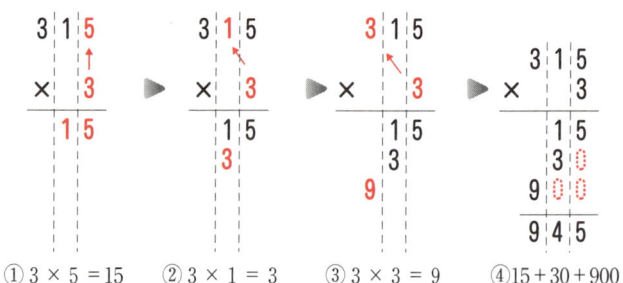

```
 3 1 5       3 1 5       3 1 5       3 1 5
×    3      ×    3      ×    3      ×    3
───────     ───────     ───────     ───────
     1 5       1 5         1 5         1 5
                3           3         3 0
                            9         9 0 0
                                      ─────
                                      9 4 5
```

① $3 \times 5 = 15$
一の位は5、
十の位に1
繰り上げる。

② $3 \times 1 = 3$

③ $3 \times 3 = 9$

④ $15 + 30 + 900$
$= 945$

## ❷ 答えはいくつでしょうか。

```
   3 8        6 3       2 6 4       1 6 1
×    2      ×   9      ×     5     ×    9
─────       ─────      ───────     ───────
```

---

**0のある数では、どうなるでしょうか。**

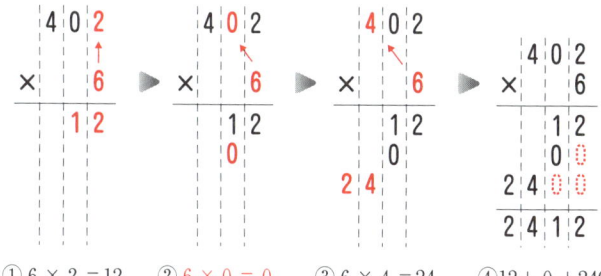

```
    4 0 2          4 0 2          4 0 2          4 0 2
×       6      ×       6      ×       6      ×       6
───────        ───────        ───────        ───────
    1 2            1 2            1 2            1 2
                   0              0             0
                              2 4           2 4 0 0
                                            ───────
                                            2 4 1 2
```

① 6 × 2 = 12　　② 6 × 0 = 0　　③ 6 × 4 = 24　　④ 12 + 0 + 2400
一の位は2、　　　十の位は0。　　百の位は4、　　　　= 2412
十の位に1　　　　　　　　　　　千の位に2
繰り上げる。　　　　　　　　　　繰り上げる。

---

## ❸ 答えはいくつでしょうか。

```
   6 0 0        3 0 2        8 8 0
×      8      ×     9      ×     4
───────       ───────      ───────
```

1章●計算　63

## 答え

② 76　　　567　　　1320　　　1449

③ 4800　　　2718　　　3520

---

　これまで見てきたのは、2つの数のかけ算です。数が3つの場合は、どう計算するのでしょうか。

例）1こ105円のお菓子が1箱に4こずつ入っています。
　　2箱買うと、代金はいくらになるでしょうか。

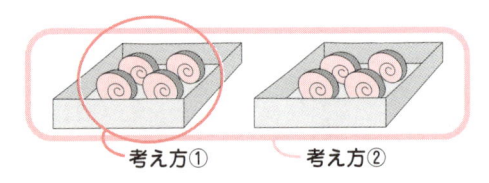

　　　考え方①　　　考え方②

<考え方>
①1箱分の値段を先に求める
　　105×4=420
　　420×2=840　　　1箱は420円。2箱あるから……。

②ドーナツの数を先に求める
　　4×2=8
　　105×8=840　　　2箱分で8こ。1こ105円だから……。

①と②をそれぞれ1つの式で表すと、どうなるでしょうか。
　　①（105×4）×2=840　　※式では（　）の中を先に
　　②105×（4×2）=840　　　計算します(32ページ)。

　かける順序は違っていても、答えは同じです。かけ算では、かける順序を変えても答えが同じになることは、48ページで見たとおりですが、この決まりは、数が3つ以上の場合にもあてはまります。

**4** □にあてはまる数を書き込んでください。

(1) $(18 \times 3) \times 5 = 18 \times (\square \times 5)$

(2) $\square \times (10 \times 4) = (7 \times 10) \times 4$

**5** 1こ126円のお菓子を、1人に2こずつあげます。4人分の代金はいくらでしょうか。

式 _____ 答え _____

**6** □にあてはまる数を書き込んでください。

```
   □2          3□2          7□1
 ×  2         ×  4         ×  5
 ────         ────         ────
  184         1248         3505
```

● 答え ●

**4** (1) 3　　(2) 7

**5** 式　$126 \times 2 \times 4 = 1008$　　答え　1008円

**6**
```
   9 2         3 1 2        7 0 1
 ×  2         ×  4         ×  5
 ────         ────         ────
  184         1248         3505
```

☞16ページでもやった「虫食い算」です。けっこう頭の体操になりますよね。一の位から順に考えていきましょう。

```
   □2     まず一の位を見ると、2×2＝4。
 ×  2     繰り上がりはないので、2×□＝18。
 ────
  184     ですから、□は9です。
```

1章●計算　65

**コラム ②**

# 暗算のコツ
## ～かけ算

　2けたくらいまでのかけ算も、コラム①で紹介した足し算・引き算のように、暗算のコツがあります。知っていると、ふだんちょっとした計算をするときに、とても便利ですヨ。

### 例1) 28×3

**こんなふうにやってみよう!**

28×3だから「三八24」で、2繰り上がって…えーっと…あれあれ？

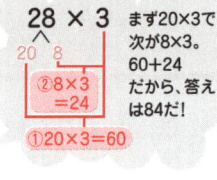

28 × 3
20  8
①20×3=60
②8×3=24

まず20×3で次が8×3。60+24だから、答えは84だ!

### 例2) ◯に答えを書き入れましょう。

37×5=◯　　42×7=◯

52×9=◯

答え　185（150+35=185）　　294（280+14=294）
　　　468（450+18=468）

# わり算

小学生レベル ★★★ 三年生

　わり算と聞くと、「9このお菓子を3人で分けると、1人何こになりますか」といった問題を思い出される方も多いのではないでしょうか。まずは絵を使って、わり算のイメージをつかみたいと思います。

例1）あめが9こあります。3人で同じ数ずつ
　　　分けると、1人何こずつになるでしょうか。

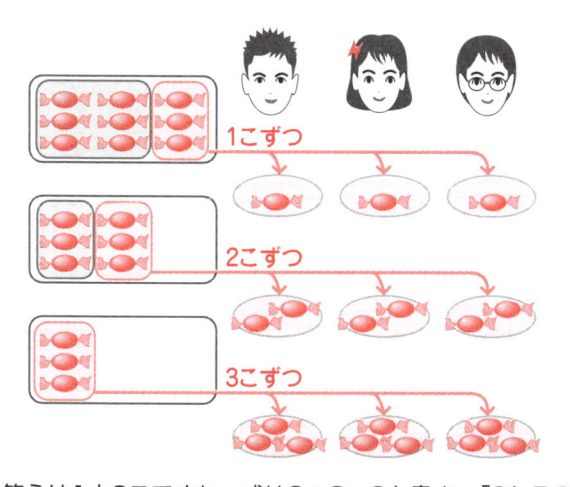

1こずつ
2こずつ
3こずつ

　答えは1人3こですね。式は9÷3＝3と書き、「9わる3は3」と読みます。こうした計算を**わり算**といいます。

$$9 \div 3 = 3$$
全部の数　　人数　　1人分の数

　また、9を**わられる数**、3を**わる数**といいます。

**例2)** ボールが12こあります。4人で同じ数ずつ分けると、1人分は何こになるでしょうか。

まず、1人1こずつ配ると、どうなるでしょうか。

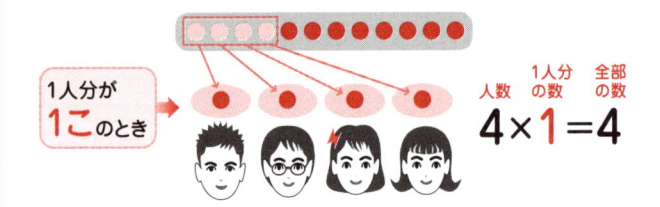

**1人分が1こ**のとき

人数　1人分の数　全部の数
$4 × 1 = 4$

まだ、あと8こ残っています。もう少し配ると……。

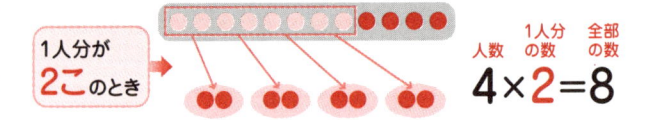

**1人分が2こ**のとき

人数　1人分の数　全部の数
$4 × 2 = 8$

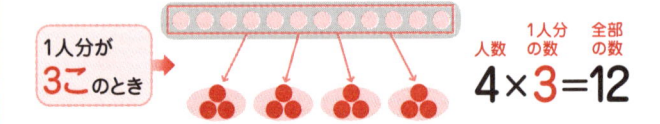

**1人分が3こ**のとき

人数　1人分の数　全部の数
$4 × 3 = 12$

3こずつ配れました。さて、1人3こずつで4人分ありますから、3×4=12と表すことができます。つまり、**12÷4の答えは、□×4=12の□にあてはまる数**なのです。

　　12÷4=3　　　　　　　　答え　3こ

こんなふうに、12÷4の答えは4の段の九九で求めることができます。**わり算の答えは九九を使って求める**ことができ、そのときには**「わる数」の段を使う**というわけです。

**1** 40cmのリボンを5人で同じ長さずつ分けると、1人分は何cmになるでしょうか。

式 _____  答え _____

**2** 20dLのジュースを4人で分けると、1人分は何dLになるでしょうか。

式 _____  答え _____

● 答え ●

**①** 式　40 ÷ 5 = 8　　答え 8 cm

☞ 答えは、5の段の九九を使って求めます。5の段の九九で、答えが40になるのはかける数が8のときですね。

**②** 式　20 ÷ 4 = 5　　答え 5 dL

一般に、子どもたちはかけ算よりもわり算のほうがややこしく感じるようです。基本的に、わり算は「何こずつ」や「何人分」を求めるものと覚え、あとは問題を通して感覚でつかむのが手っ取り早いかもしれません。
　「何こずつ」「何dlずつ」などは今見てきましたので、次に「何人分か」を、また絵で見ていきましょう。

例）ボールが12こあります。3こずつ分けると、何人に分けられるでしょうか。

まず、1人に分けてみましょう。

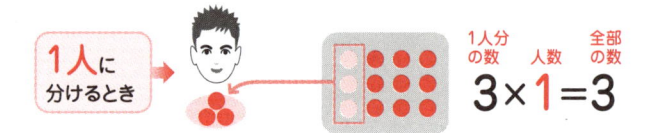

| 1人に分けるとき | | 1人分の数　人数　全部の数<br>$3 \times 1 = 3$ |

まだ、あと9こ残っています。2人に3こずつ分けると……。

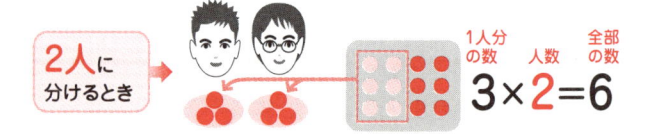

| 2人に分けるとき | | 1人分の数　人数　全部の数<br>$3 \times 2 = 6$ |

まだ残っています。3人に3こずつにしてみましょう。

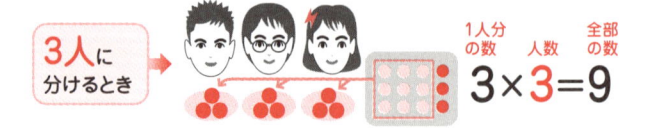

| 3人に分けるとき | | 1人分の数　人数　全部の数<br>$3 \times 3 = 9$ |

まだありますね。4人に分けてみましょう。

**4人に分けるとき** → 1人分の数　人数　全部の数

$3 \times 4 = 12$

結局、4人に分けることができたので、式と答えは、
$12 \div 3 = 4$　　　　　　　　　　　　答え　4人
ここでも、先ほど（→68ページ）と同じように考えて、
$12 \div 3$の答えは、3の段の九九を使って求められます。

**③** 27本の花を3本ずつ分けると、何人に分けられますか。

式　　　　　　　　　　　　　　　　答え

**④** 42ページの本があります。1週間で読み終えるには、毎日何ページずつ読めばよいでしょうか。

式　　　　　　　　　　　　　　　　答え

**⑤** 答えはいくつでしょうか。

$12 \div 4 = \square$　　$45 \div 5 = \square$　　$18 \div 9 = \square$

$25 \div 5 = \square$　　$63 \div 7 = \square$　　$56 \div 8 = \square$

● 答え ●

**③** 式　$27 \div 3 = 9$　　答え　9人
**④** 式　$42 \div 7 = 6$　　答え　6ページ
**⑤** 　3　　　9　　　2
　　　　5　　　9　　　7

次は**0**や**1**を使ったわり算です。かけ算（56ページ）と同じように、これもユニークな決まりがあります。

例1）箱の中にクッキーが12こ入っています。これを4人で分けると、1人何こずつになるでしょうか。
　　　また、クッキーが0このとき、つまり箱に1こも入っていないときは、どうなりますか。

> クッキーが12こ入っているとき

$$12 \div 4 = 3$$

12÷4＝3で、1人3こずつもらえます。

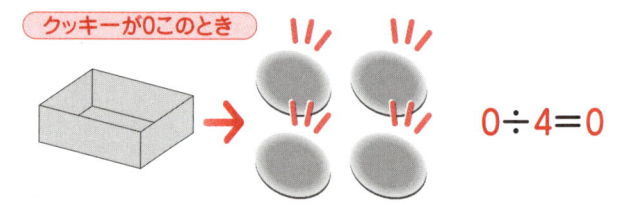

> クッキーが0このとき

$$0 \div 4 = 0$$

もとが0（何もない）のですから、当然、1人分は0こ。つまり、**0をどんな数**（正しくは「0以外の数」）**でわっても、答えは0になる**というわけです。

例2）12このクッキーを1こずつ分けると、何人に分けられるでしょうか。

　　式　12÷1＝12　　　　　　　　　答え　12人
　このように、**わる数が1のとき、わられる数と答えは同じになります。**

例3) 12このクッキーを12人に分けると、いくつずつ分けられるでしょうか。

式　12÷12=1　　　　　　　　　　答え　1こ

このように、**わられる数とわる数が同じときは、答えは1**になります。

**6** 答えはいくつでしょうか。

8÷8=☐　　　3÷3=☐　　　0÷4=☐

5÷1=☐　　　1÷1=☐　　　0÷1=☐

**7** 16÷2の式になる問題を作ってみましょう。

(1) 16このチョコレートを同じ数ずつ、☐人に分けます。☐人分は何こになるでしょうか。

(2) ☐このチョコレートを、1人☐こずつ分けます。何人に分けられるでしょうか。

●―――――●　答え　●―――――●

**6**　1　　1　　0
　　　5　　1　　0

**7**　(1) 2　　1　　(2) 16　　2

☞問題を考えるのは、意外に頭の体操になったのではないでしょうか。算数や数学では、問題を考え出すのも、なかなか楽しいものなのです。

# あまりのある わり算

小学生レベル
★★★ 三年生

　大人になっても、はじめて**「あまり」**のあるわり算を習ったときの、ややこしい印象を引きずっている方はけっこう多いようです。でも、現実の生活では、今まで見てきたような、スッキリわりきれる計算ですむ場合のほうが少ないくらいですよね（算数の話だけにとどまらず？）。

　さて、あまりのあるわり算の方法を見てみましょう。

例1）パンが11こあります。3人で分けると、1人何こずつになるでしょうか。

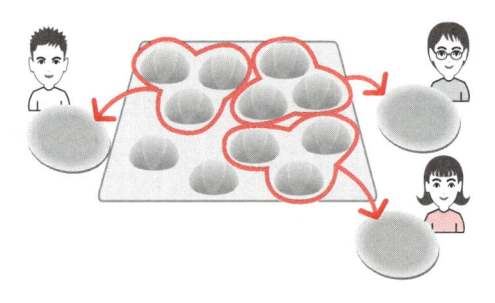

　3こずつ分けられて、2こあまりましたね。これを式で次のように表します。

　**11÷3＝3　あまり2**

　**「11わる3は3、あまり2」**と読みます。

　このように、わり算をしてあまりが出るときを**「わりきれない」**といい、あまりが出ないときを**「わりきれる」**といいます。

今は、計算のしくみをつかむために、絵にして答えを求めましたが、今までのわり算と同じく九九を使って求められます。

例2）いちごが23こあります。5人で分けると、何こずつになるでしょうか。

　ここでは、式は23÷5ですから、5の段の九九を使います。**わる数の九九を使う**のは、これまでのわり算と同じです。

3こくらいずつかなぁ。
5×3＝15
23－15は8だから、まだ配れそうだ。
5×4＝20
あまりは3こ。5こずつだったら?
5×5＝25
2こ足りない!

　そして、右のように考えると、1人4こずつで、3こあまりますね。
　答え　23÷5＝4　あまり3
　このように、**あまりは、必ずわる数より小さく**なります。

　計算ミスをふせぐために、確かめ（検算）の方法も見ておきましょう。例1）を使って考えてみます。
　例1）の答えは、次のようでしたね。
　　11÷3＝3　あまり2

あまり

　さて、上のパンは全部でいくつあるでしょうか。

式で表すと…
　　3×3+2=11
かけ算と足し算が混じった式では、かけ算を先に計算します。

さて、この式をもともとのわり算の式と見比べてみてください。

〈もとの式〉
　　　　　　　　わられる数　　わる数　　　商　　　あまりの数
　　　　　　　　　11　÷　3　＝　3　あまり2
　　　　　　　　　↓　　　　↓　　　　　　↓
〈確かめの式〉　11　＝　3　×　3　＋2
　　　　　　　わられる数　わる数　　商　　あまりの数

または、次のように**「後ろからやっていく」**と考えると、もっとわかりやすいかもしれません。

〈もとの式〉　　11÷3=3　あまり2
　　　　　　　　　▼
〈確かめの式〉　2+3×3=11

足し算や引き算の確かめでも同じです。

〈もとの式〉　　3+5=8　　　　12-8=4
　　　　　　　　▼　　　　　　　　▼
〈確かめの式〉　8-5=3　　　　4+8=12

今見てきたように、確かめの式では、もとが引き算（−）なら足し算（＋）を使い、もとが＋なら−を使います。また、もとがわり算（÷）ならかけ算（×）、×なら÷を使います。

## 1 答えはいくつでしょうか。確かめもしてみてください。

15÷4は、えーと、「四四16」では大きすぎるから…

(1) $3 \div 2 =$ ☐　あまり ☐

　　確かめ　☐ × ☐ + ☐ = 3

(2) $15 \div 4 =$ ☐　あまり ☐

　　確かめ　☐ × ☐ + ☐ = 15

(3) $77 \div 8 =$ ☐　あまり ☐

　　確かめ　☐ × ☐ + ☐ = 77

## 2 次のわり算のまちがいを直してください。

(1) $38 \div 4 = 8$　あまり6　　答え _____

(2) $56 \div 9 = 6$　あまり4　　答え _____

(3) $17 \div 3 = 6$　あまり1　　答え _____

●―――――― 答え ――――――●

① (1) ☐1☐ あまり ☐1☐　　確かめ ☐2☐ × ☐1☐ + ☐1☐ = 3

　(2) ☐3☐ あまり ☐3☐　　確かめ ☐4☐ × ☐3☐ + ☐3☐ = 15

　(3) ☐9☐ あまり ☐5☐　　確かめ ☐8☐ × ☐9☐ + ☐5☐ = 77

② (1) 答え　9　あまり2

☞わり算では、あまりは必ず答えよりも小さい数になります。

　(2) 答え　6　あまり2

　(3) 答え　5　あまり2

1章●計算　77

次は文章題。意外に引っかかりやすいものもあるかもしれません。あやしいときはちょっと絵に描いてみるのがコツです。

**③** 40cmのひもを7cmずつ切ると、7cmのひもは何本できますか。

　　式　　　　　　　　　　　　　　　　答え

**④** ゆきさんたち11人は、公園で4人乗りのボートに乗ろうとしています。みんなが乗るのに、ボートは少なくとも何そう必要ですか。

　　式　　　　　　　　　　　　　　　　答え

**⑤** しょうたくんは映画館で前から24番めに並んでいます。映画館には1回7人ずつ入っていきます。しょうたくんは何回めに入れることになるでしょうか。

　　式　　　　　　　　　　　　　　　　答え

●────── 答え ──────●

③　式　40÷7＝5　あまり5　答え　5本

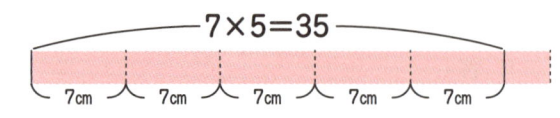

7×5＝35
7cm　7cm　7cm　7cm　7cm

④　式　11÷4＝2　あまり3　2＋1＝3　答え　3そう

☞ 2そうでは、8人しか乗れませんから、ほかの3人があぶれてしまいます。そこで、"あまり"の人たちのぶんとして、もう1そう必要です。2+1=3で、3そうが答えになります。

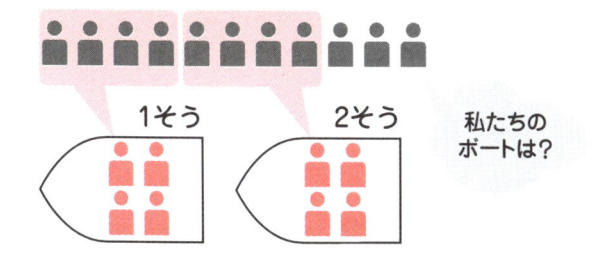

私たちのボートは?

⑤ 式　24÷7=3　あまり3　3+1=4　答え　4回め

☞ 1回7人ずつ入っていくので、3回めが終わった時点で映画館に入ることができたのは、21番めまでの人（7人×3回=21人）。しょうたくんは24番めですから、その次の回、つまり4回めです。

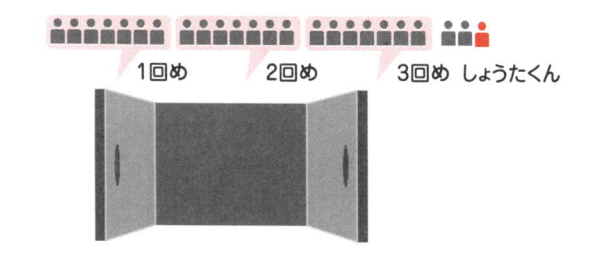

# わり算 〜筆算①

小学生レベル
★★★ 三年生

ここで扱うのは、わり算の筆算です。まずは、基本の基本を見てみましょう。

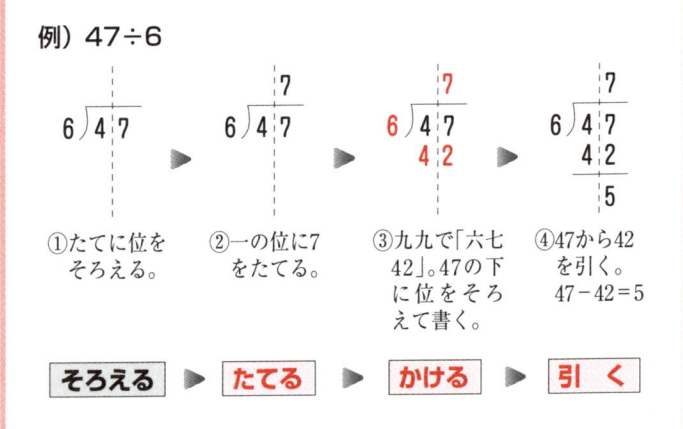

例）47÷6

```
        6)47
```
①たてに位を
そろえる。

```
         7
        ___
        6)47
```
②一の位に7
をたてる。

```
         7
        ___
        6)47
         42
```
③九九で「六七42」。47の下に位をそろえて書く。

```
         7
        ___
        6)47
         42
         ___
          5
```
④47から42を引く。
47−42＝5

| そろえる | ▶ | たてる | ▶ | かける | ▶ | 引く |

6の段の九九で、答えが47にいちばん近く、47より小さくなるのは6×7のとき。ですから、②では7をたてます。

商をたてるときは、68ページで見たように、九九を利用して、商の見当をつけてからたてます。「六六36、47−36＝11。11では、あまりが大きすぎるから、六七42ではどうかな…」というふうにやっていくんですね。

こうして出る答えは7、あまり5です。あまりは、必ず「わる数」（ここでは6）よりも小さくなることを忘れないでください。

# 1 筆算でしましょう。

$17 \div 5$   $7 \div 4$   $41 \div 7$

$0 \div 3$   $6 \div 8$   $32 \div 8$

―――――● 答え ●―――――

① 

```
    3
5)1 7
  1 5
    2
```

```
    1
4)7
  4
  3
```

```
    5
7)4 1
  3 5
    6
```

```
    0
3)0
  0
  0
```

```
    0
8)6
  0
  6
```

```
    4
8)3 2
  3 2
    0
```

☞ 0は、どんな数でわっても0でしたね（→72ページ）。

☞ 1もたてられないので、0をたてます。

☞ あまりのないわり算も、もちろん筆算で計算できます。

# 大きな数のわり算

小学生レベル ★★★ 三年生

わり算の基本は前項でおしまいです。ここでは上級編、答えが何十や何百になるわり算を見てみましょう。やり方はこれまでと同じですが、**十の位→一の位の順で計算**していきます。

〈十の位の計算〉

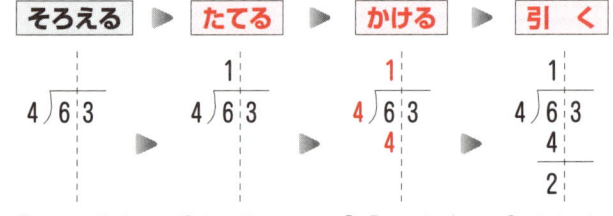

**そろえる** ▶ **たてる** ▶ **かける** ▶ **引く**

```
                    1            1            1
4)6 3    ▶   4)6 3    ▶   4)6 3    ▶   4)6 3
                              4            4
                                           2
```

①たてに位をそろえる。
②十の位に1をたてる。
③「四一が4」。6の下に位をそろえて書く。
④6から4を引く。 6－4＝2

〈一の位の計算〉

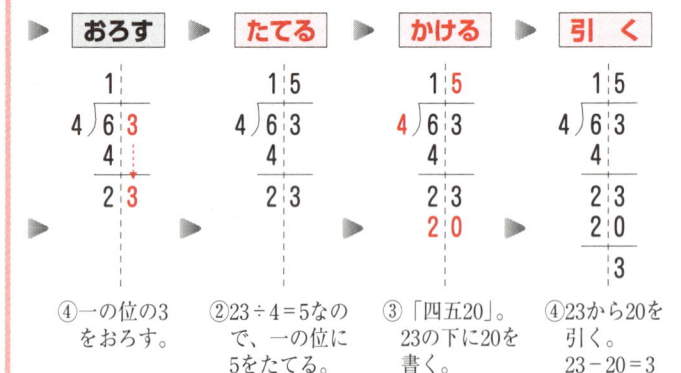

▶ **おろす** ▶ **たてる** ▶ **かける** ▶ **引く**

```
     1            1 5          1 5          1 5
4)6 3    ▶   4)6 3    ▶   4)6 3    ▶   4)6 3
  4            4            4            4
  2 3          2 3          2 3          2 3
                            2 0          2 0
                                           3
```

④一の位の3をおろす。
②23÷4＝5なので、一の位に5をたてる。
③「四五20」。23の下に20を書く。
④23から20を引く。 23－20＝3

82

答えは15、あまり3です。
なぜ、こうなるのか、しくみを覚えていらっしゃいますか。実はこんなふうになっているのです。

**例)** おりがみが63枚あります。4人で分けると、何枚ずつになるでしょうか。

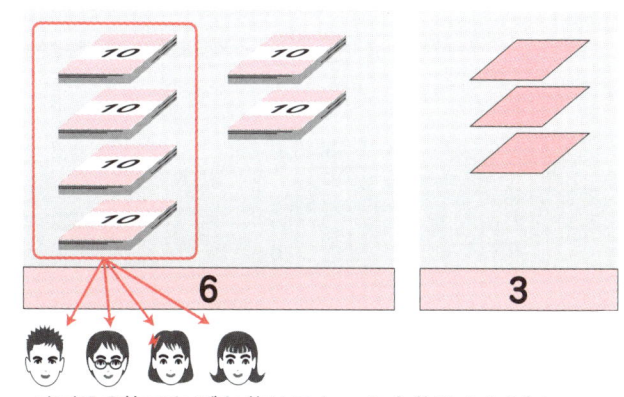

まず10枚のたばを分けると、1人分は1たばずつ。あまった2たばをばらして、ほかの3枚とあわせます。

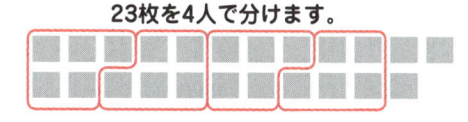

**23枚を4人で分けます。**

つまり、1人分は1たば(10枚)と5枚なので15枚。あまり3枚。

```
     15
  ─────
4 ) 63
     4
    ──
    23
    20
    ──
     3
```

もともと10のたば（10のかたまり）が6つあったということ。

10のたばを分けられたのが4たばということ。

残り23枚ということ。

## ❶ 答えはいくつでしょうか。筆算で求めましょう。

90 ÷ 7        60 ÷ 3        82 ÷ 4

---

● 答え ●

❶

```
   1 2
7 ) 9 0
    7
    2 0
    1 4
      6
```

```
   2 0
3 ) 6 0
    6 0
      0
      0
      0
```

```
   2 0
4 ) 8 2
    8 0
      2
      0
      2
```

☞ あまりが0、つまり「わりきれる」わり算です。なお、次のような形で終わらせてもかまいません。

☞ 左の筆算と同じように、0の部分を省いた形でもかまいません。

▼

```
   2 0
3 ) 6 0
    6
    0
```

▼

```
   2 0
4 ) 8 2
    8
    2
```

3けたのわり算を見てみましょう。やり方はこれまでと同じですが、百の位→十の位→一の位の順で計算していきます。

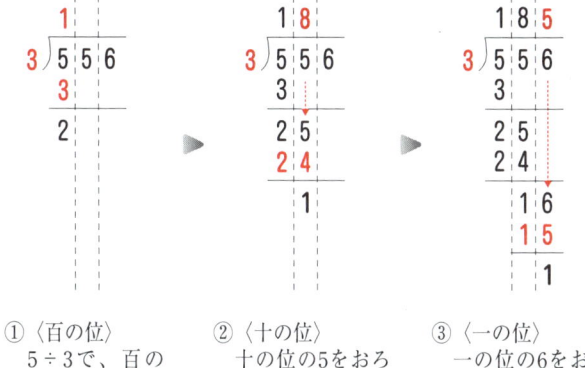

```
    1              1 8            1 8 5
3 )5 5 6       3 )5 5 6        3 )5 5 6
   3              3               3
   2              2 5             2 5
                  2 4             2 4
                    1             1 6
                                  1 5
                                    1
```

① 〈百の位〉
5÷3で、百の位に1をたてる。

↓

「三一が3」で、5の下に3を書く。

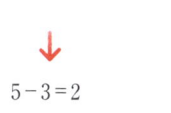

↓

5-3=2

② 〈十の位〉
十の位の5をおろす。25÷3で、十の位に8をたてる。

↓

「三八24」で、25の下に24を書く。

↓

25-24=1

③ 〈一の位〉
一の位の6をおろす。16÷3で、一の位に5をたてる。

↓

「三五15」で、16の下に15を書く。

↓

16-15=1

**2** 答えはいくつでしょうか。筆算で求めましょう。

851÷4    870÷8    318÷3

## 答え

**②**

```
      2 1 2
   ┌───────
 4 )  8 5 1
      8
      ─
        5
        4
        ─
        1 1
          8
          ─
          3
```

```
      1 0 8
   ┌───────
 8 )  8 7 0
      8
      ─
        7         7÷8=0 → 0
        
        7 0
        6 4
        ───
          6
```

```
      1 0 6
   ┌───────
 3 )  3 1 8
      3
      ─
        1         1÷3=0 → 0
        
        1 8
        1 8
        ───
          0
```

---

　このように、わり算では、わる数のけた数が増えても、やり方は変わりません。**「たてる」→「かける」→「引く」→「おろす」を繰り返す**だけです。

　ただ、答えがどの位からたつかには気をつけましょう。

例) 203÷3

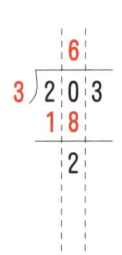

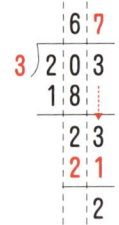

```
        0
      ┌─────
    3 ) 2 0 3
```

▶

```
        6
      ┌─────
    3 ) 2 0 3
        1 8
        ───
          2
```

▶

```
        6 7
      ┌─────
    3 ) 2 0 3
        1 8
        ───
          2 3
          2 1
          ───
            2
```

①2÷3は0なので、百の位に答えはたたない。

②次に、十の位を見る。20÷3=6

③3をおろして、23÷3=7

## ❸ 答えはいくつでしょうか。筆算で求めましょう。

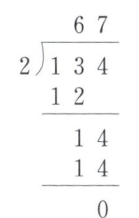

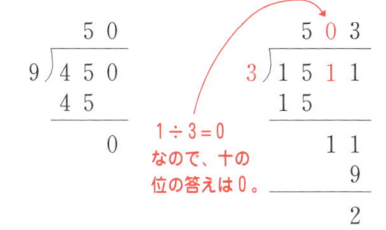

```
  2)134        9)450        3)1511
```

```
  4)4032       7)9432       1)6549
```

---

● 答え ●

❸

```
      67
  2)134
    12
    ―――
    14
    14
    ―――
     0
```

```
      50
  9)450
    45
    ―――
     0
```

```
     503
  3)1511
    15
    ―――
    11
     9
    ―――
     2
```

1÷3=0 なので、十の位の答えは0。

```
    1008
  4)4032
    4
    ―――
     0
     0
    ―――
      3
      0
    ―――
     32
     32
    ―――
      0
```

```
    1347
  7)9432
    7
    ―――
    24
    21
    ―――
     33
     28
    ―――
      52
      49
    ―――
       3
```

```
    6549
  1)6549
    6
    ―――
     5
     5
    ―――
      4
      4
    ―――
       9
       9
    ―――
       0
```

**4** 3mのリボンを8cmずつ切って配ると、何人に配れますか。

　　式　　　　　　　　　　　　　　　　　答え

**5** 1ℓのジュースを大人2人、子ども4人で分けます。大人が1人200mlずつ飲むと、子どもは何mlずつになるでしょうか。

　　式　　　　　　　　　　　　　　　　　答え

**6** 同じ重さの荷物4こを180gの箱に入れて全体の重さをはかったら、2kgでした。荷物は1こ何gでしょうか。

　　式　　　　　　　　　　　　　　　　　答え

**7** (1) 1年を365日とすると、1年間は何週と何日でしょうか。

　　式　　　　　　　　　　　　　　　　　答え

(2) 365日ある年の5月5日は日曜日です。次の年の5月5日は何曜日でしょうか。

　　式　　　　　　　　　　　　　　　　　答え

● 答え ●

**4** 式　300÷8＝37　　あまり4
　答え　37人

☞ 1m＝100cmですね（→156ページ）。単位がついた数の計算では、このように単位をそろえてから計算します。

```
      3 7
   ┌─────
 8 ) 3 0 0
     2 4
     ───
       6 0
       5 6
       ───
         4
```

**⑤** 式　$200 \times 2 = 400$　　$1000 - 400 = 600$

　　　$600 \div 4 = 150$

答え　$150 m\ell$

☞　$1 \ell = 10 d\ell = 1000 m\ell$です（→164ページ）。

```
  1 5 0
4)6 0 0
  4 0
  2 0
  2 0
    0
```

**⑥** 式　$2000 - 180 = 1820$

　　　$1820 \div 4 = 455$　　　答え　$455 g$

☞　$1 kg = 1000 g$（→168ページ）なので、

　　$2 kg = 2000 g$。

```
    4 5 5
4)1 8 2 0
  1 6
    2 2
    2 0
      2 0
      2 0
        0
```

**⑦**（1）式　$365 \div 7 = 52$　あまり1

　　　答え　52週と1日

（2）答え　月曜日

```
   5 2
7)3 6 5
  3 5
    1 5
    1 4
      1
```

☞（1）より、1年間は52週と1日ですから、翌年の5月5日は52週と2日めです。

日曜日から次の土曜日までは7日間。そこで、52週め（$52 \times 7 = 364$で、364日め）は土曜日。5月5日は、そこから2日めですから、月曜日になりますね。

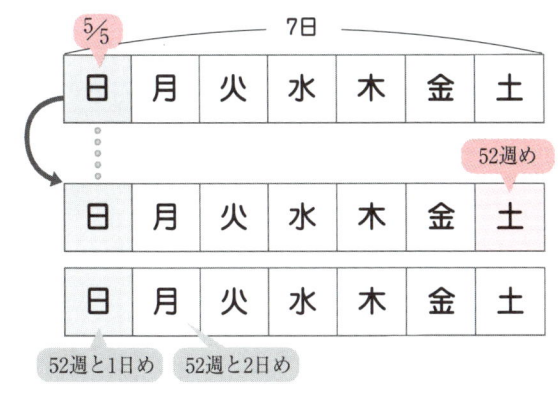

| 5/5 | | | 7日 | | | |
|---|---|---|---|---|---|---|
| 日 | 月 | 火 | 水 | 木 | 金 | 土 |

| | | | | | | 52週め |
|---|---|---|---|---|---|---|
| 日 | 月 | 火 | 水 | 木 | 金 | 土 |

| 日 | 月 | 火 | 水 | 木 | 金 | 土 |
|---|---|---|---|---|---|---|

52週と1日め　　52週と2日め

さて、ここまで、かけ算とわり算を別々に計算してきましたが、実際の生活では、両方を同時に使うこともしょっちゅうですよね。

そこで、ここでは、両方が混じった式を見ていきましょう。

例) 1箱8こ入りのお菓子を3箱買って、4人で分けると、
1人何こずつになるでしょうか。

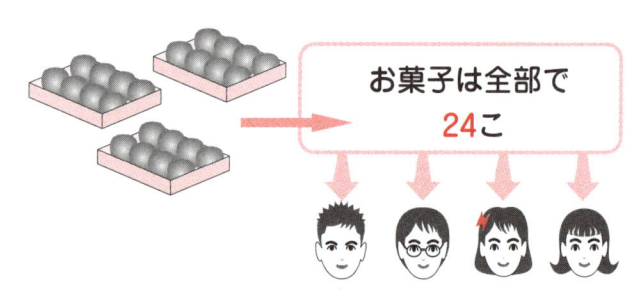

お菓子は全部で
**24こ**

お菓子の数は全部で… → 8×3=24こ
4人で分けると… → 24÷4=6
答えは6こ。これは1つの式で表すこともできます。
　　**(8×3)÷4=6**
なお、( ) は、はずすこともできます（その場合は、計算の決まりとして、左から順に計算します）。

**8** ひもを使って、1つの辺が9cmの正方形を作りました。このひもで正三角形を作ると、1つの辺は何cmですか。

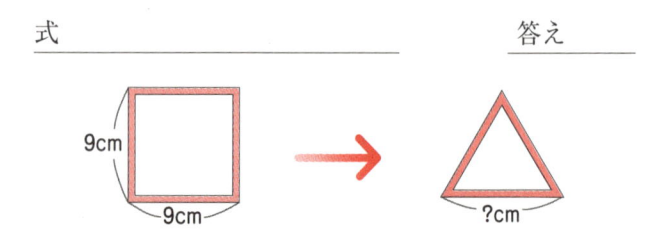

式 _____　答え _____

もうひとつ、わり算を使うと便利なのが、「何倍」かを求めるときです。

**9** 先月、晴れの日は18日、雨の日は6日でした。晴れの日は、雨の日の何倍ですか。

式＿＿＿＿＿＿＿＿＿＿＿＿＿　　答え＿＿＿＿＿

**10** みきさんが買いたい人形は、1週間のおこづかいの4倍で、720円でした。1週間のおこづかいはいくらですか。

式＿＿＿＿＿＿＿＿＿＿＿＿＿　　答え＿＿＿＿＿

● 答え ●

**⑧** 式　9×4÷3＝12　　答え　12cm

☞ 正方形は同じ長さの辺が4つあるので、辺の全部の長さは36cm（9cm×4）。正三角形は同じ長さの辺が3つなので、36cmのひもでつくると、1つの辺の長さは36÷3＝12で、12cm。

**⑨** 式　18÷6＝3　　答え　3倍

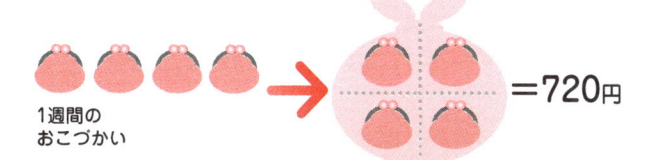

**⑩** 式　720÷4＝180　　答え　180円

＝720円

1週間の
おこづかい

### コラム ③

# わり算の虫食い算をやってみよう

小学校3年生レベルの問題ですが、私たちの会では、手こずるメンバー続出でした。

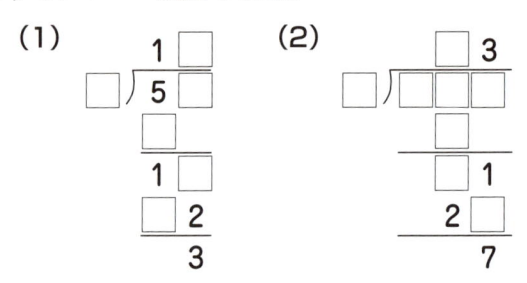

(1)
```
       1 □
   □ ) 5 □
       □
       1 □
       □ 2
         3
```

(2)
```
         □ 3
   □ ) □ □ □
         □
         □ 1
         2 □
           7
```

答え

(1) 5 − □① = 1 なので、①は4。したがって、わる数（②）は4。4の段の答えで、十の位が1なのは12か16。そこで、③は12か16。16ではありえない（15 − 16 = 3 ではないから）ので、③は12。1□ − □2 = 3 なので、④は15。

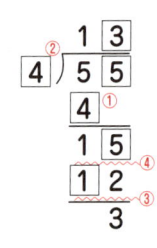

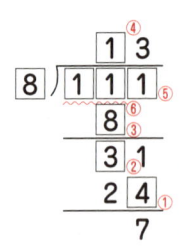

```
        1 3
   ④) 5 5
        4 ①
        1 5
        1 2 ④
            3 ③
```
(②の位置に4、①の位置に4)

(2) 1から引いて、答えが7になる数だから、①は4。②は3。3をかけて、答えが24になるのは8。そこで、わる数は8。③は1けたなので8（8の段で答えが1けたなのは8だけ）。④は1。8を引いて、答えが3になるのは11なので、⑥は11。⑤は31から、1とわかります。

```
           1 3 ④
   8 ) 1 1 1 ⑤
           8 ⑥
           3 1 ②
           2 4 ①
               7
```

# 大きな数③（千万の位までの数）

小学生レベル ★★★ 三年生

「大きな数」については、1万までは51ページで見ました。ここでは、千万までの数を見ていきましょう。

一万が2つで**二万**といい、20000と書きます。

二万と四千百三十五をあわせた数を**二万四千百三十五**といい24135と書きます。24135の一万の位は2です。

|  |  |  |  | 1 |
|---|---|---|---|---|
|  | 1000 |  |  | 1 |
|  | 1000 |  | 10 | 1 |
| 10000 | 1000 |  | 10 | 1 |
| 10000 | 1000 | 100 | 10 | 1 |
| **万の位** | **千の位** | **百の位** | **十の位** | **一の位** |
| 2 | 4 | 1 | 3 | 5 |

数のしくみは、「大きな数①」（→22ページ）や「大きな数②」（→51ページ）でおさらいしたのと同じで、次のようになります。

千　　　　千が10こ → 　　1万　　　10000
1万　　　　1万が10こ → 　10万　　　100000
10万　　　10万が10こ → 　100万　　1000000
100万　　100万が10こ → 1000万　10000000

| 千万の位 | 百万の位 | 十万の位 | 万の位 | 千の位 | 百の位 | 十の位 | 一の位 |
|---|---|---|---|---|---|---|---|
| 1 | 0 | 0 | 0 | 0 | 0 | 0 | 0 |

1章●計算

**1** □にあてはまる数を書きましょう。

(1) 35780000は、千万を3こ、□を5こ、□を7こ、□を8こ、あわせた数です。

(2) 六千三百八十六万七百二十一を数字で書くと、□です。

(3) 千万を5こ、百万を14こ、十万を4こ、一万を8こ、あわせた数は□です。

**2** 35620000について答えましょう。

(1) 千万、百万、十万、一万は、何こずつありますか。

答え 千万＿＿ 百万＿＿ 十万＿＿ 一万＿＿

(2) これは、10000を□こ集めた数です。

(3) これは、1000を□こ集めた数です。

---

35620000は3562万とも書きます。

---

**3** □にあてはまる＞、＜、＝を書きましょう。

(1) 5890200 □ 572400
(2) 9985067 □ 10000000
(3) 2000000 + 300000 □ 2300000

---

下のような数の線を数直線といいます（これまで「めもり」と呼んでいたのと同じものです）。

0　　10000　　20000　　30000

## 4 下の数直線を見て答えましょう。

(1) いちばん小さい1めもりは、いくつでしょうか。

答え _____

(2) ア、イはそれぞれ、いくつを表していますか。

答え ア _____ イ _____

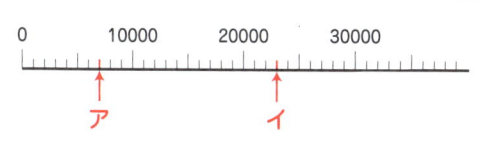

```
0        10000      20000      30000
|....|....|....|....|....|....|....|
     ↑               ↑
     ア              イ
```

## 5 □にあてはまる数を書きましょう。

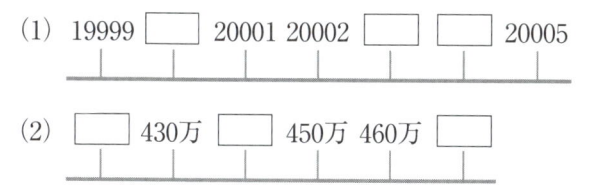

(1) 19999 □ 20001 20002 □ □ 20005

(2) □ 430万 □ 450万 460万 □

## 6 答えを筆算で求めましょう。

```
  3784          564390         440万
+ 4109        - 345273       -  36万
```

## 答え

**①** (1) 百万　　十万　　一万

☞

| 千万の位 | 百万の位 | 十万の位 | 万の位 | 千の位 | 百の位 | 十の位 | 一の位 |
|---|---|---|---|---|---|---|---|
| 3 | 5 | 7 | 8 | 0 | 0 | 0 | 0 |

こんなふうに、0がたくさん並ぶと、わかりにくいもの。右のように「万」のところ（右から4つめの数字と5つめの数字の間）で区切って読むと、スッキリしてわかりやすくなります。

**3578|0000**
　　　　万

(2) 63860721

☞ (1)で見た図を簡単にしたもので表してみます。

| 千 | 百 | 十 | 一 (万) | 千 | 百 | 十 | 一 |
|---|---|---|---|---|---|---|---|
| 6 | 3 | 8 | 6 | 0 | 7 | 2 | 1 |

(3) 64480000

☞

| 千 | 百 | 十 | 一 (万) | 千 | 百 | 十 | 一 |
|---|---|---|---|---|---|---|---|
| 5 | 4 | 4 | 8 | 0 | 0 | 0 | 0 |
| 1 | | | | | | | |

百万が14こ

**②** (1) 千万 3こ　　百万 5こ　　十万 6こ　　一万 2こ

(2) 3562　　(3) 35620

☞

| 千 | 百 | 十 | 一 (万) | 千 | 百 | 十 | 一 |
|---|---|---|---|---|---|---|---|
| 3 | 5 | 6 | 2 | 0 | 0 | 0 | 0 |

③ (1) ＞　　(2) ＜　　　(3) ＝

☞万を超すような大きな数字は、どこかの位で区切って読むと、ずっとわかりやすくなり、けた数も読みまちがえにくくなります。一般によく使われるのは3けたごとに区切る方法（5,890,200、572,400）ですが、日本語では4けた区切りになっています。たとえば、(1)の場合も、

　　　589|0200（→589万200）
　　　　57|2400（→57万2400）

とすると、一目瞭然で大きさの違いがわかりますよね。

④ (1) 1000　　　　(2) ア 7000　　イ 23000
⑤ (1) 20000　　20003　　20004
　 (2) 420万　　440万　　470万
⑥ 7893　　219117　　404万

1章●計算　97

ここでは、ある数を10倍したり、10でわったときにどんな数になるのかについて、見ていきましょう。

**例1）1こ20円のガムを10こ買うと、いくらでしょうか。**

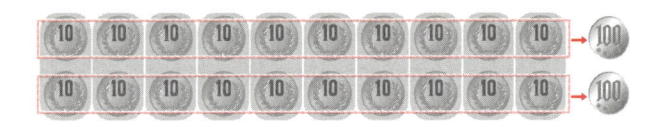

　　式　20×10

20円のものが10こ分ですから、代金は20の10倍。上の絵を見ると、20円の10こ分は200円になっています。
20×10＝200
そうです、10倍すると、
数は右のように変わり、　2×10 ………… 20
もとの数の右に0が1こつ　2×100 …… 200
くのです。100倍だと、右に0が2こつきます。

それでは、10でわると、数はどう変わるでしょうか。

**例2）200を10でわると、どんな数になりますか。**

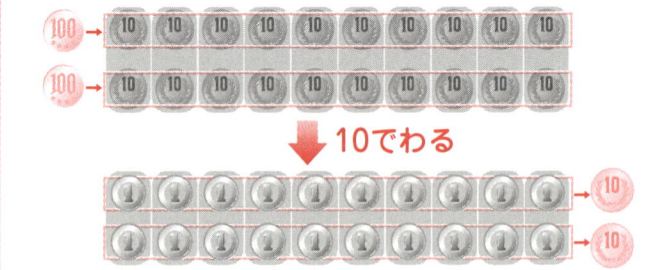

↓ **10でわる**

　　式　200÷10

先ほどと反対で、10でわると、最後の0が消えます。

一の位が0の数を10でわると、位が1つ下がって、一の位の0をとった数になるのです。

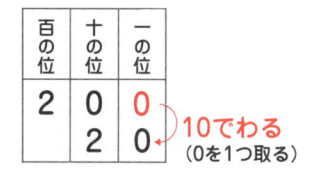

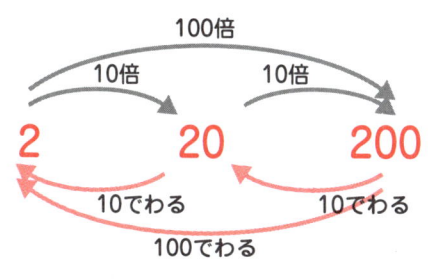

| 百の位 | 十の位 | 一の位 |
|---|---|---|
| 2 | 0 | 0 |
|   | 2 | 0 |

10でわる（0を1つ取る）

100倍　　10倍　　10倍
2　　　20　　　200
　　10でわる　　10でわる
　　　　100でわる

**7** それぞれ10倍、100倍すると、いくつになりますか。

(1) 30　答え＿＿＿＿　(2) 286　答え＿＿＿＿

**8** それぞれ10でわると、いくつになりますか。

(1) 80　答え＿＿＿＿　(2) 5700　答え＿＿＿＿

**9** たかしくんの貯金箱をあけると、10円玉が354枚、100円玉が27枚ありました。全部でいくらでしょうか。

式＿＿＿＿＿＿＿＿＿＿＿＿答え＿＿＿＿＿＿

**10** 1ℓのジュースを10人で分けます。1人何mℓずつでしょうか。　　※ℓ, mℓ→164、165ページ

式＿＿＿＿＿＿＿＿＿＿＿＿答え＿＿＿＿＿＿

## 答え

⑦ (1) 10倍すると300、100倍すると3000。
(2) 10倍すると2860、100倍すると28600。

⑧ (1) 8
(2) 570

⑨ 式　354×10＝3540　　27×100＝2700
　　　3540＋2700＝6240　　答え　6240円

⑩ 式　1000÷10＝100　　答え　100mℓ

# かけ算 ～筆算②

小学生レベル ★★★ 三年生

2けたどうしのかけ算の筆算です。

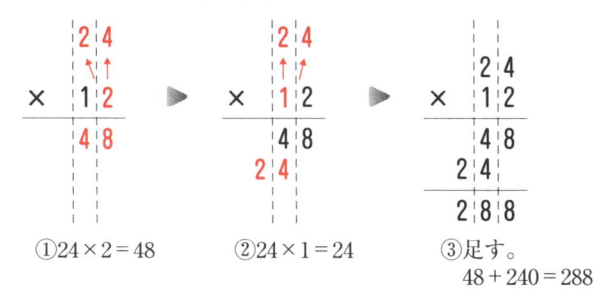

```
   2 4
 ×　1 2
 ─────
   4 8
```
①24×2＝48

```
   2 4
 ×　1 2
 ─────
   4 8
  2 4
```
②24×1＝24

```
   2 4
 ×　1 2
 ─────
   4 8
  2 4
 ─────
  2 8 8
```
③足す。
48＋240＝288

かけ算のしくみを見てみましょう。

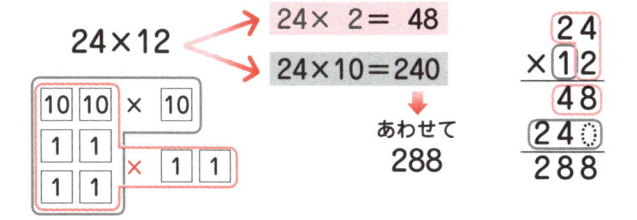

24×12
→ 24× 2 ＝ 48
→ 24×10 ＝ 240

あわせて 288

```
   2 4
 ×　1 2
 ─────
   4 8
  2 4 0
 ─────
  2 8 8
```

次のように、繰り上がりが入ってくる場合もあります。

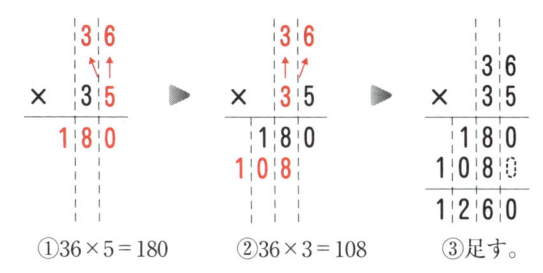

```
   3 6
 ×　3 5
 ─────
  1 8 0
```
①36×5＝180

```
   3 6
 ×　3 5
 ─────
  1 8 0
  1 0 8
```
②36×3＝108

```
   3 6
 ×　3 5
 ─────
   1 8 0
  1 0 8 0
 ──────
  1 2 6 0
```
③足す。

1章●計算　101

**① 答えはいくつでしょうか。**

```
    5 3          4 6          9 0          4 0
×   3 2      ×   2 0      ×   5 0      ×   2 5
```

**② 不等号（＞、＜）を書き入れましょう。**

(1) 43×70 ☐ 72×43　　(2) 56×23 ☐ 25×57

●━━━━━━━● 答え ●━━━━━━━●

**①**
```
    5 3          4 6          9 0          4 0
×   3 2      ×   2 0      ×   5 0      ×   2 5
─────────    ─────────    ─────────    ─────────
  1 0 6        0 0          0 0          2 0 0
1 5 9        9 2          4 5 0          8 0
─────────    ─────────    ─────────    ─────────
1 6 9 6      9 2 0        4 5 0 0      1 0 0 0
```

☞ 90×50のように0がつく計算のときは、9×5×100と考えて、45に0を2つつけます。46×20も、46×2×10と考えれば、もっと簡単ですね。

**②** (1) ＜

☞ かけ算は、数の位置を入れかえても答えは同じ。43×70＝70×43です。入れかえたほうが見やすいので、そうしてみると、

43×70 ☐ 43×72

72のほうが70よりも2大きいので、右は左より43×2大きい数ということですね。

(2) ＜　☞ 56は57より小さく、23は25より小さいので。

さあ、今度は3けたです。やり方は今までと同じで、「かけられる数×かける数の一の位」→「かけられる数×かける数の十の位」の順で進めます。

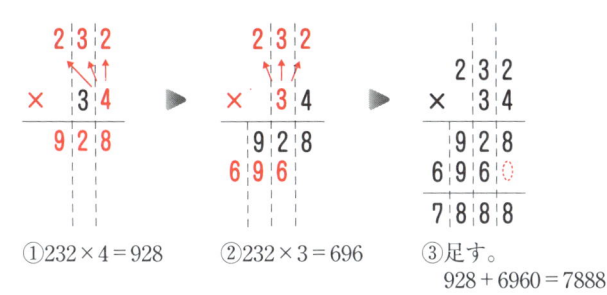

```
  2 3 2        2 3 2           2 3 2
×   3 4      ×   3 4         ×   3 4
─────────    ─────────       ─────────
  9 2 8        9 2 8           9 2 8
               6 9 6           6 9 6
                             ─────────
                               7 8 8 8
```

①232×4=928　　②232×3=696　　③足す。
　　　　　　　　　　　　　　　　928+6960=7888

かけられる数やかける数が、3けたや4けたになっても、「かけられる数×かける数の□の位」の繰り返しです。□の中は、一→十→百というようになっていきます。

**3** 答えはいくつでしょうか。

```
    7 6 2          9 0 3          3 0 0          8 0 4
×     9 3      ×     3 0      ×     6 3      ×     4 2
─────────      ─────────      ─────────      ─────────
```

**4** □にあてはまる数を書き入れましょう。

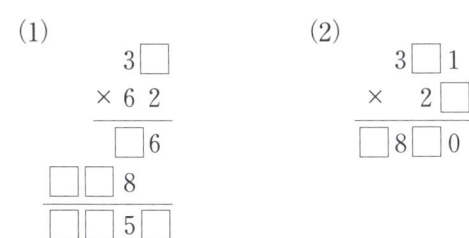

(1)
```
      3 □
×     6 2
─────────
      □ 6
    □ □ 8
─────────
    □ □ 5 □
```

(2)
```
      3 □ 1
×       2 □
─────────
    □ 8 □ 0
```

1章●計算　103

## 答え

**③**

```
    7 6 2          9 0 3          3 0 0          8 0 4
  ×   9 3        ×   3 0        ×   6 3        ×   4 2
    2 2 8 6      2 7 0 9 0          9 0 0        1 6 0 8
  6 8 5 8                        1 8 0 0        3 2 1 6
  7 0 8 6 6                      1 8 9 0 0      3 3 7 6 8
```

☞ 903×30は右のようにずらして書いてから計算すると楽です。903×3を10倍したものと考えて、903×3の答えに0をつけるわけです。

```
    9 0 3
  ×     3 0
  2 7 0 9 0
```

同じように、300×63も、63×3×100で計算したほうが簡単ですね。63×3の答え(189)に0を2つ、つければ答えです。

```
      6 3
  ×   3 0 0
  1 8 9 0 0
```

**④** (1)
```
    3 [8]③
  ×   6 2
    [7] 6
  [2][2] 8  ②
  [2][3] 5 6 ①
```

(2)
```
    3 [4]②  1
  ×   2 [0]①
  [6] 8 [2] 0

    3 [9]②  1
  ×   2 [0]①
  [7] 8 [2] 0
```

☞ ①は6。②は8と足すと、一の位の数が5になる数だから、7。③×6で、1の位が8になるのは、③が3か8のとき。3はあてはまらないので、8。38×□で76になるのは□が2のとき。

☞ 1×□=0になるのは、□が0のとき。したがって、①は0。2とかけて8になるのは4か9なので、②は4、または9。

# □を使った計算

小学生レベル ★★★ 三年生

$x$ や $y$ を使った計算を覚えていますか。正式に習うのは6年生になってからですが、すでに3年生のころから、そのもととなる考え方に慣れていくようになっています。

例を通して見ていきましょう。

例1）かずえさんは500円を持って、文房具店に行きました。100円のノートを1冊買うと、400円残りました。

これを式で表すと、

500−100＝400

ですよね。

それでは、次の場合は、どんな式になるでしょうか。

□を使って、式を作ってみてください。

例2）かずえさんは□円を持って、文房具店に行きました。200円のノートを1冊買うと、500円残りました。

　持っていたお金−使ったお金＝残ったお金

ですから、

□−200＝500

さて、では、□はいくつでしょうか。

300？　400？……と、順に数をあてはめて、確かめていってもいいのですが、それだと大変。こんなときは次のように考えてみます。

□−200＝500

500＋200＝**700**

「かずえさんは、いくら持っていったのか」と聞かれたら、ほとんどの大人が習慣的にこう計算すると思いますが、実は、そのしくみはこんなふうになっています。

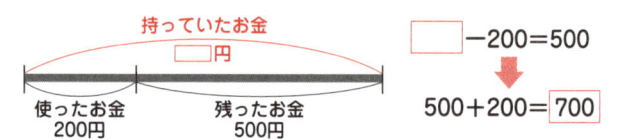

□ー200＝500
↓
500＋200＝ 700

それでは、かけ算の場合はどうなるでしょうか。

例3）かずえさんが□円のえんぴつを4本買ったら、320円でした。えんぴつは1本いくらでしょうか。

これをかけ算で表すと、
　　□×4＝320
次の図のように考えると、□は、こうして求められます。

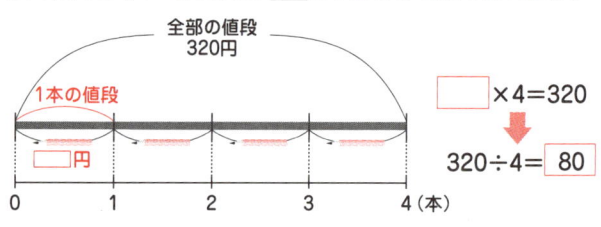

□×4＝320
↓
320÷4＝ 80

これも、もとの式と見比べてみましょう。
　　80 ×4＝320
　　320÷4＝ 80

□を使った式は、数の関係を見つけ出し、それに合わせて作るものです。ですから、数の関係を見きわめる力を養うのに最適。問題をやってみると、数学的な思考力の基礎がビシビシ鍛えられますヨ。

## 1 次の問題を□を使った式で表し、答えを求めましょう。

(1) さちこさんは1000円を持って、ケーキを買いに行きました。おつりは80円でした。ケーキはいくらでしたか。

式 _____ 答え _____

(2) ぶどうを重さ150gのおさらに乗せると、620gありました。ぶどうは何gでしょうか。

式 _____ 答え _____

(3) 30このチョコレートを同じ数ずつ、6人で食べると、全部なくなりました。1人何こずつ食べたのでしょうか。

式 _____ 答え _____

(4) 120円のパンと180円のパンを2つずつ買いました。おつりは400円でした。いくら持っていたのでしょうか。

式 _____ 答え _____

● 答え ●

① (1) 式　1000 − □ = 80　　答え　920円

☞ 持っていたお金 − 使ったお金 = おつり

例1) とは□の位置が違っていますが、これは

使ったお金 + おつり(80円) = 持っていたお金

(1000円)と同じこと。

そこで、1000 − 80 = 920なので、答えは920円。

(2) 式　□ + 150 = 620　　答え　470g

☞ ぶどうの重さ + おさらの重さ = 全体の重さ

ですから、

全体の重さ − おさらの重さ = ぶどうの重さ
　( 620g　−　150g )

となりますね。

(3) 式　□ × 6 = 30　　答え　5こ

☞ 1人分の数 × 人数 = もともとあった数

ですから、

もともとあった数 ÷ 人数 = 1人分の数
　( 30こ　　÷ 6人 )

(4) 式　□ − (120 × 2 + 180 × 2) = 400　　答え　1000円

☞ 四年生で習う「式の決まり」(→140ページ)を使うと、

□ − (120 + 180) × 2 = 400

と、まとめることもできます。いずれにしても、

持っていたお金 − 使ったお金 = おつり

という、(1)の問題と同じ式の形を使うことができます。

## コラム ④

# そろばんを覚えていますか？

もしかしたら、「そろばんには、小学校以来、さわっていない」という方のほうが多いかもしれませんね。

そろばんの各部の名前、覚えていらっしゃいますか。

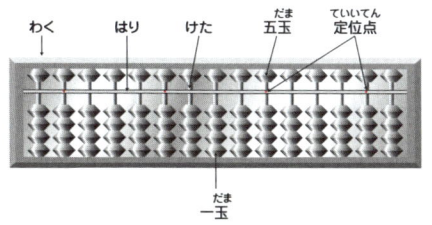

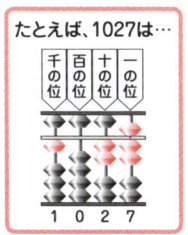

たとえば、1027は…

上の玉は「五玉」といって、5を表します。たとえば、4、5、6は右のように表します。

それでは、次の数はいくつでしょうか。

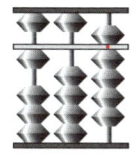

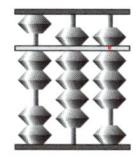

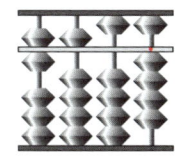

答えは左から、109、298、6504です。

# 大きな数 ④
（億と兆）

**小学生レベル** 四年生

4年生になると、**億**や**兆**といった数まで学びます。小学校でやるのはここまでですが、実際の生活でも、そのくらいまでしか使わないものですよね。

「10進法」という数のしくみについては、今まで十分見直してきたと思いますから、ここではざっと見るだけにとどめます。

例）日本の人口は125257061人です。どう読むのでしょうか。

数字が並んでいてややこしいですね。次の表で見てみます。

| 一億の位 | 千万の位 | 百万の位 | 十万の位 | 一万の位 | 千の位 | 百の位 | 十の位 | 一の位 |
|---|---|---|---|---|---|---|---|---|
| 1 | 2 | 5 | 2 | 5 | 7 | 0 | 6 | 1 |

答えは、一億二千五百二十五万七千六十一人です。

**1000億の10倍を1兆といいます。**

数は10集まると、1繰り上がりますから、次のような関係になっています。

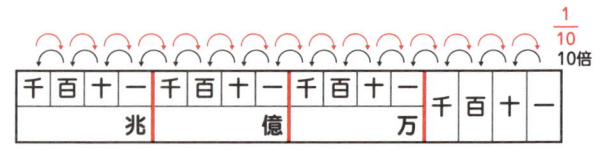

| 千 | 百 | 十 | 一 | 千 | 百 | 十 | 一 | 千 | 百 | 十 | 一 | 千 | 百 | 十 | 一 |
|---|---|---|---|---|---|---|---|---|---|---|---|---|---|---|---|
| | 兆 | | | | 億 | | | | 万 | | | | | | |

$\frac{1}{10}$ 10倍

※ $\frac{1}{10}$ →「分数」182ページ

```
1億        1:0000:0000
10億      10:0000:0000
100億    100:0000:0000
1000億  1000:0000:0000
1兆    1:0000:0000:0000
```

このように、整数は位が1つ左へ進むごとに10倍に、1つ右へ進むごとに$\frac{1}{10}$になるしくみになっています。

**1** □にあてはまる＞、＜、＝を書きましょう。

(1) 1100705890200 □ 209990572400

(2) 120000000 + 3800000000 □ 5000000003

**2** 大きい順に並べかえましょう。

(1) 200072300 m　(2) 12億 m　(3) 12300000 km

答え_____

**3** ふじみ市では土地を16億円で買い、建物を7億円で建ててスポーツ施設をつくりました。あわせていくらかかったでしょうか。

式_____　　答え_____

**4** れいこさんの町は人口231000人です。人口14300人の隣町とあわさって、新しい市を作ることになりました。人口は何人になるでしょうか。

式_____　　答え_____

**5** 答えを求めましょう。

(1) 324億×100 = ☐

(2) 560万÷8 = ☐

(3) 8兆÷10 = ☐

(4) 93億×200 = ☐

---
● ━━━━━━━━━ 答え ━━━━━━━━━ ●

**①** ☞1つひとつ数え上げると面倒ですし、読みまちがいのもとです。4つずつ区切るか、○億のように書き直して、見やすくしましょう。区切るときは、一の位から1、2、3、4と数え、その直後にマークをつけます。

(1) ＞

☞ 1|1007|0589|0200 ▷ 2099|9057|2400
　　兆　億　　万　　　　　億　　万

左の数のほうが、けたが大きいので、＞が答えですネ。

(2) ＜

☞左側の数字は、

1億2000万0000＋38億0000万0000＝39億2000万

右側の数字は、

50億0000万0003＝50億3

**②** (3) 12300000km、(2) 12億m、(1) 200072300m

☞単位をそろえてから、比べましょう。

(1) 200072300 m　　(2) 12億m

　　↓　　　　　　　　　↓

2億0007万2300 m

＝2億7万2300 m　　　12億m

(3) 12300000 km

　　↓

123億0000万0000 m　← 1km＝1000mなので、×1000です。最後に0を3つつけます。

＝123億m

③ 式　7億＋16億＝23億　　答え　23億円

④ 式　231000＋14300＝245300　　答え　245300人

☞次のように、初めに「○万○千人」と表してから計算したほうが簡単な場合もあります。

23|1000＋1|4300＝23万1000＋1万4300
　万　　　万　　　　　＝24万5300

⑤ (1) 324億×100＝3|2400億＝3兆2400億
　　　　　　　　　　兆

☞100倍なので、324億に0を2つつけます。

(2) 560万÷8＝70万

☞56を8でわって、0万をつけます。

(3) 8兆÷10＝8|0000億÷10＝8000億
　　　　　　兆

☞8兆の$\frac{1}{10}$は8000億。

(4) 93億×200＝1|8600億＝1兆8600億
　　　　　　　　兆

1章●計算　113

# かけ算　〜筆算③

小学生レベル
四年生 ★★★

かける数が3けた以上の筆算です。数は大きくなっても、やり方は今までと同じ。次の順番で進めていきます。

① 「かけられる数×かける数の一の位」
② 「かけられる数×かける数の十の位」
③ 「かけられる数×かける数の百の位」
④ ①〜③を足す。

**例）答えはいくつでしょうか。**

```
    2 3 1              2 3 1
  ×  1 5 3           × 1 5 3
                   ─────────
                       6 9 3    ← 2 3 1 ×      3
                   1 1 5 5 0    ← 2 3 1 ×    5 0
                   2 3 1 0 0    ← 2 3 1 × 1 0 0
                   ─────────
                   3 5 3 4 3
```

また、かけ算の答えを**積**、わり算の答えを**商**、足し算の答えを**和**、引き算の答えを**差**といいます。

それでは、どうぞ。

### 1　積はいくつでしょうか。

```
    4 5 6              8 2 4
  × 2 3 4            × 3 2 6
```

● 答え ●

① 
```
    4 5 6
  ×　2 3 4
  ─────────
    1 8 2 4
    1 3 6 8
    9 1 2
  ─────────
  1 0 6 7 0 4
```

```
    8 2 4
  ×　3 2 6
  ─────────
    4 9 4 4
    1 6 4 8
    2 4 7 2
  ─────────
  2 6 8 6 2 4
```

筆算では、0がある数字のときには、簡単になるように、次のように途中を省きます。

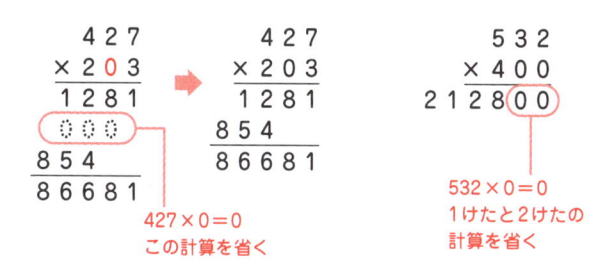

例1)
```
      4 2 7
    × 2 0 3
    ───────
      1 2 8 1
      0 0 0
      8 5 4
    ───────
    8 6 6 8 1
```
➡
```
      4 2 7
    × 2 0 3
    ───────
      1 2 8 1
      8 5 4
    ───────
    8 6 6 8 1
```

427×0＝0
この計算を省く

例2)
```
      5 3 2
    × 4 0 0
    ───────
  2 1 2 8 0 0
```

532×0＝0
1けたと2けたの
計算を省く

例2)では、532×4を計算して、最後に0を2つつければ完成です。では、次の場合はどうなるでしょうか。

例3)
```
      2 3 0 0
    ×     4 0
    ─────────
      9 2 0 0 0
```

0がないものとして計算し、積の最後に省いた数だけ0をつける。

なぜ、こうなる？

$$2300 \times 40$$
$$23 \times 100 \ \times \ 4 \times 10$$
$$= 23 \times 4 \times 100 \times 10$$

23×4を1000倍したのと同じ。

四年生
大きな数 ④
かけ算〜筆算 ③
およその数
わり算〜筆算 ②
式と計算

1章●計算

## ❷ 答えはいくつでしょうか。筆算で求めましょう。

　　　　198×402　　　　　　　364×700

　　　　＿×＿＿＿＿＿　　　　＿×＿＿＿＿＿


　　　　103×50　　　　　　　50600×800

　　　　＿×＿＿＿＿＿　　　　＿×＿＿＿＿＿


## ❸ 町内の運動会の景品用に840円の時計を260こ買おうとして、まちがえて230こしか買いませんでした。予定どおりの数をそろえるには、あといくら必要でしょうか。

式＿＿＿＿＿＿＿＿＿＿＿＿＿　　答え＿＿＿＿＿

## ❹ 350mL入りの缶ジュースが240缶あります。全部で何Lでしょうか。
※mL, L→164、165ページ

式＿＿＿＿＿＿＿＿＿＿＿＿＿　　答え＿＿＿＿＿

## 答え

**②**

```
    1 9 8
 ×  4 0 2
 ─────────
    3 9 6
  7 9 2
 ─────────
  7 9 5 9 6
```

```
    1 0 3
 ×    5 0
 ─────────
   5 1 5 0
```

```
   5 0 6 | 0 0
 ×     8 | 0 0
 ─────────────
  4 0 4 8 | 0 0 0 0
```

506×8の答えに0を4つつける

☞必ずしも小学校で教わる方法ではないのですが、筆算の式を書くときに、こんなふうにずらして書くと計算しやすくなります。364×7の答えに00をつければよいのです。

```
    3 6 4
 ×    7 0 0
 ───────────
  2 5 4 8 0 0
```

**③** 式　260−230＝30　　840×30＝25200

答え　25200円

☞九九のところで、**かける数が1つ増える（減る）と、かけられる数の分だけ、増える（減る）**ということをやりましたよね（→48ページ）。ここでは、かける数が30少なかったので、積は正しい積よりも、840×30だけ、少なくなってしまっています。

```
    8 4 | 0
 ×    3 | 0
 ──────────
  2 5 2 | 0 0
```

**④** 式　350×240＝84000　　84000÷1000＝84

答え　84ℓ

☞単位は2章で見てください。

1ℓ＝1000mlなので、答えの84000を1000でわります。1000でわるのは、最後の0を3つとればいいだけですね（10や100でわる計算→98ページ）。

```
    3 5 | 0
 ×  2 4 | 0
 ──────────
  1 4 0 | 0 0
   7 0
 ──────────
  8 4 0 | 0 0
```

# およその数
（概数、概算）

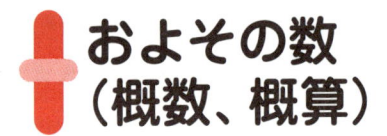

小学生レベル
★ ★ ★
四年生
★ ★ ★

　だいたいの数のことを概数（がいすう）といいます。

　概数は、とても便利な考え方。私たちも、ふだんの生活の中で、「だいたい10日くらい」「約10m」というように、しょっちゅう使っています。

　概数では、たとえば、302mを「約300m」「およそ300m」というようにいいます。

**例1）休日の動物園の入場者数を調べました。それぞれの日の入場者を概数で表しましょう。**

(1) 3日は、およそ☐万人です。
(2) 4日は、およそ☐万人です。
(3) 5日は、およそ☐万人です。

| 5月3日 | 9802人 |
| 5月4日 | 18071人 |
| 5月5日 | 21033人 |

　概数は、数直線で見ると、とてもよくわかります。

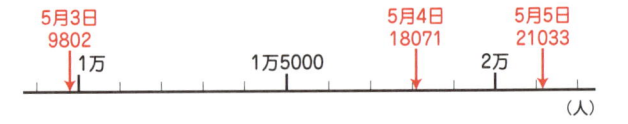

```
5月3日              5月4日    5月5日
9802               18071    21033
 ↓1万      1万5000    ↓    2万 ↓
 |―|―|―|―|―|―|―|―|―|―|―|―|
                               (人)
```

　9802（5月3日）は1万に近いので、およそ1万。あとは、どちらも、およそ2万ですね。

　もう少し違いを細かく見たいときには、たとえば、約1万人、約1万8000人、約2万1000人のように表します。

概数の考え方で、欠かせないのが**四捨五入**です。四捨五入では、名前のとおり、4より小さいものは切り捨てて0にし、5以上は切り上げて、次の位に1を足します。

**0,1,2,3,4…切り捨て　　5,6,7,8,9…切り上げ**

例2）次の表は市の人口です。千の位で四捨五入して、概数を求めましょう。

(1) ふたば市…およそ□万人　　ふたば市 129808人
(2) にった市…およそ□万人　　にった市 144526人
(3) ふじの市…およそ□万人　　ふじの市 135601人

一万の位までの概数で表すときは、千の位で四捨五入します。

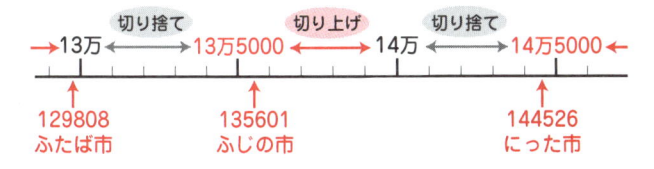

ふたば市　12万9808 → 13万0000 → 13万　（切り上げ）

にった市　14万4526 → 14万0000 → 14万　（切り捨て）

ふじの市　13万5601 → 14万0000 → 14万　（切り上げ）

```
→13万  ←13万5000  ←14万  →14万5000←
 ↑       ↑              ↑
129808  135601         144526
ふたば市 ふじの市        にった市
```
（切り捨て／切り上げ／切り捨て）

ほかに、**切り上げ**、**切り捨て**という方法があります。たとえば、十の位で切り上げるとき、切り捨てるときは…。

切り上げ　　　　　　　切り捨て
1235 → 1300　　　　　1235 → 1200
（235→300）　　　　　（35→00）

1章●計算

また、大きな数を扱うときに便利なのが、「上から1けた」「下から2けた」といった言い方です。

→ 上から1けた目の数
**354682**
下から2けた目の数 ↲

いちいち、「千の位の数が…」「百万の位の数と百の位の数を…」などというのは大変ですし、まちがいのもと。そこで、こうした言い方をよく使うのです。

### 1 67593について答えましょう。

(1) 上から2けた目の数はいくつですか。

答え　　　　　

(2) 四捨五入して、上から3けたまでの概数にしましょう。

答え　　　　　

### 2 四捨五入して、（ ）の中の位までの概数にしましょう。

(1) 3298（百の位）　　　答え　　　　　

(2) 78652（千の位）　　　答え　　　　　

(3) 56754328（千万の位）　　　答え　　　　　

### 3 百の位を四捨五入して2000になるのは、アからイまでの整数です。ア、イは、それぞれいくつでしょうか。

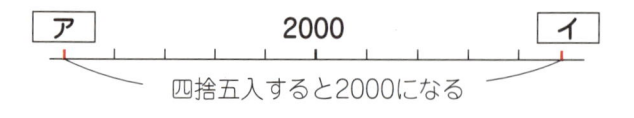

| ア | 2000 | イ |

四捨五入すると2000になる

答え　ア　　　　　イ

**④** 千の位を四捨五入して30000になる数（整数）のうち、いちばん小さいのは|ア|、いちばん大きいのは|イ|です。

答え　|ア|　　　　|イ|

● 答え ●

**①** (1) 7　　　(2) 67600

☞ 上から3けたまでの概数にするには、4けためを四捨五入します。

**②** (1) 3300
(2) 79000
(3) 60000000

**③** ア 1500　　　イ 2499

**④** ア 25000　　　イ 34999

さて、次は概数を使った計算です。**概算**(がいさん)といいます。

例) 先月、市の図書館を利用した人の数を調べました。合計で、およそ何万何千人が利用したのでしょうか。

| 中央図書館 | 14876人 |
| 駅前図書館 | 10428人 |
| 第3図書館 | 9871人 |

<求め方1>
足してから、概数にする。

```
  14876
  10428
+  9871
  35175
```
→ 3万5000人

<求め方2>
概数にしてから、足す。

```
  15000
  10000
+ 10000
  35000
```
→ 3万5000人

一般に答えを概数で求めるときは、初めに概数にしてしまい、それから計算したほうがラクです。

**5** 四捨五入して一万の位までの概数にしてから計算しましょう。

(1) $18765 + 26924 =$ 

(2) $325236 - 149809 =$ 

**6** けんじさんたちは、妹の誕生日プレゼントを買おうとしています。1300円が必要なのですが、右のように出し合って、足りるでしょうか。

| お姉さん | 328円 |
| けんじさん | 250円 |
| お父さん | 500円 |
| お母さん | 480円 |

式 _____ 答え _____

**7** 5487枚の紙を100枚ずつ、たばにします。たばは、いくつできるでしょうか。

答え _____

> 2番や3番のようなシチュエーションは、実際にもけっこうよくあると思いませんか。こんなふうに、ふだんの生活では、だいたいの数がわかれば十分な場合も多いんですよね。
> また、算数・数学でも、概算してみて、だいたいの答えを出してから、あらためてきちんと解いていくということもよくやります（たとえば、次の項でおさらいする「2けたのわり算」でも、そうです）。

**8** 100mを1cmで表す地図があります。下の表は、ゆきさんの家からの道のりを示したものです。まず、実際の道のりを百の位までの概数で表し、次に地図上では何cmで表されるか、求めましょう。概数にするときは、四捨五入を使ってください。

| 場　所 | 道のり(m) | 地図上での長さ |
|---|---|---|
| 駅 | 1398 | → ☐ cm |
| 学　校 | 2234 | → ☐ cm |
| 郵便局 | 587 | → ☐ cm |
| さくら山 | 3194 | → ☐ cm |

## 答え

**⑤** (1) 50000

☞ それぞれ、1万の位までの概数にしてから計算します。

18765は20000、26924は30000、2万＋3万＝5万。

(2) 180000

☞ 325236は330000、149809は150000で、33万－15万＝18万です。

**⑥** 式　300＋200＋500＋500＝1500　　1500－1300＝200

答え　足りる。

☞ 多めにお金を用意したほうが安心なので、基本的に四捨五入ではなく、切り捨てを使います。

お姉さん　　328円 → 300円

けんじさん　250円 → 200円

お父さん　　500円 → 500円

お母さん　　480円 → 500円

**⑦** 答え　54たば

☞ 100枚ずつ、たばねるのですから、百の位から下は切り捨てます。5487→5400。

**⑧**

| 場所 | 実際の道のり | 概数 | 地図上での長さ |
|---|---|---|---|
| 駅 | 1398 | → 1400m | → 14 cm |
| 学校 | 2234 | → 2200m | → 22 cm |
| 郵便局 | 587 | → 600m | → 6 cm |
| さくら山 | 3194 | → 3200m | → 32 cm |

# わり算 ～筆算②

小学生レベル
★★★
四年生 ★ ★ ★

わり算も、だんだんグレードアップしていきます。4年生になると、わる数が2けたになります。といっても、解き方はこれまでとまったく同じ。「たてる→かける→引く」の繰り返しです。

例1）

| たてる | かける | 引く |

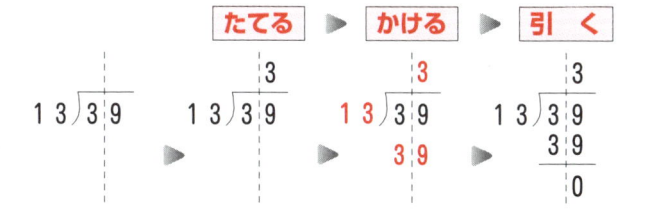

```
        3         3         3
13)39  13)39  13)39  13)39
                    3 9    3 9
                            0
```

商をたてるとき、「商はだいたい3かな」というように、**見当をつけてあてはめる**のが基本です。それでやってみて、まだわれるようだったら（あまりがわる数より大きかったら）、商を大きくしてみます。

それでは、次のような場合はどうするのでしょうか。

例2）
```
21)87
```

このときも同じように、見当をつけて「**仮の商**」をたてるのですが、次のようにするのがコツです。

1章●計算 125

## 87÷21

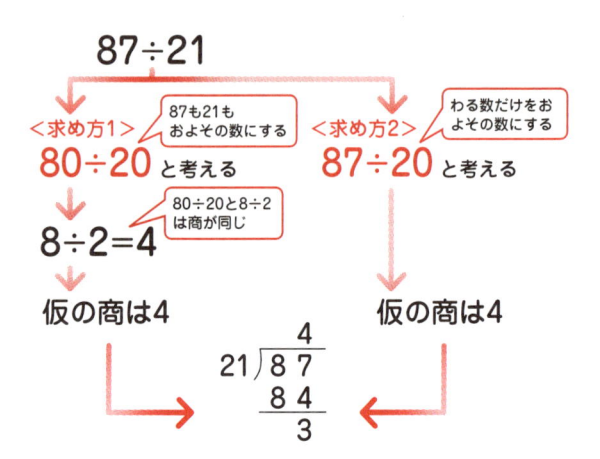

<求め方1> 87も21もおよそ の数にする
80÷20 と考える

80÷20と8÷2は商が同じ
8÷2=4

仮の商は4

<求め方2> わる数だけをおよその数にする
87÷20 と考える

仮の商は4

```
      4
21 ) 8 7
     8 4
       3
```

どちらの求め方でもよいので（どちらの方法を学ぶかは、教科書によります）、求めやすいほうを使いましょう。

わられる数やわる数が3けたや4けたになっても、求め方はまったく変わりません。

たとえば、356÷122なら…、

①仮の商を見つける。

　〈求め方1〉　300÷100（→3÷1）
　〈求め方2〉　356÷100

↓

②仮の商をあてはめてみる。

↓

③調整する。　・商が**大きすぎた**とき → 1**小さく**する
　　　　　　　・商が**小さすぎた**とき → 1**大きく**する

```
       3                              2
122 ) 3 5 6   商が大きすぎる   122 ) 3 5 6
      3 6 6 ▶ ので、商を1小 ▶       2 4 4
              さくしてみる            1 1 2
```

366では大きすぎるので商も大きすぎる

126

それでは、次の場合はどうでしょうか。

例3)
$$19\overline{)58}$$

19はほとんど20、58は60まであとちょっと……。こういう数のときは、切り上げたほうが、正しい商が見つかりやすいので、切り上げを活用します。

$$\begin{array}{r} 3 \\ 19\overline{)58} \\ \underline{57} \\ 1 \end{array}$$

### 1 答えはいくつでしょうか。

$60 \div 30 = \boxed{\phantom{0}}$　　$9000 \div 3000 = \boxed{\phantom{0}}$　　$180 \div 90 = \boxed{\phantom{0}}$

### 2 267枚の紙を30枚ずつ箱に入れると、何箱できますか。

式_____　　答え_____

### 3 次の筆算をやってみましょう。

$18\overline{)90}$　　　$26\overline{)78}$　　　$43\overline{)97}$

$18\overline{)64}$　　　$53\overline{)108}$　　　$43\overline{)182}$

● 答え ●

① 2　　3　　2

② 式　267÷30＝8　あまり27　　　答え　8箱

☞ 270÷30＝27÷3＝9と、ここまでは暗算でやり、あてはめてみます。

```
      9
30)267      → 商が大きすぎるの →    30)267
  270          で、1つ小さくする         240
                                        27
```

③

```
      5              3              2
18)90         26)78          43)97
   90            78             86
    0             0             11
```

```
      3              2              4
18)64         53)108         43)182
   54           106            172
   10             2             10
```

さて、次は3けたのわり算です。

例）
$52 \overline{)780}$

```
     1 5              1                1 5
5)7 8          52)7 8 0         52)7 8 0
  5                5 2              5 2
  2 8              2 6 0            2 6 0
  2 5                                2 6 0
  ⋮                                      0
```

①商の見当をつける。　②十の位に1を　　　③一の位に5を
780÷50→78÷5　　　　たててみる。　　　たててみる。

78は52より大きいので、商は十の位からたちます。そして、十の位にたつ商は、78÷52から求められるんですね。

こんなふうに**商は、十の位からたつ場合もあれば、一の位からたつ場合もある**のです。

たとえば、483÷56では、48は56よりも小さいですよね。こんなときは、商は1の位からたちます。

わり算では、このように、「商がどの位からたつか」を確かめてから、「たてる」→「かける」→「引く」… をやっていきます。

また、わり算も、だんだん数が大きくなってくると、確かめ（検算）が大切になってきます。確かめはこんな式になります。

例）48÷13＝3　あまり9
　〈確かめ〉13 ×3＋ 9 ＝48
　　　　　**わる数×商＋あまり＝わられる数**

**4** 次の筆算をやったあと、確かめもしてみましょう。

$$25 \overline{)398} \qquad\qquad 42 \overline{)285}$$

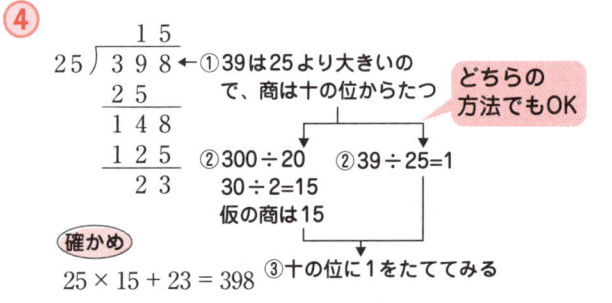

---
● 答え ●
---

**④**

```
        1 5
    ─────────
25 ) 3 9 8   ←①39は25より大きいの
     2 5        で、商は十の位からたつ
    ─────
     1 4 8
     1 2 5     ②300÷20      ②39÷25=1
    ─────       30÷2=15
         2 3    仮の商は15
```

どちらの方法でもOK

③十の位に1をたててみる

**確かめ**

$25 \times 15 + 23 = 398$

```
          6
    ─────────
42 ) 2 8 5   ←①28は42より小さいの
     2 5 2      で、商は一の位からたつ
    ─────
         3 3
```

どちらの方法でもOK

②200÷40　　　　②280÷40
　20÷4＝5　　　　28÷4＝7
　仮の商は5　　　　仮の商は7

③5をあてはめてみる。　③7をあてはめてみる。
　小さいので、商を　　大きいので、商を
　1つ大きくする　　　1つ小さくする

**確かめ**

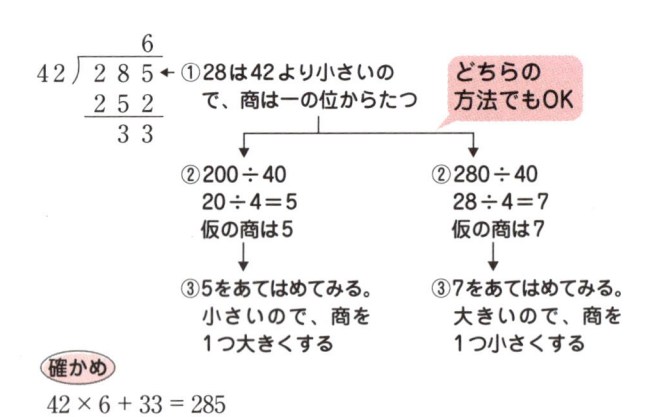

$42 \times 6 + 33 = 285$

わられる数が4けたの数のわり算を見てみましょう。もちろん、やり方はこれまでと同じです。

```
                    7           6          63
23)1456   23)1456   23)1456   23)1456
              161       138       138
                                   76
                                   69
                                    7
```

① 14<23なので、商はその下の位（十の位）から、たつ。
② 140÷20と考え、14÷2=7なので、7をたててみる。
③ 商が大きすぎるので、1つ小さくしてみる。
④ 一の位の商の見当をつけ、あてはめてみる。

位を決める → 仮の商を見つける → たてる → 引く おろす くり返す

十の位　　　　　　　　　　　一の位

また、商に0がたつわり算は、途中をこんなふうに省きます。

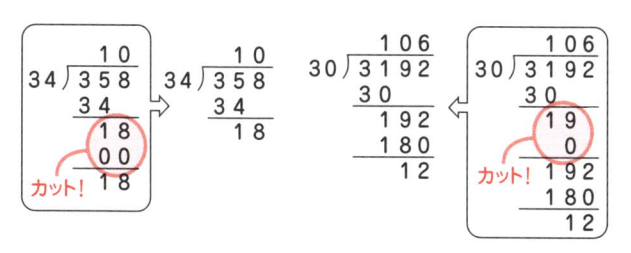

```
      10            10                106              106
34)358       34)358          30)3192         30)3192
   34            34                 30               30
   18            18                192              19
   00                                180       カット！ 0
カット！18                             12               192
                                                    180
                                                     12
```

## 5 次の筆算をやってみましょう。

27)4508　　16)8141　　43)3681

四年生　大きな数④　筆算かけ算③～　およその数　筆算わり算②～　式と計算

1章●計算　131

## 答え

**⑤**

```
        1 6 6
27 ) 4 5 0 8
     2 7
     1 8 0
     1 6 2
         1 8 8
         1 6 2
             2 6
```
← 45＞27なので、商は百の位からたつ

```
        5 0 8
16 ) 8 1 4 1
     8 0
         1 4 1
         1 2 8
             1 3
```
← ①81＞16なので、商は百の位からたつ

②14÷16＝0 商に0がたつときは途中を省いて、一の位をおろしてしまう（③）

```
          8 5
43 ) 3 6 8 1
     3 4 4
         2 4 1
         2 1 5
             2 6
```
← 36＜43なので、商はその下の位、つまり十の位からたつ

132

わり算の決まりを使って、計算が簡単になるように、ちょっとした工夫を見てみましょう。

例）　　8400÷4200

```
        2
4200)8400
      84
       0
```

最後に0がつく数のわり算では、わる数とわられる数の最後の0を、同じ数だけ消してから、計算します。

なぜ、こうできるのでしょう。それは、数がこんなしくみになっているからです。

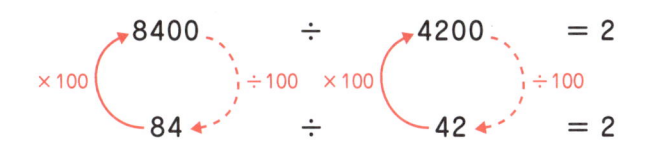

$$8400 \div 4200 = 2$$
$$\times 100 \bigg\downarrow \div 100 \quad \times 100 \bigg\downarrow \div 100$$
$$84 \div 42 = 2$$

わり算では、わられる数とわる数に同じ数をかけても、わられる数とわる数を同じ数でわっても、商は変わらないのです。

この決まりを使うと、大きな数のわり算も、ずっとシンプルになりますよね。

気をつけたいのが、あまりが出るときです。

```
         20
600)12400
     12
      400
```

1000が12こあるということ

100が4こあるということ

0を消したわり算では、あまりに消した数だけ0をつけます。

**6** 筆算で求めましょう。

$3050 ÷ 60 =$ ☐   $57000 ÷ 6000 =$ ☐

**7** ある数を56でわったところ、商は23、あまりは15でした。この数を43でわると、答えはどうなるでしょうか。

式 _____   答え _____

**8** 右のわり算で、商が1けたになるのは、□がどんな数のときでしょうか。

$84 \overline{)8\square6}$

答え _____

**9** 同じ重さの箱を10こ重ねてはかったところ、1kgと460gありました。1箱は何gでしょうか。

式 _____   答え _____

● 答え ●

⑥
```
        5 0
6 0̸ )3 0 5 0̸
    3 0
    ─────
        5 0
```
答え　50　あまり50

```
            9
6 0̸0̸0̸ )5 7 0̸0̸0̸
       5 4
       ─────
       3 0 0 0
```
答え　9　あまり3000

⑦ 式　56×23+15=1303　　1303÷43=30　あまり13

　　　　　　　　　　　　　答え　30　あまり13

☞確かめの式を使って、最初に「わられる数」を見つけましょう。

⑧ 0、1、2、3

☞「商が1けた」ということは、「商が10より小さい」ということですよね。つまり、「商が十の位にたたない」わけです。商が十の位にたたないのは、8□＜84のとき。つまり、□＜4のとき。

　そこで、答えは0、1、2、3となります。

　それでは、□が4か、4よりも大きいとき、つまり、□が4、5、6、7、8、9のときはどうなるでしょうか。

　商は10になります。

⑨ 式　1460÷10=146　　答え　146 g

☞ 1 kg 460 g は1460 g。1460÷10=146です。

1章●計算　135

# 式と計算

小学生レベル
四年生

　さて、これまで足し算や引き算、かけ算、わり算と、いろいろ見てきました。実際には、この4つを組み合わせて使う場合が多く、この組み合わせ方がうまくなるほど、算数も上達します。この項では、この4つを組み合わせるコツや決まりを見ていきましょう。

例1）たろうさんは1000円を持って買い物に行きました。スーパーで230円の牛乳を買い、お花屋さんで460円の花たばを買いました。いくら残ったでしょうか。

**基本の式**

持っていたお金 － 使ったお金 ＝ 残ったお金

**考え方①**
順番に引く。
1000－230＝770
770－460＝310

**考え方②**
まとめてから引く。
230+460=690
1000-690=310

1つの式にまとめてみると…、
1000 －（230＋460）＝ 310
持っていたお金 － 使ったお金 ＝ 残ったお金

　こんなふうに、かっこを使うと、1つの式で簡単に表すことができます。かっこのある式では、かっこの中をひとまとまりと見て、先に計算します。

かけ算やわり算の入る式ではどうなるでしょうか。

例2) 1人につき、120円のおにぎり1つと、85円の飲み物を1本あげます。6人分では、いくら必要でしょうか。

基本の式　1人分の代金　×　人数　＝　必要なお金

（120＋85）×　6　＝　1230

答えは1230円ですね。かっこを使うと、「120×6は720円、85×6は510円、両方合わせると…」とやるよりも、ずっと簡単に計算できます。

例3) 1人につき、120円のおにぎり1つと、85円の飲み物を1本あげます。1500円で、何人分買えますか。

基本の式　持っているお金　÷　1人分の代金　＝　人数

1500　÷　（120＋85）＝ 7　あまり65

答えは7人分です（65円あまり）。

例4) 1こ88円のヨーグルトを4こ買います。500円玉を出すと、おつりはいくらでしょうか。

基本の式　持っているお金　－　代金　＝　おつり

500　－（88×4）＝　148

答えは148円。

式の中のかけ算やわり算には、かっこをつけなくてもかまいません。そのままでも、先に計算する決まりになっています。

計算する順序の決まりについて、まとめてみましょう。

①基本は左から順に計算する。
②かっこの中は先に計算する。
③足し算、引き算よりも、かけ算、わり算を先に計算する。

**1** 答えはいくつでしょうか。

$1000 - (500 + 40) =$ ☐   $260 + (92 - 32) =$ ☐

$(38 + 12) \times 4 =$ ☐   $20 \times (16 - 8) =$ ☐

$(58 - 32) \div 11 =$ ☐   $390 \div (36 + 94) =$ ☐

**2** ティーシャツが定価980円より200円安くなっていました。3着買うと、全部でいくらでしょうか。

式 _____   答え _____

**3** 1こ350円のケーキを2こと、1こ280円のケーキを3こ買いました。1000円さつを2枚出すと、おつりはいくらでしょうか。

式 _____   答え _____

**4** 答えはいくつでしょうか。

(1) $140 \times 2 + 130 \div 13 =$ ☐

(2) $180 - (47 - 56 \div 8) =$ ☐

(3) $(21 - 18) \div 3 \times 63 =$ ☐

● 答え ●

① $1000-(500+40)=1000-540=460$

　　　　　↳（　）の中を先に計算します。

$260+(92-32)=260+60=320$

$(38+12)\times 4=50\times 4=200$

$20\times(16-8)=20\times 8=160$

$(58-32)\div 11=26\div 11=2$　あまり4

$390\div(36+94)=390\div 130=3$

② 式　$(980-200)\times 3=2340$　　答え　2340円

☞ 1着の値段×買った枚数＝代金

③ 式　$1000\times 2-(350\times 2+280\times 3)=460$　　答え　460円

☞ 〈基本の式〉持っているお金－代金　＝おつり

　　　　　$1000\times 2$　　$-(350\times 2+280\times 3)$

　　＝　　　2000　　　－（　700　＋　840　）

　　＝　　　2000　　　－1540

④ (1) $140\times 2+130\div 13=280+10=290$

↳ かけ算やわり算は足し算、引き算よりも先に計算します。

(2) $180-(47-56\div 8)=180-(47-7)=180-40=140$

↳（　）の中を先に計算。その中でも、÷、×が先。

(3) $(21-18)\div 3\times 63=3\div 3\times 63=1\times 63=63$

↳（　）の中を先に計算。

四年生

大きな数④

筆算③〜 かけ算

およその数

筆算②〜 わり算

式と計算

1章●計算

かっこを使った式には、次のような決まりもあります。

例）赤いボールと、白いボールは全部でいくつありますか。

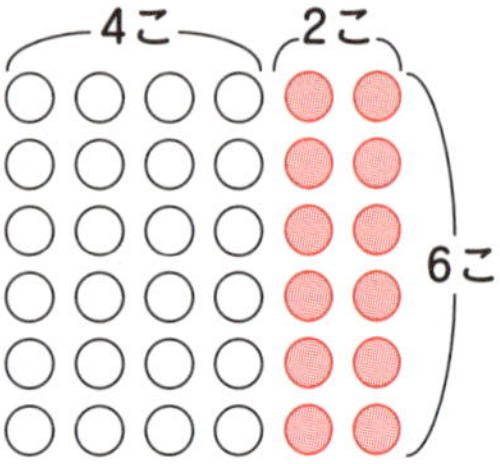


**考え方①**

白は白、赤は赤でまとめる

4 × 6 ＋ 2 × 6 ＝ 36

（4 × 6：白いボール　2 × 6：赤いボール）

**考え方②**

赤と白と、まとめて計算する

（4＋2）× 6 ＝ 36

（4＋2：横に並んだ数　6：たてに並んだ数）

どちらも、白いボールと赤いボールの合計を表していますから、式は違っていても、答えは同じです。そこで、

4×6＋2×6＝(4＋2)×6

同じく、引き算の場合も、

4×6−2×6＝(4−2)×6

とできます。そこで、次のような決まりが導けます。

（● ＋ ▲）× ■ ＝ ● × ■ ＋ ▲ × ■

（● − ▲）× ■ ＝ ● × ■ − ▲ × ■

×が÷でも、この決まりは成り立ちます（このことは、小学校の教科書には必ずしも載っていません）。

もうひとつ大切な計算の決まりを確認しておきたいと思います。確かめ算で、もうわかっていることですが、
　①＋と－の関係は逆になっている
　②÷と×の関係は逆になっている
ということです。

### ＜＋と－の関係＞

例）ビー玉を4こ持っています。

①2こもらうといくつになりますか。
$4+2=6$

②そのあと、妹に2こあげるといくつになりますか。
$6-2=4$

① 2を足す
4 　 6
② 2を引く

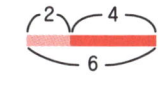

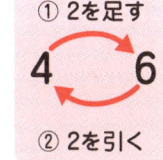

### ＜÷と×の関係＞

①30円のガムを5こ買うと、いくらですか。
$30×5=150$

②150円でガムが5こ買えました。1こ何円ですか。
$150÷5=30$

5でわる
150　30
5をかける

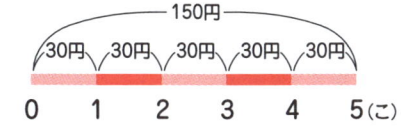

**5** □にあてはまる数を書きましょう。

□ ＋ 56 ＝ 100 　　　□ － 39 ＝ 161

□ × 6 ＝ 54 　　　　□ ÷ 9 ＝ 20

## ❻ □にあてはまる数を書いて、答えを求めましょう。

(1) $103 \times 12 = (\boxed{\phantom{00}} + 3) \times 12 = \boxed{\phantom{00}} + 36 = \boxed{\phantom{00}}$

(2) $99 \times 2 = (\boxed{\phantom{00}} - 1) \times 2 = \boxed{\phantom{00}} \times 2 - 2 = \boxed{\phantom{00}} - 2 = \boxed{\phantom{00}}$

(3) $18 \times 3 + 7 \times 18 = (\boxed{\phantom{00}} + \boxed{\phantom{00}}) \times \boxed{\phantom{00}} = \boxed{\phantom{00}} \times 18 = \boxed{\phantom{00}}$

●──────── 答え ────────●

❺ 
$\boxed{44} + 56 = 100$ →100−56で求めます。

$\boxed{200} - 39 = 161$ →161+39で求めます。

$\boxed{9} \times 6 = 54$ →54÷6で求めます。

$\boxed{180} \div 9 = 20$ →20×9で求めます。

❻ (1) $103 \times 12 = (\boxed{100} + 3) \times 12 = \boxed{1200} + 36 = \boxed{1236}$

☞ $(100 + 3) \times 12 = 100 \times 12 + 3 \times 12$ ですね。

(2) $99 \times 2 = (\boxed{100} - 1) \times 2 = \boxed{100} \times 2 - 2 = \boxed{200} - 2$
$\phantom{99 \times 2} = \boxed{198}$

☞ あといくつかを足すか引くかすると、10や100のように区切りがいい数になるものは、それを利用すると、暗算でもラクになります。

　たとえば、42×15も、一見とてもめんどうそうですが、

① $40 \times 15 = 600$ （4×15=60に、0をつける）

② $2 \times 15 = 30$

③ ①+② = 630

と考えると、どうでしょうか。

(3) $18 \times 3 + 7 \times 18 = (\boxed{3} + \boxed{7}) \times \boxed{18} = \boxed{10} \times 18 = \boxed{180}$

# 文字と式

ここでおさらいするのは、$x$や$y$、$a$などを使った式。$x$などを使った式というと、とたんにむずかしいイメージを持たれる方もいらっしゃるかもしれません。

でも、実はとても便利なものなのです。なにしろ、「数字で表せない数」も、自由に扱えるようになるのですから。

それでは、ご一緒に始めましょう。

例1）1こ50円のドーナツが売られています。□こ買うときの値段を○円とすると、どのような式で表せるでしょうか。

もちろん、
　**50×□＝○**
ですよね。そして、
　□が1のとき……50×1＝○
　□が2のとき……50×2＝○
　□が3のとき……50×3＝○
　　　⋮　　　　　　　⋮

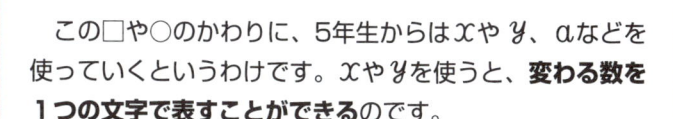

この□や○のかわりに、5年生からは$x$や$y$、$a$などを使っていくというわけです。$x$や$y$を使うと、**変わる数を1つの文字で表すことができる**のです。

上の式でしたら、
　**50×$x$＝$y$**
なんだか、ずっと数学らしくなりますね。

$x$などが便利なのは、とりあえずわからない数字を$x$にして式にしてしまい、そこから逆に$x$を求められる点です。例を見てみてください。

**例2) ドーナツが24こあります。おさらに同じ数ずつ配ると、4さらになりました。わからない数には$x$を使って、全部の数を求める式を書きましょう。**

　わからないのは何こずつ配ったか、です。これを$x$とすると…、

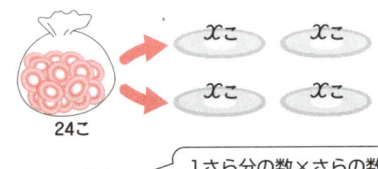

$$x \times 4 = 24$$

（1さら分の数×さらの数＝全部の数）

$$x = 24 \div 4 = 6$$

$x$は6です。それでは、なぜ、$x=24\div4$になるのでしょうか。それは、

$$x \times 4 \quad = 24$$
$$x \times 4 \div 4 = 24 \div 4$$
$$\hookrightarrow = x \times 1 \rightarrow つまり x$$

（＝の右側と左側を同じ数でわる、同じ数をかける・足す・引くをしても、このまま、＝で結べます）

だからなのです。
　わり算や引き算、足し算も同じ考え方で求められます。

**例3) $x$を求めましょう。**

$$x \div 5 - 20 = 100$$
$$x \div 5 \quad = 100 + 20$$

（かけ算やわり算は足し算、引き算より先にやります）

$$x = 120 \times 5 = 600$$

# 五年生 文字と式

**1** $x$ mLのジュースを5人で分けると、1人 $y$ mLになりました。式で表しましょう。

式 □ $= y$

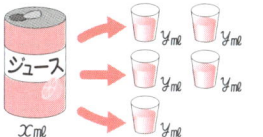

**2** 次の問いに答えましょう。

(1) 高さが2cmで、底辺の長さがいろいろな平行四辺形があります。底辺の長さを $x$ cm、面積を $y$ cm²として、面積を表す式を書きましょう。※面積→314ページ

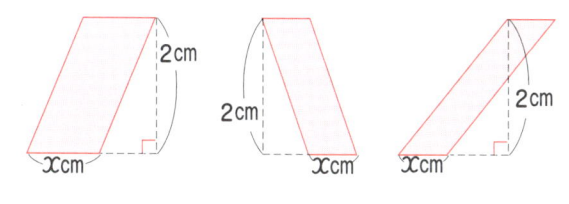

式 □ $= y$

(2) 底辺の長さが5cmのとき、面積は何cm²になりますか。

式 _____ 答え _____

**3** たて4cm、横 $a$ cm、面積 $b$ cm²の長方形があります。

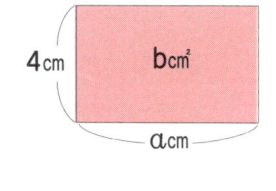

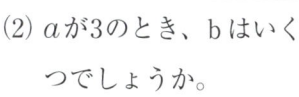

(1) 式に表しましょう。

式 □ $= b$

(2) $a$ が3のとき、bはいくつでしょうか。

式 _____ 答え _____

(3) $a$ が2.5のとき、bはいくつですか。※小数→187ページ

式 _____ 答え _____

1章●計算 145

**4** 1箱xこ入りのお菓子の箱が3箱とお菓子が5こあります。

(1) 全部の数をyとして、yを表す式を書きましょう。

式 □ = y

(2) お菓子が1箱に10こ入っているとき、全部で何こになるでしょうか。

式 _____ 答え ____

**5** 10円玉が同じ枚数ずつ入っているコインケースが4箱と、ばらの10円玉が4こあります。全部出して数えたら36枚ありました。

(1) コインケース1箱に入っている枚数をxとして、式に書きましょう。

式 □ = 36

(2) xを求めましょう。

答え x = □

**6** チョコレートが16こ入った箱の重さをはかると、2kgでした。箱の重さは560gです。チョコレートは、1こ何gでしょうか。

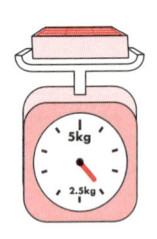

式 □ = 2000    答え ____

●────────● 答え ●────────●

① 式 $\boxed{x \div 5} = y$

② (1) 式 $\boxed{x \times 2} = y$

☞ 「平行四辺形の面積＝底辺×高さ」です。

(2) 式 $5 \times 2 = 10$　答え　10c㎡

☞ $x=5$のとき、$y=10$というわけです。

③ (1) 式 $\boxed{4 \times a} = b$

☞ 「長方形の面積＝たて×横」にあてはめます。

(2) 式 $4 \times 3 = 12$　答え　12c㎡

(3) 式 $4 \times 2.5 = 10$　答え　10c㎡

④ (1) 式 $\boxed{x \times 3 + 5} = y$

(2) 式 $10 \times 3 + 5 = 35$　答え　35こ

☞ $x=10$のとき、$y=35$というわけです。

⑤ (1) $\boxed{x \times 4 + 4} = 36$

(2) $x = \boxed{8}$

☞ $x \times 4 + 4 = 36$

　　　$x = (36 - 4) \div 4 = 32 \div 4 = 8$

⑥ 式 $\boxed{x \times 16 + 560} = 2000$

　　　$x = (2000 - 560) \div 16 = 90$

答え　90g

☞ 小数を使って、560gを0.56kgとして計算することもできます。なお、1kg＝1000g。また、小数のかけ算については199ページを見てください。

1章●計算

# 2章

# 単位
## ——時間、長さ、かさ、重さ

cm、m、mg、kg、dℓ、ℓ など、
私たちの身のまわりでは
さまざまな単位が使われています。
ここでは、そうした単位を丁寧に
見直していってみます。

# 時間と時刻①

小学生レベル
二年生

時間や時刻は、もっとも身近な数字のひとつ。**時刻**は「時の1点」、**時間**は「時刻と時刻の間」を表します。

1年生では、時計の読み方を確認し、2年生になると、時刻と時間の違いや、次のような基本的なことを確認します。

**1時間＝60分**
**1日　＝24時間**

午前と午後は12時間ずつあることも、もちろん大事なポイントとして習います。

**1** 正しいほうを○で囲みましょう。□の中には正しい数字を入れましょう。

(1) 時計の（長い、短い）針が1めもり進む（時刻、時間）は、1分間です。

(2) 時計の（長い、短い）針が1めもり進む（時刻、時間）は、1時間です。

(3) 時計の（長い、短い）針は1日2回まわります。最初の1まわりは（午前、午後）、次の1まわりは（午前、午後）です。

(4) 午前は□時間、午後は□時間、あわせて1日は□時間です。

時間や時刻の計算では、時は時どうし、分は分どうしで計算します。

例）8時10分の1時間30分後は何時でしょうか。

〈求め方〉
**時** 8時＋1時＝9時　　**分** 10分＋30分＝40分
そこで、答えは9時40分になるのです。

**2** 次の時刻や時間を答えましょう。

(1) 午前9時30分から30分あとの時刻。　答え＿＿＿＿
(2) 午後7時35分の15分前の時刻。　答え＿＿＿＿
(3) 午前9時から正午までの時間。　答え＿＿＿＿

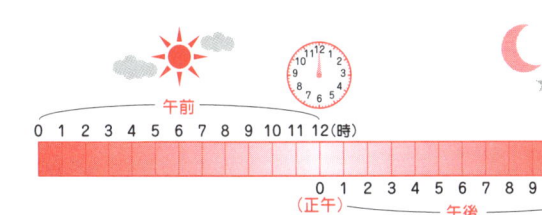

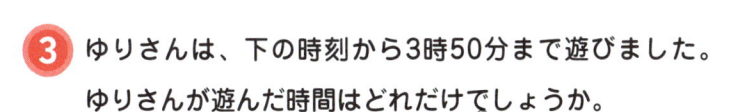

**3** ゆりさんは、下の時刻から3時50分まで遊びました。ゆりさんが遊んだ時間はどれだけでしょうか。

答え＿＿＿＿

## 答え

**①** (1) 長い、時間　　(2) 短い、時間

(3) 短い、午前、午後

(4) 12、12、24

**②** (1) 午前10時　　(2) 午後7時20分　　(3) 3時間

☞正午は午後0時のこと。昔は「午の刻」といったのだそうです。午前は「午の刻の前」、午後は「午の刻の後」という意味なんだそうですよ。なお、午前0時は真夜中のほうですね。

**③** 1時間15分

☞子どもたちはイラストの時計盤などを使いながら計算します。

　「3時50分－2時35分」と考える場合、時は時、分は分で計算します。3－2は1なので1時間、50－35で15分。だから、1時間15分というわけです。筆算を使うと、もっと計算がラクかもしれません（→155ページ）。

# 時間と時刻②

小学生レベル 三年生

3年生になると、もう少しくわしく時間について学びます。

① 1分よりも短い単位に**秒**があります。
   **1分＝60秒**
② 午後の時刻を表すとき、午後1時を13時、午後8時20分を20時20分というように、**12を足して表す**ことがあります。午後8時を**20：00**と書くこともできます。バスや電車の時刻表でよく見かける書き方ですね。

**1** □にあてはまる数を書きましょう。

(1) 87秒＝□分□秒　　(2) 2分30秒＝□秒

**2** 次の時刻や時間を答えましょう。

(1) 午前7時50分から1時間10分後の時刻。

答え＿＿＿＿＿＿

(2) 午後1時45分から午後5時までの時間。

答え＿＿＿＿＿＿

**3** 南駅を午後2時57分に出発した電車が東駅に午後3時41分に着きました。かかった時間を答えましょう。

式＿＿＿＿＿＿＿＿＿　　答え＿＿＿＿＿＿

2章●単位　153

● ─────── **答え** ─────── ●

① (1) 1分27秒　　(2) 150秒

☞60秒＝1分ですから、(1)は1分27秒になります。

　解き方ですが、87秒を見ると、60を超えていることがすぐにわかります。そこで、とりあえず「1分以上だな」という目安をつけます。そして、87秒から実際に1分、つまり60秒を引いてみると、27秒が残ります。27は60に満たないので、これ以上、分には直せません。そこで、1分27秒が答えになります。

　このように、算数や数学では、目安を立ててから計算すると、手早く確実に答えが見つかることがよくあります。

② (1) 午前9時

☞時間や時刻の計算では、時は時どうし、分は分どうしで計算するのが基本でした（→151ページ）。

〈解き方1〉

　①時どうしを足す。　7＋1＝8

　②分どうしを足す。　50＋10＝60

　③①と②を合わせると、8時60分。これは9時のことなので、答えは9時。

〈解き方2〉

　午前7時50分から1時間たつと、8時50分。それから10分たつと9時。

(2) 3時間15分

☞〈解き方1〉

(1)と同じ手順ですが、筆算でやってみましょう。

```
  4 時60分
  5    0     ←分が引け
 −1   45       ないので、
 ───────      1時間繰
  3   15       り下がる
```

☞〈解き方2〉

1時45分は、あと15分たつと2時。2時から5時までは3時間。つまり、あと15分と3時間たてば、5時になる。したがって、答えは3時間15分。

暗算するときは、〈解き方2〉のほうが簡単かもしれませんね。「あと何分で×時ちょうどかな？」と考えると、計算しやすくなります。

❸ 式　3時41分 − 2時57分 = 44分　　答え　44分

☞これは❷の〈解き方2〉を使うと簡単です。

2時57分は、あと**3分**で3時ちょうど。3時から3時41分までは**41分**。ここまで簡単な暗算でできますね。3分と41分をあわせると44分です（**3 + 41 = 44**）。

筆算では、右のようになります。

```
  2 時60分
  3   41     ←分が引け
 −2   57       ないので、
 ───────      1時間繰
  0   44       り下がる
  101 − 57 = 44
```

# 長さ①

小学生レベル
二年生

最初に習う、長さを表す単位は次の2つです。

◆**センチメートル**

　1cm

◆**ミリメートル**

　1mm

1cmを10等分（同じ長さに分けること）したときの、1つ分の長さです。　**1cm＝10mm**

## 1 ☐はいくつでしょうか。

3cm7mm ＝ ☐ mm　　45mm ＝ ☐ cm ☐ mm

8cm2mm ＝ ☐ mm　　63mm ＝ ☐ cm ☐ mm

## 2 女の子がおばあさんの家をめざして歩いています。黒い道と赤い道、どちらが近道でしょうか

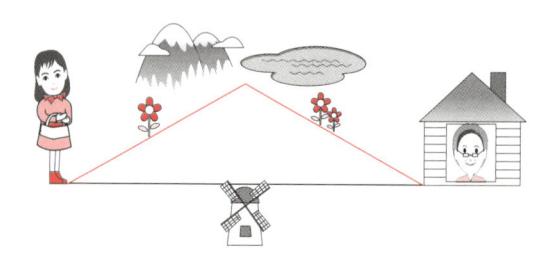

## 答え

① ⑬⑦ mm　　④cm⑤mm
　　⑧② mm　　⑥cm③mm

② 黒い道。

☞この問題を教科書で初めて見る2年生の子どもたちは、まだ「三角形」について、よく知りません。そこで、ものさしを使って実際に長さを測り、どちらの線が長いかを確かめて答えを出します。

　しかし、大人である読者のみなさんは、ものさしを使わずに答えた方が多いのではないでしょうか。これは、三角形の2つの辺を足した長さは、残った1辺の長さよりも長いことを知っているからでしょう。ふだん道を歩いていても、曲がり角を曲がらず、その間を突っ切って近道するということは、よくしますよね。

　また、子どもたちはここで初めて、まっすぐな線を直線ということも正式に習います。

次は、単位がついた数字の計算です。ご存知のとおり、「単位が同じ数」どうしで足したり、引いたりするのが基本です。

cmがついた数字は、cmがついた数どうし、mmがついた数字は、mmがついた数どうしで計算する、というわけですね。

**❸ 次の計算をしましょう。**

13cm + 24cm = ◻cm　　15cm + 35mm = ◻cm ◻mm

26cm − 11cm = ◻cm　　13cm3mm − 5mm = ◻cm ◻mm

● 答え ●

❸　37 cm　　18 cm 5 mm

　　15 cm　　12 cm 8 mm

さて、cmやmmよりももっと長い長さを表すのに使うのが**メートル**です。100cmを1メートルといい、**1m**と書きます。
**1m = 100cm**

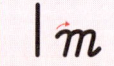

1 m

**❹ タンスの高さを30cmのものさしではかると、3回と、あと18cmありました。**

(1) 全部で何cmでしょうか。　　　　答え ___ cm

(2) 全部で何m何cmでしょうか。　答え ___ m ___ cm

**5** □にあてはまる数はいくつでしょうか。

(1) 200cm = □ m  (2) 2m34cm = □ cm

(3) 540mm = □ cm  (4) 357cm = □ m □ cm

**6** □に＞、＜を書き入れましょう。 ※＞、＜→27ページ

(1) 3m □ 305cm  (2) 5m30cm □ 3m40cm + 1m80cm

**7** 30cmのものさし4つ分の長さは1mより、何cm長いでしょうか。

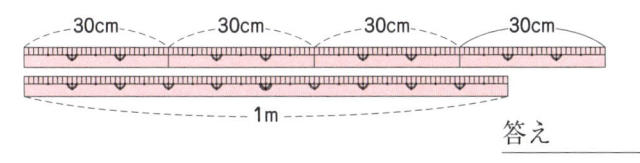

答え _____

**8** たくやさんの身長は1m30cmです。たくやさんが25cmの高さの台の上に立ったときの高さを求めましょう。

式 _____  答え _____

**9** 答えはいくつでしょうか。

(1) 4m27cm + 3m = □ m □ cm
(2) 6m − 55cm = □ m □ cm

**10** 川に1mの棒を立てると、水面から35cm、棒が出ました。水の深さは何cmですか。

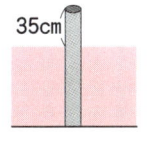

答え _____

## 答え

④ (1) 108 cm　　(2) 1 m 8 cm

☞ 大人は30×3＋18という式でパッと答が出せますが、まだかけ算を習っていない1、2年生の子どもの場合は、絵で考えるとわかりやすいでしょう。

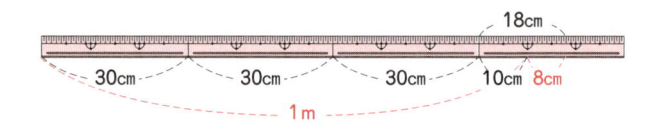

⑤ (1) $\boxed{2}$ m　(2) $\boxed{234}$ cm　(3) $\boxed{54}$ cm　(4) $\boxed{3}$ m $\boxed{57}$ cm

⑥ (1) ＜　　(2) ＞

⑦ 20 cm

☞ ものさし4つ分で120cm、1mは100cm。

　120cm － 100cm ＝ 20cm

⑧ 式　1m30cm＋25cm＝1m55cm　　答え　1m55cm

⑨ (1) 7m27cm　　(2) 5m45cm

☞ mがついた数字どうし、cmがついた数字どうしで計算します。この決まりは、cmやmmと同じですね。

　(2)の6m－55cmは、単位をそろえて計算します。

　600cm － 55cm

　また、6mを「5mと100cm」に分けて考えると、計算が簡単です。100cm－55cm＝45cmで、5mと合わせると、答えは5m45cm。

⑩ 65cm

☞ 100cm－35cm＝65cmですね。

# 長さ②

小学生レベル ★★★ 三年生

3年生になると、キロメートルを習います。

◆**キロメートル**

1 km    1 km＝1000m

長いものをはかるときは、ものさしではなく、巻き尺（メジャー）を使うと便利です。また、直線でないものや、まるいものも、巻き尺を使えばはかることができます。

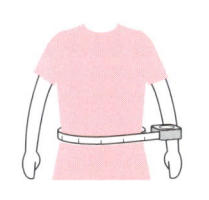

また、道にそってはかった長さを**道のり**、まっすぐはかった長さを**距離**といいます。

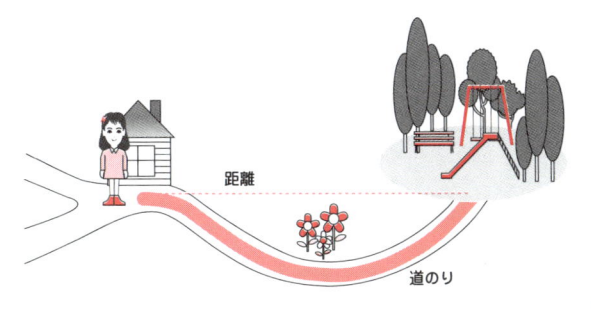

距離
道のり

2章●単位

### 1 ◻にあてはまる数はいくつでしょうか。

(1) 2km50m = ◻m   (2) 4250m = ◻km ◻m

### 2 下の地図を見て答えましょう。

(1) ひろしさんが家を出て、駅に向かっています。郵便局の前を通っていくと、道のりは何km何mになりますか。

式 _____   答え _____

(2) はるこさんの家から、駅までの距離を答えましょう。

答え _____

(3) はるこさんの家から駅までは、スーパーの前を通るのと、郵便局の前を通るのとでは、どちらがどれだけ近いですか。

答え ◻を通るほうが◻m近い。

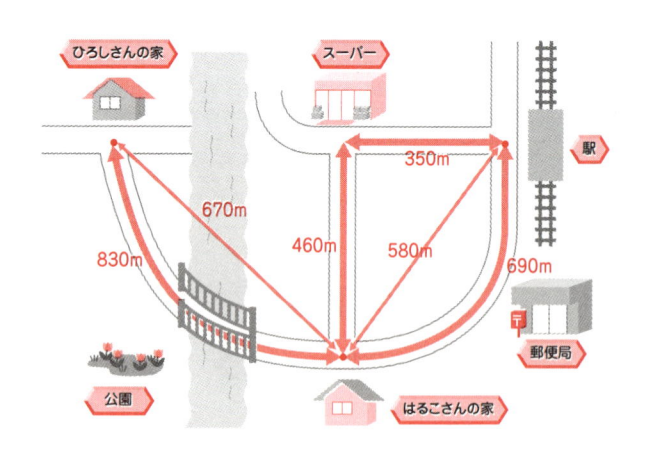

## 答え

① (1) 2050 m　　(2) 4 km 250 m

② (1) 式　830 + 690 = 1520　　答え　1 km 520 m

☞ 筆算がわかりやすいので、筆算でやってみます。

```
  1
  8 3 0
+ 6 9 0
-------
1 5 2 0
```

1520 m ということは、1000 m = 1 km ですから、1 km 520 m ですね。下のように書くと、単位のつけ方がわかりやすいのではないでしょうか。

```
 km   m
1 5 2 0
```

(2) 580 m

☞ 道のりには2とおり（690 m と、460 m + 350 m）ありますが、距離は1種類だけです。私たちは、ふだん距離と道のりを同じような意味で使いがちですが、算数・数学では厳密に分けているのですね。

(3) 郵便局の前を通るほうが120 m近い。

☞ スーパーの前を通ったときの道のりは810 m（460 + 350）。郵便局の前を通ったときの道のりは690 m。

```
   7 10
   8 1 0
 - 6 9 0
 -------
   1 2 0
```

# 水のかさ（ℓ, dℓ, mℓ）

小学生レベル 二年生

水など、液体の量をはかるときは、**リットル**や**デシリットル**を使います。どちらも、かさの単位で、次のように書きます。

◆ **デシリットル**

1 dℓ

◆ **リットル**

1 ℓ

1 ℓ = 10 dℓ

**1** 水のかさは全部で何 ℓ 何 dℓ ですか。

(1) 1ℓ 1ℓ

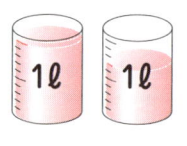

答え _____

(2) 1ℓ 1dℓ 1dℓ

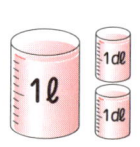

答え _____

**2** 1ℓのますで4杯、1dℓのますで6杯の水のかさは、何ℓ何dℓですか。

答え _____

**3** ジュースが1ℓ5dℓ入ったビンと、9dℓ入ったビンがあります。あわせると、どれだけになりますか。

式 _____   答え _____

● ――――――――― 答え ――――――――― ●

① (1) 1ℓ7dℓ　　(2) 1ℓ2dℓ

② 4ℓ6dℓ

③ 式　1ℓ5dℓ+9dℓ=1ℓ14dℓ　　答　2ℓ4dℓ
☞ 10dℓ=1ℓ ですから、14dℓは1ℓと4dℓ。

---

dℓより小さなかさを表す単位に、**ミリリットル**があります。

1㎖

1ℓ=1000㎖
1dℓ= 100㎖

---

④ (1)、(2)のジュースを1dℓのますではかると、どうなるでしょうか。例)のようにして、ますを塗りましょう。

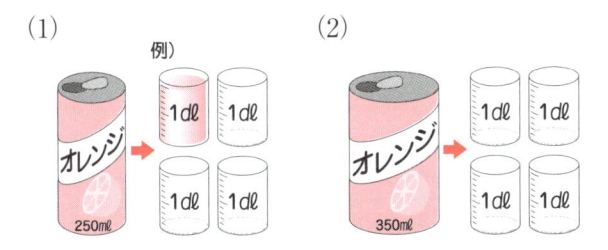

(1)　　　　　　　(2)

⑤ 1000㎖のパックに入っている牛乳のかさを調べてみます。
(1) 1ℓますではかると、何杯ですか。　答え＿＿＿＿
(2) 1dℓますではかると、何杯ですか。　答え＿＿＿＿

⑥ 500㎖のパックに入っているの牛乳の2パック分は何ℓでしょうか。

答え＿＿＿＿

● 答え ●

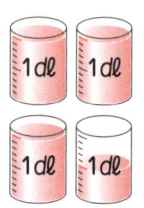

④ (1) （1dℓの容器4つ） (2) （1dℓの容器4つ）

⑤ (1) 1杯

☞ 1ℓ＝1000mℓでしたね。

(2) 10杯

☞ 1dℓ＝100mℓなので、1000mℓだと10杯分です。大人はわり算を使って計算しますが、2年生の子どもたちは、絵を描いたりして、足し算の発想で答えを見つけ出します。

⑥ 1ℓ

　リットルやミリリットルは、ジュースや牛乳を飲むとき、料理をするときなど、ふだんよく目にする単位。計算が面倒だったりもしますが、とても大切なことです。少しやってみましょう。

**⑦ 多いほうを○で囲みましょう。**

(1) （50dℓ, 3ℓ）　(2) （1ℓ5dℓ, 13dℓ）

(3) （4dℓ, 350mℓ）　(4) （950mℓ, 1ℓ）

**❽** □にあてはまる数を書いてください。

(1) $30d\ell =$ □ $\ell$　(2) $2\ell =$ □ $m\ell$　(3) $400m\ell =$ □ $d\ell$

**❾** やかんに水が2ℓ7dℓ入っています。1ℓ5dℓ使うと、残りは何ℓ何dℓになりますか。

式 _____　答え _____

**❿** 1ℓますで4杯と1dℓますで5杯の水のかさは、5ℓよりどれだけ少ないでしょうか。

式 _____　答え _____

● 答え ●

**⑦** (1) (50dℓ, 3ℓ)　(2) (1ℓ5dℓ, 13dℓ)
(3) (4dℓ, 350mℓ)　(4) (950mℓ, 1ℓ)

**⑧** (1) 3 ℓ　(2) 2000 mℓ　(3) 4 dℓ

**⑨** 式　$2\ell7d\ell - 1\ell5d\ell = 1\ell2d\ell$　答え　1ℓ2dℓ

**⑩** 式　$50d\ell - 45d\ell = 5d\ell$　答え　5dℓ

☞ 1ℓますで4杯（4ℓ）は40dℓ。1dℓますで5杯の水を足すと、かさは45dℓになります。5ℓは50dℓです。

単位をそろえて計算すればよいので、小数を使って、ℓでそろえてもかまいません。小数はふつう3年生で習います（→187ページ）。

# 重さ

小学生レベル ★★★ 三年生

重さはもともと感覚的なものですが、人間は、それをも数で表せるように、次のような重さの単位を発明しました。

◆**グラム**　　　　　◆**キログラム**

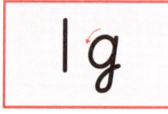

$$1g \qquad 1kg$$

**1 kg＝1000 g**

重さは「**はかり**」ではかります。使い方を見てみましょう。

①はかりを平らなところにおいて、針が0を指していることを確かめる。
②はかりが何g（何kg）まではかれるのかを確かめ、はかるものの重さの見当をつけてから乗せる。
③1めもりが何gを表すのかに注意しながら、正面から読む。

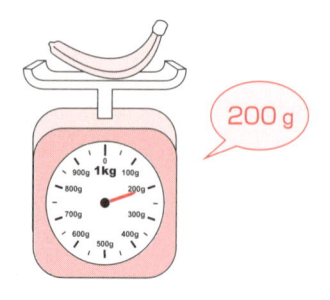

200 g

## 1 1円玉の重さはちょうど1gです。次のものは何gですか。

(1) 1円玉 28枚

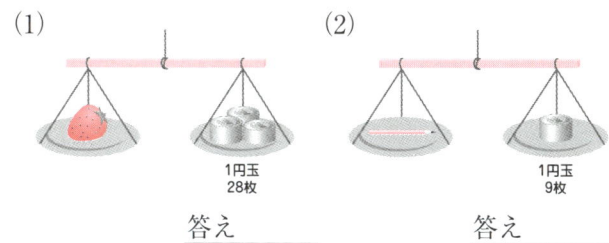

答え＿＿＿＿

(2) 1円玉 9枚

答え＿＿＿＿

## 2 □にあてはまる数を書き入れましょう。

(1) 2 kg 50 g = □ g　(2) 5262 g = □ kg □ g

## 3 重い順に、□の中に番号を書いてください。

□ 3 kg 45 g　□ 3050 g　□ 3 kg 500 g

## 4 下のはかりについて、□にあてはまる数を書き入れましょう。

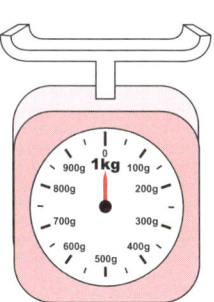

(1) いちばん小さい1めもりは □ g を表しています。

(2) このはかりではかれる重さは □ までです。

(3) 右のはかりで300gのところに矢印を書き入れましょう。

**5** 重さが580gのバッグに450gの本を入れました。全部で何kg何gになるでしょうか。

式 _____　　答え _____

**6** 重さ280gのおさらに砂糖を入れてはかったら、1kg130gありました。砂糖の重さを答えましょう。

式 _____　　答え _____

● 答え ●

**①** (1) 28 g　　(2) 9 g

☞ 授業中に、上皿てんびんに2gや5gの分銅を乗せて重さをはかった経験を思い出した方もいらっしゃるかもしれませんね。

　169ページのような道具は、わりばしや竹ひご、タコ糸、紙皿などを使って簡単に作ることができます。お子さんとご一緒に楽しまれてみてはいかがでしょうか。

　なお、タコ糸をつなぐときはテープなどを使わないようにしてください。重さが左右で変わってしまい、きちんとはかれなくなってしまいます。わりばしには結ぶ、紙皿には穴をあけて通す、などしてください。

**②** (1) ☐2050☐ g　　(2) ☐5☐ kg ☐262☐ g

**③** ☐3☐ 3 kg 45 g　　☐2☐ 3050 g　　☐1☐ 3 kg 500 g

④ (1) 50 g

(2) 1 kg

(3) 右の絵を
見てください。

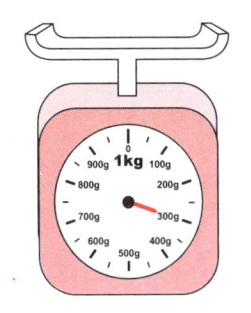

⑤ 式　580 g ＋ 450 g ＝ 1030 g　　答え　1 kg 30 g

☞ 1 kg ＝ 1000 g です。

```
  1 1
  5 8 0
＋ 4 5 0
───────
1 0 3 0
```

⑥ 式　1130 g － 280 g ＝ 850 g　　答え　850 g

☞計算するときは、必ず単位が同じものどうしでしか、計算できません。kgはkgどうし、gはgどうしでしか、足したり引いたりできないのです。この解答例のように、小さいほうの単位（g）にそろえてもいいですし、大きいほうの単位（kg）にそろえてもかまいません。ただ、小数を使うので、この問題の場合は、少しややこしくなってしまいます（1.13 kg － 0.28 kg ＝ 0.85 kg）。

```
      10
    0 10
  1̶ 1̶ 3 0
  － 2 8 0
  ───────
    8 5 0
```

# 平均、単位量あたりの大きさ、速さ

小学生レベル
★★★
五年生

ここでは**平均**、**単位量あたりの大きさ**（「1ℓあたり」「1k㎡あたり」など）、そして**速さ**をやります。

一見バラバラな内容のようですが、すべて「単位量あたり」の問題。平均は「1こあたり」「1人あたり」といったことですし、速さは「1時間あたり」「1分あたり」といったことです。それでは、始めましょう。

**平均**は、いくつかの数や量を等しくなるようにならしたもの。

**平均＝合計÷個数**

で求められます。

例1）ナスの重さは、平均すると、1こ何gでしょうか。

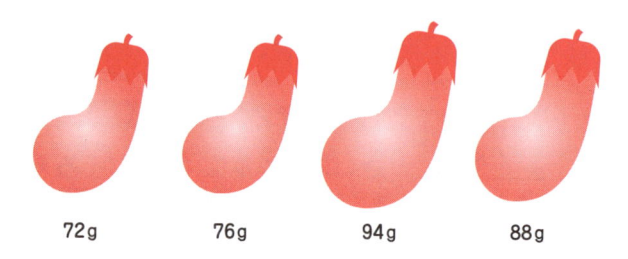

72g　　76g　　94g　　88g

式にあてはめてみると…、

　　　　合計　　　　　÷　　個数　　＝　平均
　（72＋76＋94＋88）　÷　　　4
　　ナス全体の重さ　　　　　ナスの数

計算すると、
(72+76+94+88)÷4=330÷4=82.5
つまり、平均すると、ナス1こは82.5gというわけです。
　しくみはカンタン。全部足して、個数でわればいいだけですね。

**例2）児童館の利用者数を調べました。平均すると、1日の利用者数は何人でしょうか。**

児童館の利用者数

| 曜日 | 月 | 火 | 水 | 木 | 金 | 土 | 日 | 合計 |
|---|---|---|---|---|---|---|---|---|
| 人数（人） | 35 | 27 | 56 | 29 | 32 | 85 | 102 | 366 |

　式にあてはめると、
　　合計 ÷ 個数 ＝ 平均
　　366 ÷ 7 ＝ 52.2857…
　平均を求めるときには、こんなふうに**わり切れない**ことも、よくあります。こんなときは、ふつう四捨五入などで**概数にします**。たとえば、52.28…→52.3人というようにです。
　こんなふうに、人の数を小数で表すのは、変な気もしますね。でも、平均では、こんなふうに、実際にはならすことができないものでも、数や量がわかれば計算で求めることがよくあります。

**1** **みづきさんが10歩歩いた距離をはかると、6.2mでした。**

(1) みづきさんの歩はばは、平均何cmでしょうか。

式 _____ 答え _____

(2) みづきさんが4歩歩くと、およそ何m進みますか。答えは小数第二位を四捨五入して求めてください。

式 _____ 答え _____

(3) 約8mの横断歩道をわたるのには、およそ何歩歩きますか。答えは小数第一位を四捨五入して求めてください。

式 _____ 答え _____

**2** **はなこさんの家では、先月14kgのお米を食べました。**

(1) 平均すると、1週間何kg食べていますか。1カ月4週間として、計算してください。

式 _____ 答え _____

(2) 3週間では何kg食べますか。

式 _____ 答え _____

● ━━━━━━━ 答え ━━━━━━━ ●

**1** (1)式　6.2÷10＝0.62　　答え　62cm

(2)式　62×4＝248　248cm＝2.4̶8̶m（5）　答え　約2.5m

(3)式　8÷0.62＝12.9…　1̶2̶.9（3）　答え　約13歩

**2** (1)式　14÷4＝3.5　　答え　3.5kg

(2)式　3.5×3＝10.5　　答え　10.5kg

次は「単位量あたりの大きさ」です。まずは**人口密度**からです。

ご存じのように、人口密度は「1k㎡あたりに何人住んでいるか」ということ。教科書などでは、よく"混みぐあい"という言葉で表しています。国や都道府県、地域などに住む人の"混みぐあい"は人口密度で表すのです。

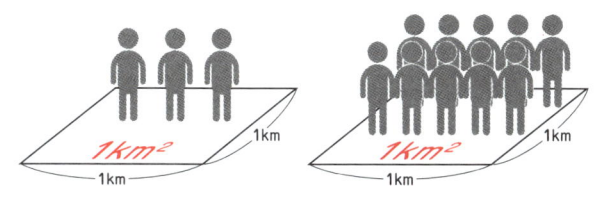

1k㎡あたり3人　　　　1k㎡あたり10人

例）それぞれの人口密度を求めましょう。

|  | 面積（k㎡） | 人口（人） |
|---|---|---|
| 北海道 | 83452 | 5682827 |
| 東　京 | 2102 | 11743189 |

電卓を使ってもOKです。

北海道　　5682827÷83452＝　　68.09…
東　京　　11743189÷ 2102＝5586.67…

北海道は、1k㎡あたり約68人、東京はなんと約5587人が住んでいるんですね！

> また、1kgあたり、1ℓあたり、1こあたり、1㎡あたり……、これらを「単位量あたりの大きさ」といいます。数量を比較するときに、とても便利な考え方ですよね。

**３** 2kgで980円の米と、5kgで2100円の米とでは、1kgあたりの値段を比べると、どちらがいくら安いですか。

式 　　　　　　　　　　　　答え

**４** 12㎡の花だんに、花の苗が同じ間隔(かんかく)で72本植えられています。

(1) 花の苗は、1㎡あたり何本植えられていますか。

式 　　　　　　　　　　　　答え

(2) 同じ間隔で植えると、8㎡の花だんには苗が何本必要ですか。

式 　　　　　　　　　　　　答え

**５** 赤い自動車はガソリン40ℓで360km走り、青い自動車はガソリン50ℓで400km走ります。

(1) 1ℓあたりで走る道のりが長いのはどちらですか。

式 　　　　　　　　　　　　答え

(2) 赤い自動車で100km走るには、ガソリンが何ℓ必要ですか（切り上げて、一の位まで答える）。

式 　　　　　　　　　　　　答え

## 6

さちこさんの家のファックスは1分間で5枚、ようこさんの家のファックスは3分間で9枚送ることができます。

(1) 1分あたりでは、どちらのファックスのほうがたくさん送れますか。

　　答え　□さんの家のファックス

(2) さちこさんの家のファックスで18枚送ると、何分何秒かかりますか。

　　式　　　　　　　　　　　　答え

---

● 答え ●

③ 式　980÷2＝490　　2100÷5＝420　　490－420＝70

答え　5kgで2100円の米のほうが1kgあたり70円安い。

④ (1)式　72÷12＝6　　答え　1m²あたり6本

(2)式　6×8＝48　　答え　48本

⑤ (1)式　赤い自動車　360÷40＝9

　　　　 青い自動車　400÷50＝8

答え　赤い自動車。

(2)式　100÷9＝11.1…　　答え　約12ℓ

☞いわゆる"燃費"の問題。燃費も、単位量あたりの大きさという考え方を使ったものなのですね。

⑥ (1)　さちこさんの家のファックス

☞ようこさんの家のファックス　9÷3＝3　1分で3枚

(2)式　18÷5＝3.6　　答え　3分36秒

☞1分＝60秒ですから、0.6分は36秒（0.1分は6秒）。

**速さ**は「小学生のとき、ややこしくて苦手だったな〜」という方が多いところですが、実は速さも「単位量あたりの大きさ」の問題。つまり、「単位時間あたりに進む道のり」のことなのです。また、

### 速さ＝道のり÷時間

速さには、
**時速**(じそく)…「**1時間**に進む道のり」で表した速さ
**分速**(ふんそく)…「**1分間**に進む道のり」で表した速さ
**秒速**(びょうそく)…「**1秒間**に進む道のり」で表した速さ

があります。1時間か1分間か、1秒間か。単位の時間によって、名前が変わってくるのですね。

$$\text{秒速} \underset{\div 60}{\overset{\times 60}{\longleftrightarrow}} \text{分速} \underset{\div 60}{\overset{\times 60}{\longleftrightarrow}} \text{時速}$$

1秒あたり　　　1分間あたり　　　1時間あたり

例) 秒速0.1km ⟶ 分速6km ⟶ 時速360km
　　（100m）

1秒あたり　　　　1分間あたり　　　1時間あたり
0.1km進む　　　　6km進む　　　　　360km進む

例1) 80km離れた町まで行くのに、車で2時間かかりました。時速を求めましょう。

式にあてはめると、
　80 ÷ 2 ＝40（道のり÷時間＝速さ）
答えは時速40km。1時間に40km進むんですね。

例2) 分速210mで自転車をこぐと、10分間で何m進みますか。

分速が210mということは、1分間に210m進むということ。そこで、
　210×10=2100
　答えは2100m。つまり、

**道のり＝速さ×時間**

なんですね。そこから、

**時間＝道のり÷速さ**

ということもわかります。

→速さ　　＝道のり÷時間
速さ×時間＝道のり÷時間×時間

→時間×速さ　　＝道のり
時間×速さ÷速さ＝道のり÷速さ

**❼** 1.4km離れた駅まで、自転車で7分でした。答えは整数、または四捨五入して小数第一位まで求めましょう。

(1) 分速を求めましょう。　　答え　分速[　　]m

(2) 秒速で表しましょう。　　答え　秒速[　　]m

(3) 1時間では何km進みますか。　答え　[　　]km

(4) 3kmの道のりを走ると、何分かかりますか。

　　　　　　　　　　　　　答え　[　　]分

**❽** 分速1.7kmの電車と時速90kmの自動車とでは、どちらが速いでしょうか。

　　式　　　　　　　　　　　答え

**❾** 音の速さは秒速340mです。いなづまが光って4秒後にカミナリの音が聞こえました。カミナリは何km離れていますか。

　　式　　　　　　　　　　　答え

## 答え

⑦ (1) 分速200m

☞式　1400÷7＝200

(2) 秒速3.3m

☞1分は60秒。ですから、(1)で求めた分速を60でわると、秒速が出ます。

(3) 12km

☞(1)で求めた分速から、1分間に200m進むとわかります。200×60＝12000、12000m＝12kmなので、1時間に進むのは12km。もちろん、これは時速と同じことです。

(4) 15分

☞「時間＝道のり÷速さ」なので、

$$3000 ÷ 200 = 15$$

どちらもmでそろえるのを忘れないでください。もちろん、kmにそろえてもOKです。その場合は、

$$3 ÷ 0.2 = 15$$

⑧ 式　電車の時速　1.7×60＝102

答え　電車のほうが速い。

☞速さを比べるときは、速さの単位をそろえるのを忘れないでください。解答例では時速でそろえましたが、電車の分速のほうでそろえても、もちろんOKです。

　自動車の分速　90÷60＝1.5　分速1.5km

⑨ 式　340×4＝1360　　答え　1.36km

# 3章

# いろいろな数
——分数、小数、倍数、約数

なぜ、$\frac{1}{2} \div \frac{1}{4}$は
$\frac{1}{2} \times 4$で答えが出るのでしょう？
なぜ、$\frac{1}{2} \times \frac{1}{4}$は$\frac{1}{8}$になるのでしょう？
答えられるようで、意外に考え込んでしまう、
そんな問題がスッキリわかります。

小学生レベル

# 分数

三年生

　1、2年生までは、0、1、2といった数（整数）だけを扱ってきました。3年生になると、数の世界がぐんと広がり、分数や小数も扱い始めます。

　1mを同じ長さずつ、**4つに分けた1つ分**を**四分の一メートル**といい、$\frac{1}{4}$mと書きます。$\frac{1}{4}$は「**4つに分けたうちの1つ**」ということを表しているんですね。
$\frac{1}{4}$mは、4つ分で1mになります。

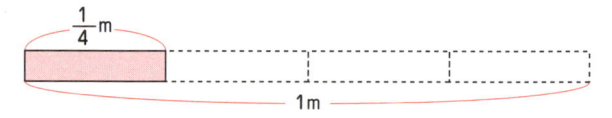

　こうした数を**分数**といい、線の下の数を**分母**、線の上の数を**分子**といいます。

$\frac{1}{4}$ ←分子
$\frac{1}{4}$ ←分母

$\frac{1}{4}$**mの2つ分**の長さを$\frac{2}{4}$**m**、**3つ分**の長さを$\frac{3}{4}$**m**というようにいいます。

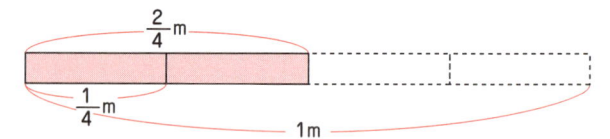

　$\frac{1}{4}$mが4つ集まると1m、つまり$\frac{4}{4}$は1mです。このように、**分母と分子が同じときには、1と等しくなります。**

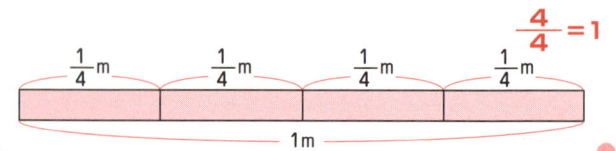

$\frac{4}{4}=1$

**1** □の部分は何mでしょうか。分数で表しましょう。

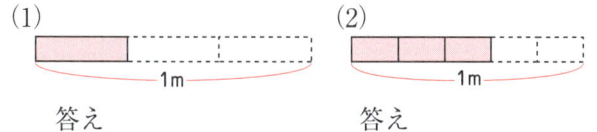

(1) 　　　　　　　　　　　　(2)
　　　1m　　　　　　　　　　　　1m

答え _____　　　答え _____

**2** □にあてはまる数を書き入れましょう。

(1) $\frac{5}{6}$ kgは、$\frac{1}{6}$ kgの □ こ分の重さです。

(2) 1 kgは、$\frac{1}{6}$ kgの □ こ分の重さです。

**3** びんに入っていたジュースをますではかりました。

(1) 何dlありますか。分数で表しましょう。　答え _____

(2) ジュースのかさを数直線に↓で書き入れましょう。

0 　　　　　1 (dl)

**4** □にあてはまる不等号を書きましょう。

(1) $\frac{3}{5}$ □ $\frac{4}{5}$　　(2) $\frac{2}{3}$ □ $\frac{2}{5}$　　(3) $\frac{3}{3}$ □ $\frac{8}{9}$

―――――― 答え ――――――

**1** (1) $\frac{1}{3}$m　　(2) $\frac{3}{5}$m

**2** (1) 5 こ分　(2) 6 こ分

**3** (1) $\frac{3}{4}$ dl　(2) 0 ―――↓――― 1 (dl)

**4** (1) <　　(2) >　　(3) >

☞ (3)は、$\frac{3}{3}$は1ですから、こうなります。

3章●いろいろな数

次は分数の足し算、引き算を見ていきましょう。

例) びんの中にジュースが $\frac{1}{5}$ℓ、コップに $\frac{2}{5}$ℓ 入っています。あわせて何ℓあるでしょうか。

$\frac{1}{5}$ℓ は $\frac{1}{5}$ℓ が1つ、$\frac{2}{5}$ℓ は $\frac{1}{5}$ℓ が2つ。ですから、合わせると、$\frac{1}{5}$ℓが3つ分です。
　そこで、答えは $\frac{3}{5}$ℓ。

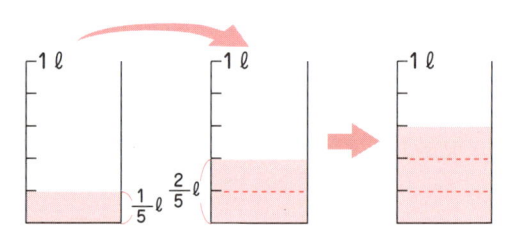

式では、
$$\frac{1}{5}+\frac{2}{5}=\frac{3}{5}$$
となりますよね。
　それでは、$\frac{3}{5}$ℓ と $\frac{2}{5}$ℓ を足すと、どうなるでしょうか。そうです、$\frac{3}{5}+\frac{2}{5}=\frac{5}{5}$。
　ただ、$\frac{5}{5}=1$ なので、こういうときは、答えは1とします。

分子どうしを足す
$$\frac{2}{5}+\frac{3}{5}=\frac{5}{5}=1$$

引き算のときも、同じように分子どうしで引きます。

分子どうしを引く
$$\frac{3}{5}-\frac{2}{5}=\frac{1}{5}$$

**5** お米が1kgあります。$\frac{3}{4}$kg食べると、何kg残りますか。

式 _____  答え _____

**6** 答えはいくつでしょうか。
(1) $\frac{4}{8} + \frac{3}{8} = \boxed{\phantom{0}}$   (2) $1 - \frac{2}{3} = \boxed{\phantom{0}}$
(3) $\frac{8}{9} - \frac{1}{9} + \frac{2}{9} = \boxed{\phantom{0}}$

**7**

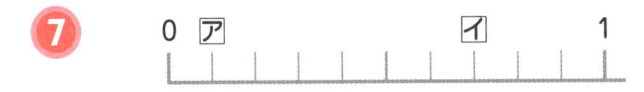

0　ア　　　　　　　　　イ　　　1

(1) 数直線上のア イを分数で表しましょう。

答え ア _____　イ _____

(2) 数直線にアとイを足した分数を矢印で書き入れましょう。

**8** 1から5までの数を使って、1より小さい分数を作りましょう。

(1) もっとも小さい分数は $\boxed{\phantom{0}}$ です。　例）$\frac{1}{2}$　$\frac{2}{2}$
(2) もっとも大きい分数は $\boxed{\phantom{0}}$ です。

**9** 正三角形を等分して、次の分数の分だけ、塗りましょう。

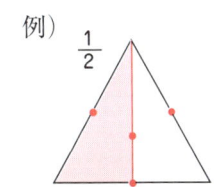

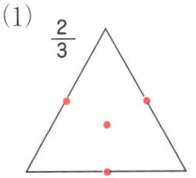

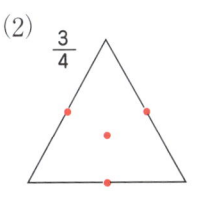

例）$\frac{1}{2}$　(1) $\frac{2}{3}$　(2) $\frac{3}{4}$

## 答え

**5** 式 $1 - \frac{3}{4} = \frac{1}{4}$ 答え $\frac{1}{4}$ kg

☞ 1は $\frac{4}{4}$ ですね。

**6** (1) $\frac{7}{8}$ (2) $\frac{1}{3}$ (3) 1

**7** (1) ア $\frac{1}{10}$ イ $\frac{7}{10}$

(2) 〔数直線上の8/10の位置に↓〕

☞ $\frac{1}{10} + \frac{7}{10} = \frac{8}{10}$ ですね。

**8** (1) $\frac{1}{5}$ (2) $\frac{4}{5}$

☞ 分数の関係は次のようになっています。

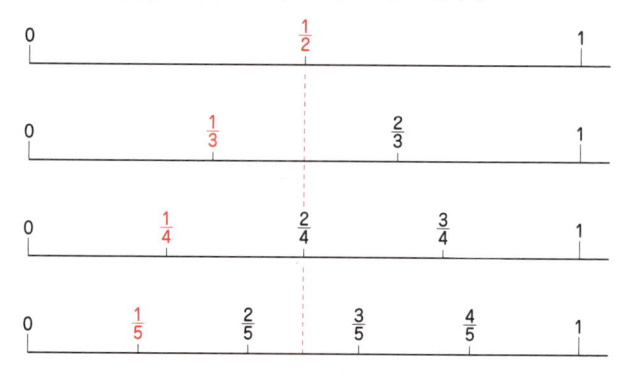

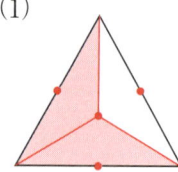

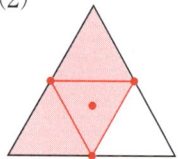

〔1/2、1/3・2/3、1/4・2/4・3/4、1/5・2/5・3/5・4/5 を示す数直線〕

**9** (1) 〔図〕 (2) 〔図〕

☞ ほかにもいろいろあります。考えてみてくださいね。

# 小数①

小学生レベル ★★★ 三年生

　分数と小数は、コインの裏表のようなもの。同じ数を表しているのですが、見かけがちょっと違っています。

　右のかさを **0.1dℓ** と書き、**れい点一デシリットル**と読みます。こうした数を**小数**といいます。一方、0、1、2、10、134のような数を**整数**といいます。

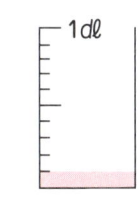

　また、右のかさは、分数でいうと $\frac{1}{10}$ dℓ。ですから、

**$0.1 = \frac{1}{10}$**

それでは、次のかさはいくつでしょうか。

例）1dℓと0.4dℓをあわせると、全部で何dℓでしょうか。

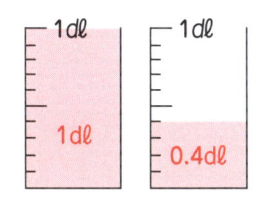

**1＋0.4＝1.4**

となりますね。1.4dℓは、**一点四デシリットル**と読みます

　1.4の「 . 」を**小数点**といい、小数点の右の位を**$\frac{1}{10}$の位**、または**小数第一位**といいます。

1.4
⋮ ⋮ ⋮
一の位　小数点　$\frac{1}{10}$の位（小数第一位）

3章●いろいろな数

## 1 ◯にあてはまる数を書きましょう。

(1) 0.1を3こ集めた数は ◯ です。

(2) 9と0.1を8こ集めた数は ◯ です。

(3) 0.1を47こ集めた数は ◯ です。

## 2

```
0 ア              イ    1
|―|―|―|―|―|―|―|―|―|―|
```

(1) ア イ にあてはまる小数はいくつですか。

答え ア＿＿＿ イ＿＿＿

(2) ア イ は、分数ではいくつになりますか。

答え ア＿＿＿ イ＿＿＿

## 3 ◯にあてはまる小数を書きましょう。

(1) 1mmは ◯ cmです。

(2) 48mmは ◯ cmです。

(3) 2dℓと1ℓをあわせると、 ◯ ℓです。

(4) 32.1の $\frac{1}{10}$ の位の数は ◯ です。

―――――● 答え ●―――――

① (1) 0.3　(2) 9.8　(3) 4.7

② (1) ア 0.1　イ 0.7　(2) ア $\frac{1}{10}$　イ $\frac{7}{10}$

③ (1) 0.1 cm　(2) 4.8 cm　(3) 1.2 ℓ　(4) 1

☞ (3) は、1ℓ＝10dℓ、すなわち1dℓ＝0.1ℓだったことを思い出していただければ、簡単ですよね。

さて、次は小数の足し算と引き算です。小数の計算というと、ややこしいイメージがありますが、これまで見てきた整数と同じ理くつで考えることができます。

例1) お湯がポットの中に0.6ℓ、やかんの中に1.2ℓ入っています。あわせて何ℓですか。

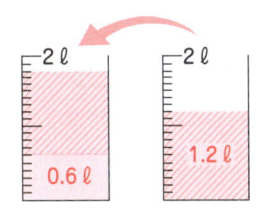

0.6ℓは0.1ℓが6つ、1.2ℓは0.1ℓが12こ。ですから、あわせると、0.1ℓが18こ分です。そこで、答えは1.8ℓ。

**0.6+1.2=1.8**

それでは、0.6ℓと0.4ℓを足すと、どうなるでしょうか。これは1になります。

**0.6+0.4=1**

小数も、整数と同じように、**0.1が10こ集まると、1繰り上がる**んですね。

引き算も、同じように考えて計算します。

例2) 麦茶がポットの中に1.2ℓ入っています。0.2ℓ飲むと、どれだけ残りますか。

1.2ℓは0.1ℓが12こ、0.2ℓは0.1ℓが2つ。ですから、残りは0.1ℓが10こ。つまり、1ℓですね。

**1.2−0.2=1**

小数の計算は、筆算ですることもできます。
〈足し算〉　　　　　　〈引き算〉
```
    0.6              1.2
  +1.2            − 0.2
    1.8              1.0
```
位をそろえる（小数点をそろえると、位がそろいます）

つまり、小数の足し算、引き算も、整数と同じように、
位ごとに足したり、引いたりするだけでいいのです。

## 4 答えはいくつでしょうか。

(1) $1.2 + 3.4 =$ ☐　　(2) $1.0 − 0.9 =$ ☐

(3)
```
    9.8
  +4.5
```

(4)
```
   10
 − 0.7
```

## 5 ゆみさんはリボンを2.4m持っています。妹に30cmあげると、残りは何mでしょうか。

式　　　　　　　　　　　　　　　答え

## 6 100gの箱に同じおさらを6枚入れたら、1.3kgありました。おさらは1枚何gでしょうか。

式　　　　　　　　　　　　　　　答え

## 7 パックにジュースが1ℓ入っています。まりさんとこうじさんが1人2dℓずつ飲むと、残りは何ℓでしょうか。

式　　　　　　　　　　　　　　　答え

## 答え

④ (1) 4.6　　(2) 0.1

(3)
```
  ¹ ¹
  9.8
+ 4.5
-----
 14.3
```

(4)
```
     ⁹ ¹⁰
  1̶0̶.0̶
-   0.7
-----
    9.3
```

⑤ 式　$2.4 - 0.3 = 2.1$　　答え　2.1 m

⑥ 式　$1.3 - 0.1 = 1.2$　　$1200 ÷ 6 = 200$　　答え　200 g

☞ 1.2 kgは1200 g。

⑦ 式　$2 × 2 = 4$　　$1 - 0.4 = 0.6$　　答え　0.6 ℓ

☞ 1 dℓ = 0.1 ℓ。覚えにくいときは、ふだんの生活と結びつけて、コップ1杯分が2 dℓ（200 mℓ）と思っておくと、いいかもしれません。

三年生　分数　小数①

3章●いろいろな数

# 小数②

小学生レベル
四年生 ★

0.1ℓの $\frac{1}{10}$ を **0.01ℓ** と書き、**れい点れいーリットル**と読みます。また、0.01ℓの $\frac{1}{10}$ を **0.001ℓ** と書き、**れい点れいれいーリットル**と読みます。

1ℓの $\frac{1}{10}$ ……0.1ℓ
0.1ℓの $\frac{1}{10}$ ……0.01ℓ
0.01ℓの $\frac{1}{10}$ ……0.001ℓ

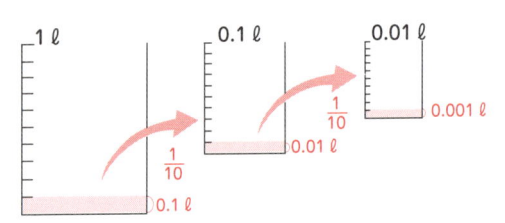

小数点の右の位を $\frac{1}{10}$ **の位（小数第一位）** といいますが、そこから順に $\frac{1}{100}$ **の位（小数第二位）**、$\frac{1}{1000}$ **の位（小数第三位）** といいます。小数の関係は、下の図のようになっているのです。

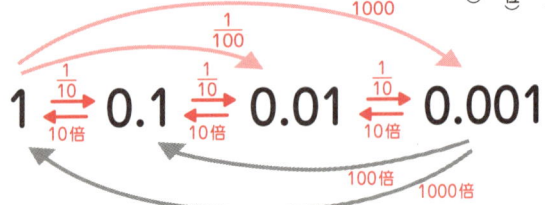

1.234

……一の位
……小数点
……$\frac{1}{10}$の位（小数第一位）
……$\frac{1}{100}$の位（小数第二位）
……$\frac{1}{1000}$の位（小数第三位）

1 ⇄ 0.1 ⇄ 0.01 ⇄ 0.001

# 1 □にあてはまる数を書きましょう。

(1) 2.345は、1が□つ、0.1が□つ、□が4つ、□が5つ集まった数。2.345の□の位は4で、小数第□位ともいいます。

(2) 0.1は1の□/□、0.01は1の□/□、0.001は1の□/□。

(3) 0.01の100倍は□、0.001の100倍は□です。

(4) 0.08の10倍の数は□、$\frac{1}{10}$の数は□です。

(5) 1.32の10倍の数は□、$\frac{1}{10}$の数は□です。

# 2 次の重さをkg単位で表しましょう。

(1) 4kg35g　答え＿＿＿　(2) 398g　答え＿＿＿

# 3 次の長さをmで表しましょう。

(1) 3m48cm　答え＿＿＿　(2) 142cm　答え＿＿＿

(3) 1025mm　答え＿＿＿　(4) 24mm　答え＿＿＿

# 4 次のかさをℓで表しましょう。

(1) 2ℓ3dℓ　答え＿＿＿　(2) 38dℓ　答え＿＿＿

(3) 1000mℓ　答え＿＿＿　(4) 350mℓ　答え＿＿＿

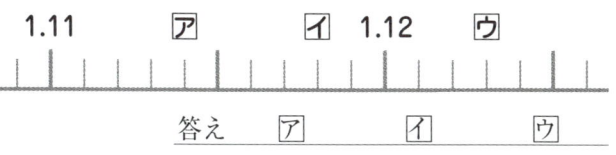

# 5 ア、イ、ウのめもりは、いくつを表していますか。

1.11　ア　　イ　1.12　ウ

答え　ア＿＿＿　イ＿＿＿　ウ＿＿＿

3章●いろいろな数

**6** 次の数は0.01がいくつ集まった数でしょうか。

(1) 3.42　答え＿＿＿　　(2) 0.3　答え＿＿＿

(3) 0.09　答え＿＿＿　　(4) 2　答え＿＿＿

---

● 答え ●

**①** (1) 1が②つ、0.1が③つ、
　　　0.01が4つ、0.001が5つ、
　　　$\frac{1}{100}$の位、
　　　小数第二位

```
       2.3 4 5
1 ──── 2  │ │
0.1 ────── 3 │
0.01 ────────── 4
0.001 ────────── 5
```

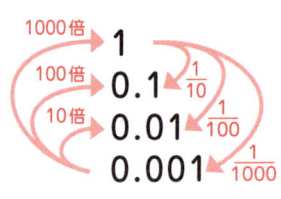

(2) 0.1は1の$\frac{1}{10}$、0.01は
1の$\frac{1}{100}$、0.001
は1の$\frac{1}{1000}$

1000倍　1
100倍　0.1　$\frac{1}{10}$
10倍　0.01　$\frac{1}{100}$
　　　0.001　$\frac{1}{1000}$

(3) 0.01の100倍は①、
0.001の100倍は0.1

(4) 0.08の10倍の数は0.8、$\frac{1}{10}$の数は0.008

(5) 1.32の10倍の数は13.2、$\frac{1}{10}$の数は0.132

☞小数点は、10倍すると→右に1つずれます。

　　　　$\frac{1}{10}$にすると→左に1つずれます。

10倍　0.0.8 移す　　　0.0.08　$\frac{1}{10}$
10倍　1.3.2　　　　　0.1.32　$\frac{1}{10}$

**②** (1) 4.035 kg　　(2) 0.398 kg

☞1 kg = 1000 g。次のような表に書き入れてみると、単位と小数のしくみが、より実感できるのではないでしょうか。

| kg | | g |
|---|---|---|
| 1 | = | 1000 |
| ↓1/10  0.1 | = | 100 ↑10倍 |
| ↓1/10  0.01 | = | 10 ↑10倍 |
| ↓1/10  0.001 | = | 1 ↑10倍 |

(1) 4kg35g

| 千の位 | 百の位 | 十の位 | 一の位 | g |
|---|---|---|---|---|
| 4 | 0 | 3 | 5 | |

↓

| | | | | kg |
|---|---|---|---|---|
| 4.| 0 | 3 | 5 | |

(1) 398g

| 千の位 | 百の位 | 十の位 | 一の位 | g |
|---|---|---|---|---|
| 0 | 3 | 9 | 8 | |

↓

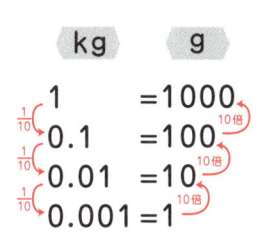

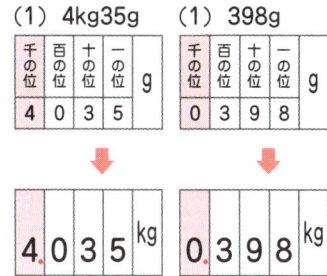

| | | | | kg |
|---|---|---|---|---|
| 0.| 3 | 9 | 8 | |

③ (1) 3.48m　(2) 1.42m　(3) 1.025m　(4) 0.024m

☞ 1m＝100cm＝1000mm（1cm＝10mm）。

④ (1) 2.3ℓ　(2) 3.8ℓ　(3) 1ℓ　(4) 0.35ℓ

☞ 1ℓ＝10dℓ＝1000mℓ（1dℓ＝100mℓ）。

⑤ ア 1.114　　イ 1.118　　ウ 1.123

☞ 最初に1めもりがいくつを表しているかを見つけましょう。ここでは1.11から1.12の間を10等分していますから、0.01（1.12－1.11＝0.01）の $\frac{1}{10}$、つまり0.001を表しています。

⑥ (1) 342　(2) 30　(3) 9　(4) 200

さて、次は小数の筆算です。先ほどは小数第一位までの足し算、引き算でした。今度はさらに小さな数をあつかっていきます。

例1）重さが1.23kgの箱に、ぶどうを3.52kg詰めました。
　　　全部で重さは何kgでしょうか。

式にすると、
　1.23＋3.52
ですね。
数字が長いので、筆算でやってみましょう。また、あわせて引き算の筆算も見てみます。

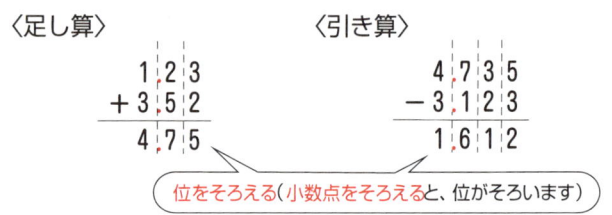

〈足し算〉　　　　　　　〈引き算〉

```
  1.23          4.735
＋3.52         －3.123
  4.75          1.612
```

位をそろえる（小数点をそろえると、位がそろいます）

それでは、次のような場合はどうなるでしょうか。

例2）（1）0.387＋0.403　　　（2）2.85＋0.3

（1）
```
  0.387
＋0.403
  0.790
```
→0.790は0.79と同じなので答えは0.79。こんなふうに、最後が0になったときには、0を消して答えとします。

（2）
```
  2.85
＋0.30
  3.15
```
→0.3は0.30と同じことですね。

**7** 筆算で求めましょう。答えの確かめもしてください。

```
  0.919          10.87
+ 1.091        + 24.5
———————        ———————
```

```
  2.836          3.4
- 0.236        - 1.285
———————        ———————
```

```
  5.234          1
- 1.5          - 0.099
———————        ———————
```

**8** 答えを求めましょう。

(1) $98.12 - 1.02 + 2.9 = \boxed{\phantom{00}}$

(2) $23 - 11.22 - 1.78 = \boxed{\phantom{00}}$

**9** ジュースが5.3ℓあります。200mℓ飲むと、何ℓ残るでしょうか。

式 _____ 答え _____

**10** □に>、<、=書き入れましょう。

(1) $2.5 - 1.14 \;\square\; 0.14$の10倍

(2) $3 - 0.999 \;\square\; 2.1$

(3) $\dfrac{1}{10} \;\square\; 0.1$

(4) $\dfrac{3}{1000} + 0.1 \;\square\; 0.13$

# 答え

⑦
```
  ¹ ¹
  0.9 1 9
+ 1.0 9 1
─────────
  2.0 1 0̸
```
→確かめは、 2.01 − 1.091 = 0.919

```
  ¹
  1 0.8 7
+    2 4.5
─────────
  3 5.3 7
```
→確かめは、 35.37 − 24.5 = 10.87

```
  2.8 3 6
− 0.2 3 6
─────────
  2.6 0̸ 0̸
```
→確かめは、 2.6 + 0.236 = 2.836

```
    ³ ⁹ ¹⁰
  3.4̸
− 1.2 8 5
─────────
  2.1 1 5
```
→確かめは、 2.115 + 1.285 = 3.4

```
    ⁴ ¹⁰
  5̸.2 3 4
− 1.5
─────────
  3.7 3 4
```
→確かめは、 3.734 + 1.5 = 5.234

```
      ⁹ ⁹
    0 ¹⁰̸ ¹⁰̸ ¹⁰
    1̸
− 0.0 9 9
─────────
  0.9 0 1
```
→確かめは、 0.901 + 0.099 = 1

⑧ (1) 98.12 − 1.02 + 2.9 = $\boxed{100}$　　(2) 23 − 11.22 − 1.78 = $\boxed{10}$

```
              ¹ ¹              ² ⁹ ¹⁰
  9 8.1 2    9 7.1          2 3̸           1 1.7 8
−    1.0 2  +   2.9        − 1 1.2 2      −   1.7 8
─────────   ────────       ─────────      ─────────
  9 7.1 0    1 0 0.0̸         1 1.7 8        1 0.0̸ 0̸
```

⑨ 式　5.3 − 0.2 = 5.1　　答え　5.1 ℓ

☞ 1000㎖ = 1ℓ なので、100㎖ は 0.1ℓ 。200㎖ は 0.2ℓ ですね。

⑩ (1) 2.5 − 1.14 $\boxed{<}$ 0.14 の 10 倍

☞ 2.5 − 1.14 = 1.36 です。0.14 の 10 倍は 1.4。

(2) 3 − 0.999 $\boxed{<}$ 2.1　　(3) $\frac{1}{10}$ $\boxed{=}$ 0.1

(4) $\frac{3}{1000}$ + 0.1 $\boxed{<}$ 0.13

☞ $\frac{3}{1000}$ = 0.003 となり、0.003 + 0.1 = 0.103 ですね。

# 小数のかけ算、わり算

小学生レベル
四年生

　小数のかけ算、わり算をマスターすると、算数の世界がまたグンと広がります。

例) 0.5ℓ入りの缶ジュースが3本あります。全部で何ℓでしょうか。

まず式を考えると、
**0.5×3**
となりますよね。

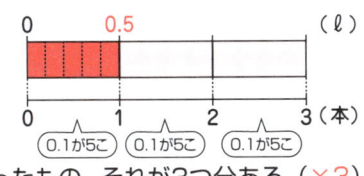

0.5は0.1が5こ集まったもの。それが3つ分ある（×3）のですから、0.5×3は0.1が5×3こあるということです。

$$0.5 \times 3$$
$$= 0.1 \times 5 \times 3$$
（0.5は0.1が5こ）
$$= 0.1 \times 15$$
⇨ 0.1が15こ ⇨ 1.5

　筆算のやり方は整数と同じです。ただし、位はそろえません。下のように、<u>右詰め</u>で書きます。

```
   0.5            4.8            2.3
 ×  3          × 3.5          ×1.3.2
 ───           ───            ───
  1.5           2 4 0            4 6
               1 4 4             6 9
               ─────             2 3
               1 6 8.0          ─────
                                3 0 3.6
```

①5×3=15 15を書く
②小数点を書き入れる

小数点より下の0は消す

3章●いろいろな数

**❶ 筆算で求めましょう。**

```
   0.2        2.5        1.17
×  5       × 2 0       ×   4


   0.4       0.013      0.426
×1 2 5     ×    3      ×  2 8 5
```

● ─────────── ● 答え ● ─────────── ●

**①**

```
   0.2         2.5         1.17
×  5        × 2 0        ×   4
  1.0̸         5 0.0̸         4.6 8


   0.4        0.013        0.426
× 1 2 5     ×    3        ×  2 8 5
   2 0        0.039         2 1 3 0
   8                        3 4 0 8
   4                        8 5 2
  5 0.0̸                    1 2 1.4 1 0̸
            ☞ 3×0は0。
              0はそのまま
              おろします。
```

200

次はわり算です。

**例）** お茶がポットに1.8ℓ入っています。3人で分けると、1人何ℓずつになるでしょうか。

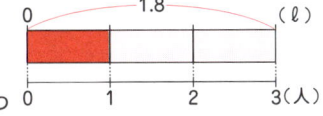

まず式を考えてみます。
**1.8÷3**

1.8は0.1が18こ集まったもの。18÷3=6ですから、答えは0.1が6こということになります。つまり、0.6ℓ。

絵で見てみましょう。

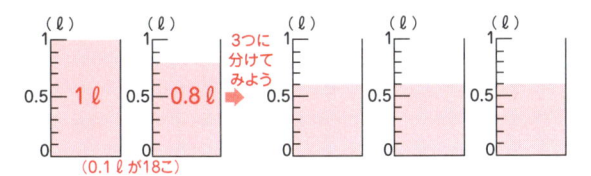

1.8÷3=0.6
0.1が18こ ➡ 18÷3=6 ➡ 答えは0.1が6こ分

わり算の筆算も、整数と同じやり方です。違うのは、小数点を書き入れる点だけ。また、右のように、商が小数第一位からたつときは、一の位には0を書き入れます。

注意したいのが、あまりがあるわり算。たとえば、次のようなときは、「0.1が2こあまる」ということなので、あまりは2ではなく、0.2です。

0.1が2こ
つまり、
あまり0.2

前ページで計算した7.2÷5は商が1.4で、あまりが0.2。
これは、次のようにわり進めることもできます。

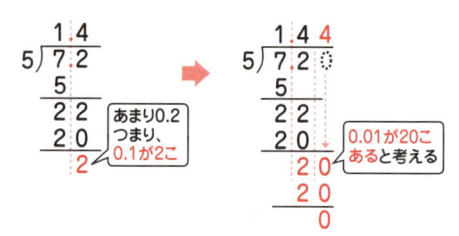

```
   1.4            1.4 4
5)7.2         5)7.2 0
  5              5
  2 2            2 2
  2 0            2 0
    2              2 0
                   2 0
                     0
```

あまり0.2
つまり、
0.1が2こ

0.01が20こ
あると考える

こんなふうに、わりきれるまでわり算することをわり進めるといいます。

**2** 筆算で求めましょう（すべてわり進めて、あまりは0にしてください）。

$4\overline{)2.56}$    $4\overline{)0.36}$    $6\overline{)1.83}$

$8\overline{)5}$    $4\overline{)13}$    $6\overline{)12.69}$

**3** (1) 2.6÷4の商を小数第一位まで求めましょう。
　　　式　　　　　　　　　　　　　　答え
　(2) 検算をしてみましょう。
　　　式　□ × □ + □ ＝2.6

④ 12.4mのひもを6人で分けると、1人何mずつになり、何cmあまりますか。商は一の位まで求めましょう。

式 _____　答え _____

⑤ 16dlのジュースを6人で分けると、1人何dlでしょうか。四捨五入して、小数第一位まで求めましょう。

式 _____　答え _____

⑥ いちごケーキは800円、チョコレートケーキは1200円です。チョコレートケーキの値段は、いちごケーキの何倍ですか。

式 _____　答え _____

> 1.5倍、2.5倍というように、小数で「何倍か」を表すことがあります。

⑦ 同じ重さの板が7枚あります。重さをはかると、全部で5.6kgでした。この板3枚では何kgになるでしょうか。

式 _____　答え _____

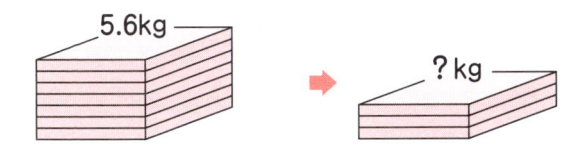

## 答え

**②**

```
    0.6 4
4 ) 2.5 6
    2 4
      1 6
      1 6
        0
```

```
    0.0 9
4 ) 0.3 6
    3 6
     0
```

```
    0.3 0 5
6 ) 1.8 3 0
    1 8
        3 0
        3 0
         0
```

```
    0.6 2 5
8 ) 5.0 0 0
    4 8
      2 0
      1 6
        4 0
        4 0
         0
```

```
    3.2 5
4 ) 1 3.0 0
    1 2
      1 0
        8
        2 0
        2 0
         0
```

```
    2.1 1 5
6 ) 1 2.6 9 0
    1 2
        6
        6
        9
        6
        3 0
        3 0
         0
```

**③** (1) 2.6 ÷ 4 = 0.6 あまり 0.2　　答え　0.6 あまり 0.2

☞
```
    0.6
4 ) 2.6
    2 4
     2
```
ここでは小数第一位まで求めることになっていますが、右のようにわり進めることもできます。
```
    0.6 5
4 ) 2.6
    2 4
      2 0
      2 0
       0
```

(2) ⟦0.6⟧ × ⟦4⟧ + ⟦0.2⟧ = 2.6

☞「商×わる数＋あまり＝わられる数」です。

**④** 式　12.4 ÷ 6 = 2 あまり 0.4

☞
```
      2
6 ) 1 2.4
    1 2
      4
```
答え　1人2mずつで、40cmあまる。

⑤ 式　16÷6＝2.66　あまり0.04　　答え　約2.7dℓ

☞
```
    2.6 6
6 ) 1 6
    1 2
    ───
      4 0
      3 6
      ───
        4 0
        3 6
        ───
          4
```
2.6̇6 → 2.7

このわり算は、わり進めると、えんえんと6が続いていきます。

こういうときは、2.6……というように表します。

⑥ 式　1200÷800＝1.5　　答え　1.5倍

☞
```
         1.5
8̶0̶0̶ ) 1 2̶0̶0̶
       8
       ──
        4 0
        4 0
        ───
          0
```
最後に0がつくわり算では、0を同じずつ消して計算すると、簡単です（→133ページ）。

⑦ 式　5.6÷7＝0.8　　0.8×3＝2.4　　答え　2.4kg

☞まず板1枚分の重さを求め、次にそれに3をかけて3枚分の重さを出します。

```
      0.8
7 ) 5.6
    5 6
    ───
      0
```

# いろいろな分数

小学生レベル
四年生 ★★★★★

分子が分母より小さい分数を**真分数（しんぶんすう）**といい、分子が分母と等しいか、分母より大きい分数を**仮分数（かぶんすう）**といいます。

**真分数**
分子＜分母
例 $\frac{1}{2}$　$\frac{3}{4}$

**仮分数**
分子＝分母 または 分子＞分母
例 $\frac{2}{2}$　$\frac{7}{4}$

> 真分数は1より小さいんだ

真分数は1より小さい分数で、仮分数は1と等しいか、1より大きい分数です。

**真分数＜1≦仮分数**　　≧…「以上」の意（4年では習いません）

また、下のかさは1ℓと$\frac{3}{5}$ℓ。これを**$1\frac{3}{5}$ℓ**と書いて、**一と五分の三ℓ**と読みます。これを**帯分数（たいぶんすう）**といいます。

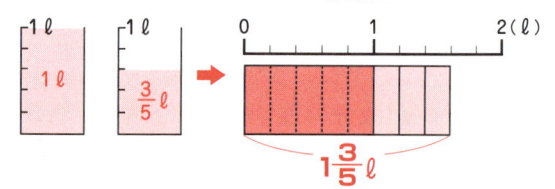

**帯分数は整数と真分数の和**で表されています。上の例も仮分数で表すと$\frac{8}{5}$ℓですが、ふつうは（帯分数で表せるときは）**帯分数で表す**ようにします。

次に、仮分数を帯分数で表す方法を見てみましょう。

たとえば、$\frac{8}{5}$を帯分数で表す場合を、上の絵を見ながら考えてみます。

$\frac{8}{5}$は$\frac{1}{5}$が8こ集まったもの。そして、$\frac{1}{5}$は5こ集ま

ると、1になります。

$\frac{8}{5}$から1を引くと、残りは$\frac{3}{5}$。つまり、$\frac{8}{5}$は**1と$\frac{3}{5}$が合わさった数**なので、**$1\frac{3}{5}$**というわけです。

もうひとつ、わり算を応用した求め方もあります。

まず、$\frac{8}{5}$は$\frac{1}{5}$が8こということですが、その中に$\frac{5}{5}$はいくつふくまれているでしょうか。

**8÷5=1　あまり3**

$\frac{5}{5}$(1)は1こあって、$\frac{1}{5}$が3こ残るというわけです。つまり、1と$\frac{1}{5}$が3こですから、$1\frac{3}{5}$。

こんなふうに、仮分数を帯分数にするときは、

**分子÷分母＝整数（の商）あまり** ⇨ 整数$\frac{あまり}{分母}$

反対に、帯分数を仮分数で表すときには、どう考えればよいのでしょうか。

例）$2\frac{2}{3}$を仮分数で表しましょう。

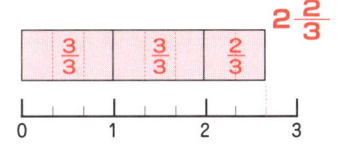

$2\frac{2}{3}$は、$\frac{1}{3}$をいくつ集めた数でしょうか。上の図を見ながら、考えてみると…。

②$\frac{2}{3}$ → $\frac{1}{3}$が2こ
$\frac{3}{3}$が2こ → $\frac{1}{3}$が3×2こ

⟹ $\frac{1}{3}$が$\boxed{3×2}$+$\boxed{2}$こ ⇨ $\frac{8}{3}$

帯分数を仮分数で表すときは、こんなふうに

**$\frac{(分母×整数)+分子}{分母}$**

で求めることができます。

**1** ア、イ、ウにあてはまる数を真分数、または帯分数で表しましょう。

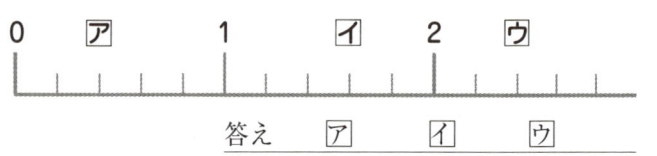

```
0      ア       1        イ      2       ウ
|--|--|--|--|--|--|--|--|--|--|--|--|--|
```

答え　ア　　　　イ　　　　ウ

**2** 次の仮分数を帯分数や整数で表しましょう。

(1) $\frac{7}{3} \to \boxed{\phantom{0}}$　(2) $\frac{7}{2} \to \boxed{\phantom{0}}$　(3) $\frac{10}{5} \to \boxed{\phantom{0}}$

**3** 次の帯分数を仮分数で表しましょう。

(1) $2\frac{5}{6} \to \boxed{\phantom{0}}$　(2) $5\frac{7}{8} \to \boxed{\phantom{0}}$

**4** (1) 下の数直線の□にあてはまる分数を書き入れましょう。
(2) $\frac{1}{2}$と同じ大きさの分数を○で囲みましょう。

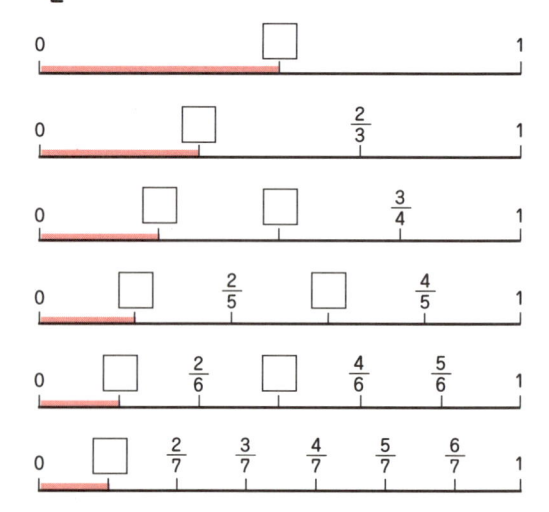

```
0 ━━━━━━━━━━━□                            1
0 ━━━━━□         2/3                      1
0 ━━━□    □      3/4                      1
0 ━□   2/5   □    4/5                     1
0 ━□  2/6  □  4/6  5/6                    1
0 □  2/7  3/7  4/7  5/7  6/7              1
```

❹の数直線を見るとわかるように、**分子が同じときは、分母が大きいほど、分数は小さくなります。**

**分子が同じとき**

分母  →  分数

大きくなる　➡　小さくなる
小さくなる　➡　大きくなる

また、$\frac{1}{2}$と$\frac{2}{4}$のように、**分母や分子が違っていても、大きさが等しいものがあるのです。**

**5** □に＞、＜、＝を書き入れましょう。❹の数直線もヒントにしてください。

(1) $2\frac{3}{9}$ □ $3$

(2) $3\frac{3}{4}$ □ $\frac{16}{4}$

(3) $\frac{2}{4}$ □ $\frac{4}{6}$

(4) $5\frac{2}{3}$ □ $5\frac{2}{7}$

## 答え

**①** ア $\frac{2}{5}$　　イ $1\frac{3}{5}$　　ウ $2\frac{2}{5}$

☞ 0から1の間が5等分されているので、1めもりは $\frac{1}{5}$。

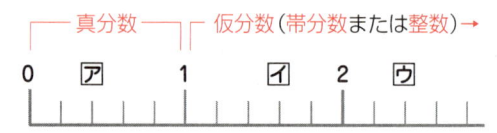

```
      ┌─ 真分数 ─┐┌─ 仮分数（帯分数または整数）→
   0     ア     1     イ    2    ウ
   |──┴──┴──┴──┴──┴──┴──┴──┴──┴──┴──┴──|
```

**②** (1) $2\frac{1}{3}$　☞ $7 \div 3 = 2$ あまり 1

(2) $3\frac{1}{2}$　☞ $7 \div 2 = 3$ あまり 1

(3) $2$　☞ $10 \div 5 = 2$

**③** (1) $\frac{17}{6}$　☞ $2 \times 6 + 5 = 17$　(2) $\frac{47}{8}$　☞ $5 \times 8 + 7 = 47$

**④** (1) 上から順に、$\frac{1}{2}$、$\frac{1}{3}$、$\frac{1}{4}$、$\frac{2}{4}$、$\frac{1}{5}$、$\frac{3}{5}$、$\frac{1}{6}$、$\frac{3}{6}$、$\frac{1}{7}$

(2) $\frac{2}{4}$、$\frac{3}{6}$

**⑤** (1) $2\frac{3}{9} < 3$

(2) $3\frac{3}{4} < \frac{16}{4}$

☞ このままでは比べにくいので、まずは見かけを同じにしましょう。$3\frac{3}{4}$ は $\frac{15}{4}$。$\frac{15}{4} < \frac{16}{4}$ です。

(3) $\frac{2}{4} < \frac{4}{6}$

☞ 数直線を見ると、$\frac{2}{4} = \frac{1}{2} = \frac{3}{6}$。問題の $\frac{4}{6}$ は、$\frac{3}{6}$ よりも大きいですよね。

(4) $5\frac{2}{3} > 5\frac{2}{7}$

☞ 分子が同じ場合は、分母が大きいほど、分数は小さくなるのでしたね。

次は、帯分数の足し算と引き算です。

例1） $1\frac{3}{5} + 2\frac{1}{5}$

帯分数のときには、整数と分数に分けて計算します。

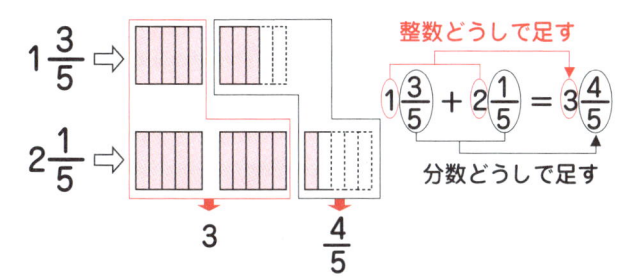

$1\frac{3}{5}$ ⇒

$2\frac{1}{5}$ ⇒

3　　$\frac{4}{5}$

整数どうしで足す

$1\frac{3}{5} + 2\frac{1}{5} = 3\frac{4}{5}$

分数どうしで足す

引き算も、同じように、整数は整数どうし、分数は分数どうしで計算していきます。

例2） $2\frac{4}{5} - 1\frac{3}{5}$

$2\frac{4}{5}$ ⇒

$1\frac{3}{5}$ ⇒

$2-1=1$　$\frac{4}{5} - \frac{3}{5} = \frac{1}{5}$

整数どうしで引く

$2\frac{4}{5} - 1\frac{3}{5} = 1\frac{1}{5}$

分数どうしで引く

それでは、次のような場合はどうするのでしょうか。

例2） $1\frac{1}{3} - \frac{2}{3}$

これは分数どうしで引けませんね。こんなときは帯分数を

3章●いろいろな数

仮分数に直し、$1\frac{1}{3}$を$\frac{4}{3}$とします。すると、

$$\frac{4}{3} - \frac{2}{3}$$

これなら、簡単に引けますね。答えは$\frac{2}{3}$です。

$1\frac{1}{3} \Rightarrow$ 

$\frac{2}{3} \Rightarrow$

→ $\frac{4}{3} - \frac{2}{3} = \frac{2}{3}$

**6** 答えを求めましょう。答えは、帯分数にできるものは、帯分数で表してください。

(1) $\frac{5}{7} + \frac{6}{7} = \boxed{\phantom{0}}$　　(2) $\frac{3}{4} + 2\frac{1}{4} = \boxed{\phantom{0}}$

(3) $3 + \frac{2}{3} = \boxed{\phantom{0}}$　　(4) $1\frac{8}{11} - \frac{4}{11} = \boxed{\phantom{0}}$

(5) $2\frac{4}{9} - \frac{8}{9} = \boxed{\phantom{0}}$　　(6) $2 - \frac{5}{6} = \boxed{\phantom{0}}$

● 答え ●

**6** (1) $1\frac{4}{7}$　　☞ $\frac{11}{7}$を帯分数に直します。

(2) $3$　　☞ 足すと$2\frac{4}{4}$となり、$\frac{4}{4} = 1$なので。

(3) $3\frac{2}{3}$

(4) $1\frac{4}{11}$

(5) $1\frac{5}{9}$　　☞ $2\frac{4}{9} = 1\frac{13}{9}$で、$1\frac{13}{9} - \frac{8}{9} = 1\frac{5}{9}$。

(6) $1\frac{1}{6}$　　☞ $2 = 1\frac{6}{6}$（または$\frac{12}{6}$）で、そこから$\frac{5}{6}$を引きます。

# 小数のかけ算

小学生レベル ★★★ 五年生

小数のかけ算、"上級編"です。4年生の項（→199ページ）では「小数×整数」を見ました。今度は「**小数×小数**」です。

**例1）** 1mが1.54kgの棒があります。2.3mでは何kgですか。

式は「1mの重さ×長さ」なので、1.54×2.3。
筆算でやってみましょう。整数のかけ算と見比べると、しくみが理解しやすいので、並べてみます。

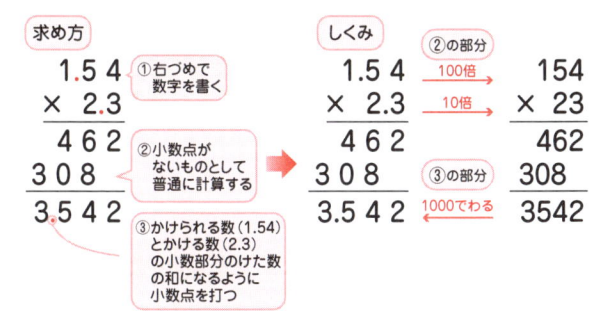

求め方
```
  1.5 4
×  2.3
  4 6 2
3 0 8
3.5 4 2
```
① 右づめで数字を書く
② 小数点がないものとして普通に計算する
③ かけられる数（1.54）とかける数（2.3）の小数部分のけた数の和になるように小数点を打つ

しくみ
```
  1.5 4      ②の部分  →100倍→    1 5 4
×  2.3      →10倍→            ×   2 3
  4 6 2                          4 6 2
3 0 8       ③の部分            3 0 8
3.5 4 2     →1000でわる→       3 5 4 2
```

次に、小数のかけ算の特ちょうを見てみましょう。

**例2）** 1m120円のリボンがあります。0.7m買うときと、1.8m買うときとでは、それぞれいくらになるでしょうか。

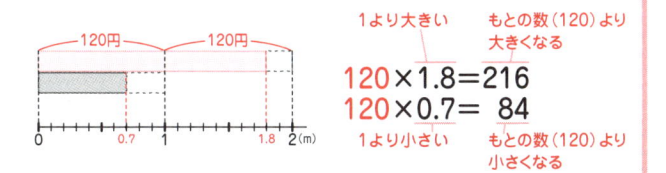

1より大きい　もとの数（120）より大きくなる
$$120 \times 1.8 = 216$$
$$120 \times 0.7 = 84$$
1より小さい　もとの数（120）より小さくなる

3章●いろいろな数

このように、1より小さい小数をかけると、積はもとの数（かけられる数）より小さくなります。
　今までは、かければ、もとの数より大きくなるのが当たり前でしたが、1より小さい場合は、逆に小さくなるんですね。

**かける数＞1　　→　　積＞もとの数（かけられる数）**
**かける数＜1　　→　　積＜もとの数（かけられる数）**

　小数も、整数と同じように式の決まりがあてはまります（→140ページ）。

（●＋▲）×■＝●×■＋▲×■
（●－▲）×■＝●×■－▲×■

**①** 1㎡の畑に、0.5kgの肥料を使います。32.4㎡では、何kgの肥料が必要ですか。

式＿＿＿＿＿＿＿＿＿＿＿　　答え＿＿＿＿＿＿

**②** 1m280円の布を2.3m買うと、1m350円の布を同じ長さ買うのよりも、いくら安くてすむでしょうか。

式＿＿＿＿＿＿＿＿＿＿＿　　答え＿＿＿＿＿＿

**③** 1辺0.8mの正方形の面積を求めましょう。※面積→314ページ

(1) 面積を㎡で表してください。

式＿＿＿＿＿＿＿＿＿＿＿　　答え＿＿＿＿＿＿

(2) (1)を㎠で表してください。

　　　　　　　　　　　　　答え＿＿＿＿＿＿

● 答え ●

① 式　0.5×32.4＝16.2　　答え　16.2 kg

☞ 16.2は32.4のちょうど半分。
つまり、0.5は $\frac{1}{2}$ と同じなんですね。

```
    3 2.4
  ×   0.5
  1 6.2 0
```
←0.5×32.4よりも、32.4×0.5のほうが計算しやすい。

② 350×2.3－280×2.3＝(350－280)×2.3＝70×2.3＝161
答え　161円安くなる

☞ 式の決まりを使うと、計算が簡単になりますね。

③ (1)　式　0.8×0.8＝0.64
　　　答え　0.64㎡

```
    0.8
  × 0.8
    0.64
```

(2)　答え　6400c㎡

☞ ㎡をc㎡に直すやり方を考えてみます。

$1㎡ ＝ 100cm × 100cm ＝ 10000c㎡$

1㎡ ＝ 　　　10000c㎡　（0.64倍）
0.64倍（0.64をかける）
0.64㎡＝0.64×10000c㎡
　　　＝6400c㎡　　0.64○○ 10000倍

　最初に、1辺の長さ0.8mを80㎝と表し直して、80×80＝6400としても、もちろんOKです。こちらのほうが、簡単ですよね。

# 小数のわり算

**小学生レベル ★★★ 五年生**

つづいて、小数のわり算です。まず、**「小数÷小数」**の筆算を見てみましょう。

例1）2.1mの重さが3.57kgの棒があります。
1mの重さは何kgでしょうか。

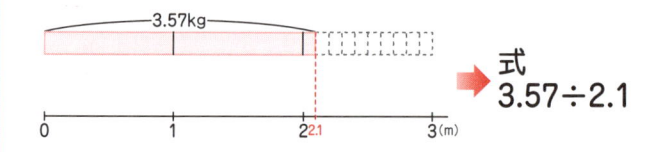

式
3.57÷2.1

3.57を2.1でわれば、1mあたりの重さが出ますね。
筆算は、次の①〜④の順でします。

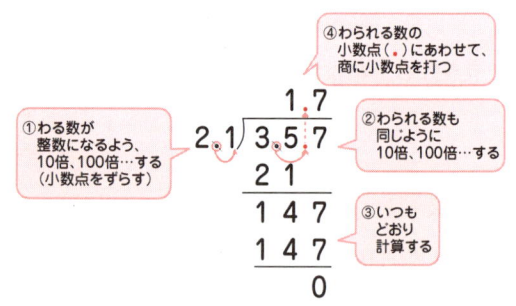

①わる数が整数になるよう、10倍、100倍…する（小数点をずらす）
②わられる数も同じように10倍、100倍…する
③いつもどおり計算する
④わられる数の小数点（.）にあわせて、商に小数点を打つ

```
      1.7
2.1)3.5.7
    2 1
    ―――
    1 4 7
    1 4 7
    ―――
        0
```

あまりのあるわり算では、あまりの小数点の位置に気をつけてください。
わられる数のもとの小数点の位置にそろえてつけます。

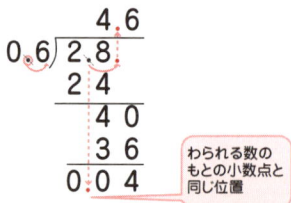

```
       4.6
0.6)2.8
    2 4
    ―――
      4 0
      3 6
    ―――
    0.0 4
```

わられる数のもとの小数点と同じ位置

さて、小数のかけ算では、1より小さい小数をかけると、積はもとの数（かけられる数）より小さくなるという決まりがありました。

わり算ではどうなのでしょうか。

例2） 1.4mで560円の布と、0.8mで560円の布があります。1mの値段はそれぞれいくらでしょうか。

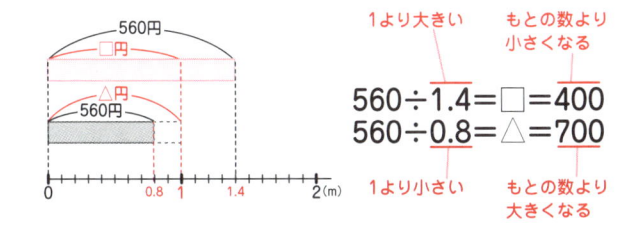

$560 \div 1.4 = \square = 400$
$560 \div 0.8 = \triangle = 700$

1より大きい → もとの数より小さくなる
1より小さい → もとの数より大きくなる

**わる数＞1 → 商＜もとの数（わられる数）**
**わる数＜1 → 商＞もとの数（わられる数）**

かけ算の場合と、ちょうど反対になるんですね。

### 1 2.5㎡の畑に5.3ℓの水をまきます。

(1) 1㎡に何ℓまいたことになりますか。

式　　　　　　　　　　答え

(2) 4.8㎡の畑には何ℓの水が必要ですか。四捨五入して、一の位までの概数で求めましょう。

式　　　　　　　　　　答え

**2** しぼったリンゴジュースをびんに入れてはかると、1.4ℓで2.04kgでした。びんの重さは500gです。

(1) リンゴジュース1ℓの重さは何kgでしょうか。

式 _____　答え _____

(2) リンゴジュース1kgは何ℓでしょうか。わり切れないときは、四捨五入して小数第一位までの概数で求めてください。

式 _____　答え _____

**3** 3.5kgの小麦粉を1ふくろに0.8kgずつ入れます。何ふくろできて、何kgあまるでしょうか。

式 _____
答え _____

---

● 答え ●

**①** (1) 5.3÷2.5＝2.12　　答え　2.12ℓ

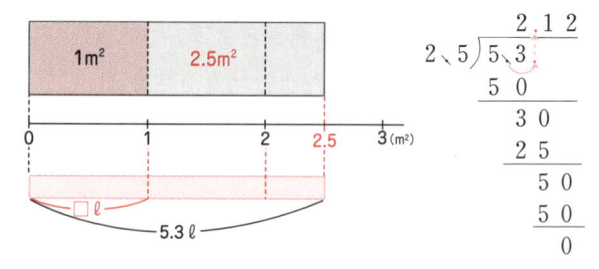

☞ 2.5m²で5.3ℓいるのですから、1m²では5.3÷2.5。

どちらをわる数にして、どちらをわられる数にすればいいのか――。わり算では、しばしば、この点で

迷います。そんなときは、まず単純な問題を考えてみて、式を見つけ出すようにしましょう。たとえば、「2m²の畑に4ℓの水をまく。1m²では何ℓ？」という問題を考えてみるのです。1m²は2m²の半分ですから、水も半分。そこで、式は4÷2と、見当がつきます。

これを利用して、式は「水の量÷畑の面積」だから、「5.3÷2.5」だとわかります。

(2) 式　4.8×2.12＝10.176　　答え　約10ℓ

**②** (1) 式　2.04－0.5＝1.54　1.54÷1.4＝1.1　答え　1.1kg

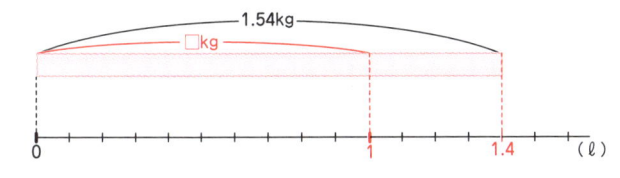

(2) 式　2.04－0.5＝1.54　1.4÷1.54＝0.9090……
　　答え　約0.9ℓ

☞ (1)と反対に考えてみましょう。

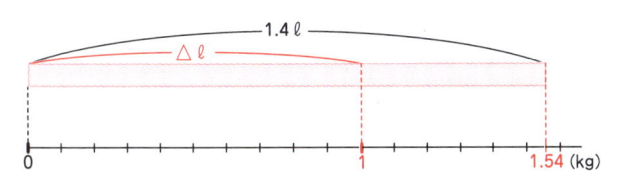

**③** 式　3.5÷0.8＝4　あまり0.3
　　答え　4ふくろできて、0.3kgあまる。

$$\begin{array}{r}4\phantom{.0}\\0.8\overline{)3.5}\\3.2\phantom{}\\\hline 0.3\end{array}$$

# 整数
## ～倍数、約数、偶数・奇数

小学生レベル
★★★
五年生

**ある数に整数をかけてできる数**を**倍数**といいます。

たとえば、2、4、6、…は、2を1倍（2×1）、2倍（2×2）、3倍（2×3）、…した数ですよね。2、4、6、…を2の倍数といいます。なお、**0は倍数に入れません**。

そして、2つ（以上）の**整数に共通な倍数**を**公倍数**といい、その中で**いちばん小さい倍数**を**最小公倍数**といいます。

例1）2と3の公倍数を求めましょう。

  2の倍数　2 4 6 8 10 12 14 16 18 20 …
  3の倍数　　3　6　9　12　15　18　…

2と3の公倍数は6、12、18、…。最小公倍数は6です。

例2）3と5の公倍数を、小さいほうから3つ書きましょう。

3の倍数は3、6、9、…、5の倍数は5、15、…と書き出して、共通の整数をチェックしていってもよいのですが、これでは時間がかかります。そこで、
①大きいほうの数（ここでは5）の倍数を書き出す
  5　10　15　20　25　30　35　40　45…
②その中で、もうひとつの数（ここでは3）でわり切れる数を見つける（商は必ず1、2、…という整数）
  5　10　15　20　25　30　35　40　45…

もっと簡単な求め方もあります。3と5の最小公倍数は15。実は、この15の倍数が3と5の公倍数になっているのです。

そこで、次の手順でも求められます。
①最小公倍数を見つける。
②最小公倍数×1、最小公倍数×2、最小公倍数×3、……。
　また、倍数には、不思議な決まりがあります。おぼえておくと、便利ですよ。

3の倍数→それぞれの位の数の**和が3の倍数になっている**
　　　　　例）132→1+3+2=6
9の倍数→それぞれの位の数の**和が9の倍数になっている**
　　　　　例）342→3+4+2=9
4の倍数→**下2けたの数が4でわり切れる**
　　　　　例）532→32÷4=8　→4でわり切れる
5の倍数は最後が5か0。2の倍数は偶数（→226ページ）。

**❶** （　）の中の最小公倍数を求めましょう。

(1) (6、7)　　　　(2) (2、4)　　　　(3) (3、7、8)

答え＿＿＿＿　　答え＿＿＿＿　　答え＿＿＿＿

**❷** （　）の中の公倍数を小さいほうから3つずつ書きましょう。

(1) (4、8)　　　答え＿＿＿＿＿＿＿＿＿＿
(2) (2、5、7)　答え＿＿＿＿＿＿＿＿＿＿

**❸** たて4cm、横5cmの長方形の紙を並べて正方形を作ります。いちばん小さい正方形の一辺は何cmでしょうか。

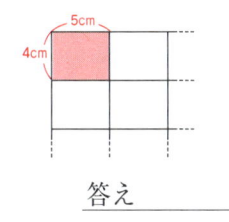

答え＿＿＿＿＿＿

● ━━━━━━━ 答え ━━━━━━━ ●

① (1) 42 →ある整数とある整数の最小公倍数は、必ずその2つをかけ合わせた数以下になります。6と7の最小公倍数も6×7以下。したがって、7の倍数を書き出すときは、6×7までを書き出せばいいのです。

(2) 4 →4は2×2と分解できます。つまり、4は2の倍数。こんなふうに、**片方の数がもう片方の倍数であるときには、その数が最小公倍数**になります。

(3) 168 →3と7の最小公倍数は21。21と8の最小公倍数は21×8以下です。(1)もそうですが、最小公倍数が2つの数の積になっていますね。これは次のように考えられるのです。

(1)の場合

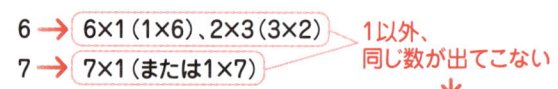

6 → 6×1(1×6)、2×3(3×2)
7 → 7×1(または1×7)

1以外、同じ数が出てこない
↓
最小公倍数は
6×7=42

(3)の場合

21→ 21×1(1×21)、3×7(7×3)
8 → 8×1(1×8)、2×4(4×2)

1以外、同じ数が出てこない
↓
最小公倍数は
21×8=168

② (1) 8、16、24 →最小公倍数は8ですね。

(2) 70、140、210 →最小公倍数は70です。

③ 20cm →答えは4と5の最小公倍数です。

たとえば、6は、1、2、3、6でわり切れますよね。この1、2、3、6を、6の**約数**といいます。

また、12の約数は1、2、3、4、6、12。6と12に共通する約数は1、2、3、6です。これらの整数を6と12の**公約数**といい、その中でいちばん大きい数を**最大公約数**といいます。

3と4のように、**公約数が1しかないもの**もあります。

もう思い出されたかもしれませんが、約数と倍数の関係は、右のようになっています。

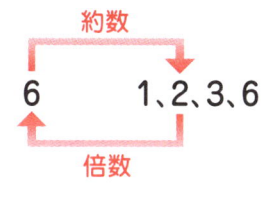

$$6 \xrightarrow{約数} 1、2、3、6$$
$$6 \xleftarrow{倍数} 1、2、3、6$$

また、**どんな整数でも、1とその数は約数です**。

例）28と24の最大公約数を求めましょう。

①24の約数を書き出す。
　1、2、3、4、6、8、12、24
②①の数で28をわり、わりきれる数をチェックする。
　~~1~~、　~~2~~、　~~3~~、　~~4~~、　~~6~~、　~~8~~、　~~12~~、　24

- 28÷1=28 →わりきれる
- 28÷2=14 →わりきれる
- 28÷4=7 →わりきれる

答えは4ですね。
約数は、次のようなしくみになっています。

**例 6の約数**

1　2　3　6
　　2×3=6
1×6=6

**例 12の約数**

1　2　3　4　6　12
　　　3×4=12
　　2×6=12
1×12=12

**4** （　）の中の公約数を書きましょう。

(1) （12、18）　　答え＿＿＿＿＿＿＿＿＿＿＿＿＿＿

(2) （28、35）　　答え＿＿＿＿＿＿＿＿＿＿＿＿＿＿

**5** （　）の中の最大公約数を求めましょう。

(1) （9、27）　　(2) （26、32）　　(3) （4、12、36）

答え＿＿＿＿　　答え＿＿＿＿　　答え＿＿＿＿

**6** あめが30こ、ガムが24こ、あります。どちらもあまらないように同じ数ずつ配ると、いちばん多くの人に分けられるのは、何人のときですか。

答え＿＿＿＿＿＿＿

---

　約数を見つけるときには、**九九をフル活用**しましょう。たとえば、「12の約数は？」と問われたら、積が12になる九九を思い出してみてください。

　<ruby>三四<rt>さんし</rt></ruby>12、<ruby>二六<rt>にろく</rt></ruby>12…。そこで、3、4、2、6に、**1とその数自身**（12）を加えたものが、12の約数ということになります。

　　　　㊂ ㊃ 12　　　㊁ ㊅ 12
　　　　約数　　　　　　約数

　ただ、たとえば、36の約数3や12は九九には出てきません。こういうときには、221ページの**「倍数の見つけ方」**が役に立ちます。たとえば、それぞれの位の数の和が3の倍数になるときは、3が必ず約数にふくまれるのです。

## 答え

**④** (1) 1、2、3、6

☞12の約数は、1、2、3、4、6、12。これらの整数で18をわると、わり切れるのは1、2、3、6ですね。

(2) 1、7

☞28の約数は1、2、4、7、14、28。これらの整数で35をわってみると、わり切れるのは1と7だけです。

**⑤** (1) 9

☞最大公約数は、もとの数のうち、小さいほうの数より大きくなることはありません。9と27の最大公約数は9以下なのです。

(2) 2

☞26の約数は1、2、13、26。26は九九に出てこないので、約数がわかりにくいかもしれませんね。でも、26は偶数（→次ページ）なので、2が約数だとわかり、2が約数なら、13も約数だとわかります（2×13＝26）。

(3) 4

**⑥** 6人。

☞答えは30と24の最大公約数です。

**2の倍数を偶数、偶数でない整数を奇数といいます。0は偶数にふくめます。**

0　1　2　3　4　5　6　7　8　9　10
偶数 奇数 偶数 奇数 偶数 奇数 偶数 奇数 偶数 奇数 偶数

偶数より1大きい数は奇数になります。つまり、

**偶数＋1＝奇数**

なんですね。下のような図で考えると、もっとわかりやすいかもしれません。

偶数　2×3=6　　　奇数　2×3+1=7

さて、それでは「偶数＋奇数」は、奇数と偶数、どちらになるでしょうか。これは必ず奇数になります。理由を考えてみましょう。

偶数　＋　奇数　＝　奇数

また、偶数は2でわりきることができ、奇数は必ずあまりが1になります。

例）2÷2=1　あまり0
　　3÷2=1　あまり1
　　4÷2=2　あまり0
　　5÷2=2　あまり1
　　　⋮　　　　⋮

## 7 （ ）のうち、正しい言葉を○で囲み、□にあてはまる数や言葉を書き入れてください。

(1) 「偶数−奇数」は（偶数、奇数）です

(2) 偶数は2でわると、あまりは（0、1）、奇数は2でわると、あまりは（0、1）です。

(3) 2でわりきれる整数を（偶数、奇数）といい、2でわると、あまりが1になる整数を（偶数、奇数）といいます。

(4) すべての整数は、□と奇数に分けられます。

(5) 偶数は、どんな整数をかけても（偶数、奇数）になります。

(6) 奇数は、（偶数、奇数）をかけると奇数になり、（偶数、奇数）をかけると偶数になります。

● 答え ●

⑦ (1) 奇数　(2) 0、1　(3) 偶数、奇数
　 (4) 偶数　(5) 偶数　(6) 奇数、偶数

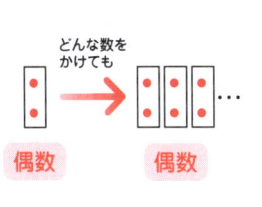

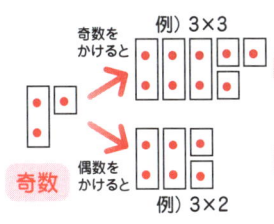

3章●いろいろな数

# 分数の足し算、引き算

小学生レベル ★★★★★ 五年生

分数では、分母や分子が違っても、右のように同じ大きさの場合があります。

では、等しい分数は、どうすれば作れるのでしょうか。

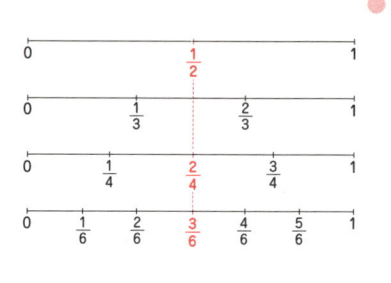

実は分数には、分母と分子にそれぞれ同じ数をかけても、それぞれを同じ数でわっても、分数の大きさは変わらないという性質があるのです。

同じ数をかける $\dfrac{1}{2} = \dfrac{1\times2}{2\times2} = \dfrac{2}{4}$　　同じ数でわる $\dfrac{2}{4} = \dfrac{2\div2}{4\div2} = \dfrac{1}{2}$

さて、分母が違う分数どうしの足し算、引き算のやり方を覚えていらっしゃいますか。こんな手順でした。

①分母をそろえる
②分子どうしを足す・引く

分母が違う分数を、分母が共通な分数に直すことを**通分**するといいます。次の例を見てみてください。

例) $\dfrac{2}{3}$ と $\dfrac{1}{4}$ を通分してみましょう。

分母を同じにするためには、**それぞれの分母に何か整数をかけてみます。**たとえば、$\dfrac{2}{3}$ の分母3に2をかけてみます。すると、6。でも、$\dfrac{1}{4}$ の分母4にかけて積が6になる

整数はないので、ダメ。3に3をかけると、9。しかし、やはり、4にかけて積が9になる整数はありません。

$$\frac{2\times 2}{3\times 2}=\frac{4}{6} \qquad \frac{1\times \Box}{4\times \Box}=\frac{\triangle}{6}$$

ここにあてはまる整数はない

…とやっていくと、時間がかかってしかたがないですよね。

「それぞれの分母に整数をかけて、分母を同じにする」ということは、分母が3の倍数でもあり、4の倍数でもあるということ。つまり、分母を3と4の**公倍数**にすればいいのです。

3と4の公倍数は12ですから…、

$$\frac{2}{3}=\frac{2\times 4}{3\times 4}=\frac{8}{12} \qquad \frac{1}{4}=\frac{1\times 3}{4\times 3}=\frac{3}{12}$$

3と4の公倍数にする

これで、通分ができました。分母をそろえると、大きさがグンと比べやすくなります。$\frac{2}{3}$と$\frac{1}{4}$では、$\frac{2}{3}$のほうが大きいんですね。

通分では、ふつうは**最小公倍数を共通な分母**にします。

また、次のようにして分母を小さくすることを**約分**するといいます。

**例1**
$$\frac{\overset{1}{3}}{\underset{4}{12}}=\frac{1}{4}$$
3でわる
3でわる

**例2**
$$\frac{\overset{\overset{3}{6}}{18}}{\underset{\underset{4}{8}}{24}}=\frac{3}{4}$$
②2でわる
①3でわる
①3でわる
②2でわる

分母と分子をその**公約数**でわり、分母が小さい分数にすることを**約分**するというわけです。

**1** □にあてはまる数を書き入れましょう。

(1) $\dfrac{2}{5} = \dfrac{\Box}{10} = \dfrac{\Box}{15} = \dfrac{16}{\Box}$

(2) $\dfrac{36}{72} = \dfrac{\Box}{8} = \dfrac{1}{\Box}$

**2** 通分して、大きい順に並べましょう。

(1) $\dfrac{2}{5}$、$\dfrac{5}{8}$　　　　答え＿＿＿＿＿＿＿＿

(2) $1\dfrac{4}{7}$、$2\dfrac{1}{10}$　　　答え＿＿＿＿＿＿＿＿

(3) $\dfrac{1}{6}$、$\dfrac{5}{8}$、$\dfrac{7}{12}$　　答え＿＿＿＿＿＿＿＿

**3** □にあてはまる等号、不等号を書きましょう。

(1) $\dfrac{3}{4} \square \dfrac{5}{8}$　　(2) $\dfrac{5}{13} \square \dfrac{15}{39}$　　(3) $\dfrac{2}{9} \square \dfrac{1}{3}$

**4** 約分しましょう。

(1) $\dfrac{6}{9} = \Box$

(2) $\dfrac{30}{80} = \Box$

(3) $3\dfrac{4}{16} = \Box$

(4) $\dfrac{24}{66} = \Box$

---

● 答え ●

**1** (1) $\dfrac{2}{5} = \dfrac{4}{10} = \dfrac{6}{15} = \dfrac{16}{40}$ (×2, ×3, ×8)

(2) $\dfrac{36}{72} = \dfrac{4}{8} = \dfrac{1}{2}$ (÷9, ÷4)

② (1) $\frac{25}{40}$、$\frac{16}{40}$

☞ 5と8の最小公倍数は40。ですから、$\frac{2}{5}$には8を、$\frac{5}{8}$には5をかけると、通分できます。

$$\frac{2}{5} = \frac{2\times 8}{5\times 8} = \frac{16}{40} \qquad \frac{5}{8} = \frac{5\times 5}{8\times 5} = \frac{25}{40}$$

(2) $2\frac{7}{70}$、$1\frac{40}{70}$

☞ 帯分数の整数には、何もかけません。7と10の最小公倍数は70ですから…、

$$1\frac{4}{7} = 1 + \frac{4\times 10}{7\times 10} = 1\frac{40}{70}$$

$$2\frac{1}{10} = 2 + \frac{1\times 7}{10\times 7} = 2\frac{7}{70}$$

実際には、どちらの分数が大きいかは、細かく見比べなくても、整数のところだけ見れば、すぐわかりますよね。

(3) $\frac{15}{24}$、$\frac{14}{24}$、$\frac{4}{24}$

☞ 6、8、12の最小公倍数をまず求めてください。12は6の倍数なので、12と8の公倍数を考えればすみます。これは24。

③ (1) $\frac{3}{4} \boxed{>} \frac{5}{8}$  (2) $\frac{5}{13} \boxed{=} \frac{15}{39}$  (3) $\frac{2}{9} \boxed{<} \frac{1}{3}$

☞ 通分して比べましょう。

④ (1) $\dfrac{\overset{2}{\cancel{6}}}{\underset{3}{\cancel{9}}} = \dfrac{2}{3}$

→9と6の公約数3でわります。

(2) $\dfrac{\overset{3}{\cancel{30}}}{\underset{8}{\cancel{80}}} = \dfrac{3}{8}$

→30と80の公約数10でわります。

(3) $3\dfrac{\overset{1}{\cancel{4}}}{\underset{4}{\cancel{16}}} = 3\dfrac{1}{4}$

→整数のところはいじりません。

(4) $\dfrac{\overset{4}{\cancel{24}}}{\underset{11}{\cancel{66}}} = \dfrac{4}{11}$

→66と24の公約数6でわります。

これでもう、分数の分母や分子は自在に変えることができるようになりました。それでは、次にこれを利用して分数の足し算、引き算を見てみたいと思います。

例) 牛乳が $\frac{1}{3}$ ℓ 入ったビンと、$\frac{1}{4}$ ℓ 入ったビンがあります。あわせて何 ℓ でしょうか。

　式は、

$$\frac{1}{3}+\frac{1}{4}$$

このままでは足せないので、通分して、分母をそろえます。

$$\frac{1\times 4}{3\times 4}=\frac{4}{12} \qquad \frac{1\times 3}{4\times 3}=\frac{3}{12}$$

つまり、

$$\frac{1}{3}+\frac{1}{4}=\frac{1\times 4}{3\times 4}+\frac{1\times 3}{4\times 3}=\frac{4}{12}+\frac{3}{12}=\frac{7}{12}$$

　引き算も同じように、通分して分母を同じ整数にしてから、分子どうしを引きます。
　また、**答えは約分し**、帯分数にできるときは**帯分数にする**のを忘れないようにしてください。
　たとえば、

$$\frac{5}{6}+\frac{1}{2}=\frac{5}{6}+\frac{3}{6}=\frac{\cancel{8}^{4}}{\cancel{6}_{3}}=\frac{4}{3}=1\frac{1}{3}$$

約分する（÷2）　　帯分数にする（4÷3=1あまり1）

**5** ジュースが $\frac{1}{2}$ ℓ 入ったビンと、$\frac{3}{5}$ ℓ 入ったビンがあります。どちらのほうがどれだけたくさん入っているでしょうか。

式 _____
答え _____

**6** とうもろこし畑は $\frac{4}{5}$ a、ナス畑は $\frac{7}{9}$ aです。どちらの畑のほうがどれだけ広いでしょうか。※a→315ページ

式 _____  答え _____

**7** 答えを求めましょう。

(1) $2\frac{5}{6} + 4\frac{2}{3} =$ 

(2) $3\frac{7}{9} + \frac{11}{18} =$ 

(3) $\frac{1}{4} - \frac{1}{5} =$ 

(4) $1\frac{5}{6} - \frac{1}{10} =$ 

(5) $6\frac{1}{3} - 2\frac{1}{2} =$ 

(6) $\frac{3}{4} + \frac{3}{5} - \frac{1}{2} =$ 

(7) $2\frac{7}{8} - 1\frac{2}{3} - \frac{7}{12} =$

● 答え ●

**⑤** 式 $\frac{3}{5} - \frac{1}{2} = \frac{3\times2}{5\times2} - \frac{1\times5}{2\times5} = \frac{6}{10} - \frac{5}{10} = \frac{1}{10}$

答え $\frac{3}{5}\ell$ 入ったビンのほうが $\frac{1}{10}\ell$ 多い。

☞イラストを見ると、しくみがよりわかりやすいのではないでしょうか。どちらを「引かれる数」にするかは、通分して、大きさ比べをしてみてください。ここでは、$\frac{6}{10} > \frac{5}{10}$ なので、$\frac{3}{5}$ を「引かれる数」にします。

**⑥** 式 $\frac{4}{5} - \frac{7}{9} = \frac{4\times9}{5\times9} - \frac{7\times5}{9\times5} = \frac{36}{45} - \frac{35}{45} = \frac{1}{45}$

答え とうもろこしの畑のほうが $\frac{1}{45}a$ 広い。

☞5と9の最小公倍数は45なので、共通な分母は45にします。

**⑦** (1) $2\frac{5}{6} + 4\frac{2}{3} = 2\frac{5}{6} + 4\frac{4}{6} = 6\frac{9}{6} = 6\frac{3}{2} = 7\frac{1}{2}$

(2) $3\frac{7}{9} + \frac{11}{18} = 3\frac{14}{18} + \frac{11}{18} = 3\frac{25}{18} = 4\frac{7}{18}$

(3) $\frac{1}{4} - \frac{1}{5} = \frac{5}{20} - \frac{4}{20} = \frac{1}{20}$

(4) $1\frac{5}{6} - \frac{1}{10} = 1\frac{25}{30} - \frac{3}{30} = 1\frac{22}{30} = 1\frac{11}{15}$

(5) $6\frac{1}{3} - 2\frac{1}{2} = 6\frac{2}{6} - 2\frac{3}{6} = 5\frac{8}{6} - 2\frac{3}{6} = 3\frac{5}{6}$

分子どうしで引けないので帯分数をくずします。

(6) $\frac{3}{4} + \frac{3}{5} - \frac{1}{2} = \frac{15}{20} + \frac{12}{20} - \frac{10}{20} = \frac{17}{20}$

(7) $2\frac{7}{8} - 1\frac{2}{3} - \frac{7}{12} = 2\frac{21}{24} - 1\frac{16}{24} - \frac{14}{24} = 1\frac{5}{24} - \frac{14}{24}$

$= \frac{29}{24} - \frac{14}{24} = \frac{15}{24} = \frac{5}{8}$

帯分数をくずします。

# 分数と小数、分数とわり算

小学生レベル ★★★ 五年生

はじめに、例について考えてみてください。

例） 2ℓのジュースを3人で分けると、1人何ℓになるでしょうか。

式で表すと、2÷3。右の図を見ると、答えは $\frac{2}{3}$ ℓになっています。

つまり、

$$2÷3=\frac{2}{3}$$

ですね。

このように、$a÷b$ の計算では、

$$a÷b=\frac{a}{b}$$

となるのです。

こんなふうに、**整数どうしのわり算の商は、分数で表すことができます**。小数でも表せますが、中には、

$$2÷3=0.666……$$

というように、わり切れない場合もあります。こんなふうにわり切れず、小数ではきちんと表せない商も、分数なら $\frac{2}{3}$ のようにキッチリと表すことができます。

この項では、これまでバラバラに見てきた整数、小数、分数をまとめて見ていきます。それぞれのつながりや互換性、しくみを頭の中でつなげていきましょう。

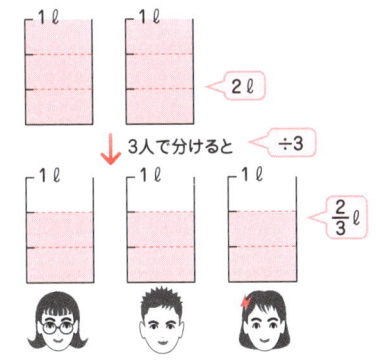

3章●いろいろな数

- **分数→小数や整数で表す**

    分数をわり算の式に直して計算します。
    $\frac{3}{5} = 3 \div 5 = 0.6$

- **整数→分数で表す**

    整数は分母をどんな整数にしても、分数で表せます。

    分母が1　　$2 = 2 \div 1 = \frac{2}{1}$　　　　$3 = 3 \div 1 = \frac{3}{1}$

    分母が2　　$2 = 4 \div 2 = \frac{4}{2}$　　　　$3 = 6 \div 2 = \frac{6}{2}$

- **小数→分数で表す**

    たとえば0.8は0.1が8こ集まったもの。0.1は1を10に分けたうちの1つ、つまり$\frac{1}{10}$なので…、

    $0.8 = \frac{\overset{4}{\cancel{8}}}{\underset{5}{\cancel{10}}} = \frac{4}{5}$

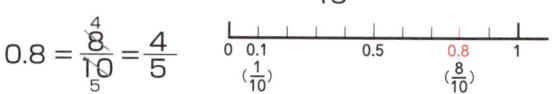

## 1 4mのリボンを5人で分けると、1人何mになりますか。

(1) 式は □ ÷ □ です。

(2) 答えは、分数で表すと、1人 □/□ mです。

(3) 答えは、小数で表すと、1人 □ mです。

## 2 分数は小数に、小数は分数に直しましょう。

(1) $\frac{7}{8} =$ □　　(2) $0.75 =$ □　　(3) $2.4 =$ □

## 3 □に等号、不等号を書きましょう。

(1) $\frac{1}{3}$ □ $0.3$　　(2) $2\frac{3}{7}$ □ $1.8$　　(3) $0.6$ □ $\frac{3}{5}$

### 4 □にあてはまる数を書きましょう（カは仮分数）。

| 分数 | | $\frac{2}{5}$ | イ | $\frac{5}{5}$ | $1\frac{1}{5}$ | エ | オ | | カ |
|---|---|---|---|---|---|---|---|---|---|
| 小数・整数 | 0 | | ア | 0.8 | 1 | ウ | 1.4 | 1.6 | 2 |

答え ア □ イ □ ウ □ エ □ オ □ カ □

### 5 次の答えを分数で表してください。

(1) $0.7 - \frac{5}{9} =$

(2) $2.4 + 3\frac{2}{3} =$

(3) $0.45 - \frac{3}{20} =$

### 6 □にあてはまる数を書きましょう。

(1) 30分は $\frac{\Box}{2}$ 時間、15分は $\frac{1}{\Box}$ 時間です。

(2) $\frac{5}{6}$ 分は □ 秒です。

(3) 30cmは $\frac{\Box}{\Box}$ m、50cmは $\frac{\Box}{\Box}$ mです。

---

分数でも、小数と同じように「何倍」を表すことができます。
たとえば、赤いリボンが4m、青いリボンが3mあるとき、次のようにいえます。

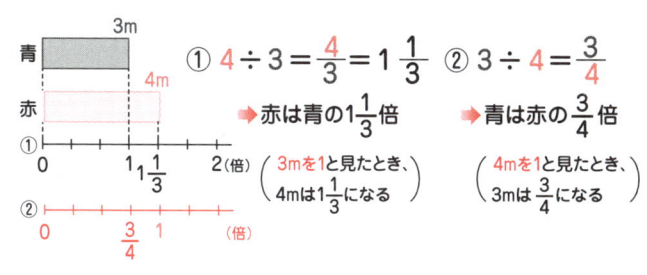

① $4 \div 3 = \frac{4}{3} = 1\frac{1}{3}$　② $3 \div 4 = \frac{3}{4}$

➡赤は青の $1\frac{1}{3}$ 倍　　➡青は赤の $\frac{3}{4}$ 倍

（3mを1と見たとき、4mは $1\frac{1}{3}$ になる）
（4mを1と見たとき、3mは $\frac{3}{4}$ になる）

**7** 12kg、10kg、3kgは、それぞれ4kgの何倍でしょうか。分数、または整数で表しましょう。

12 kg …式 _____  答え _____

10 kg …式 _____  答え _____

3 kg …式 _____  答え _____

---

### 答え

**1** (1) $\boxed{4} \div \boxed{5}$　(2) $\dfrac{\boxed{4}}{\boxed{5}}$ m　(3) $\boxed{0.8}$ m

**2** (1) $\dfrac{7}{8} = 7 \div 8 = \boxed{0.875}$

(2)
$$0.75 = \dfrac{\cancel{75}\,^{\cancel{15}\,^{3}}}{\cancel{100}\,_{\cancel{20}\,_{4}}} = \boxed{\dfrac{3}{4}}$$
①5でわる　②5でわる

(3)
$$2.4 = 2\dfrac{\cancel{4}\,^{2}}{\cancel{10}\,_{5}} = \boxed{2\dfrac{2}{5}}$$

☞ 次のように解くこともできます。

$$2.4 = \dfrac{24}{10} = 2\dfrac{\cancel{4}\,^{2}}{\cancel{10}\,_{5}} = 2\dfrac{2}{5}$$

**3** (1) $\dfrac{1}{3} \boxed{>} 0.3$　☞ $1 \div 3 = 0.333\cdots\cdots$

(2) $2\dfrac{3}{7} \boxed{>} 1.8$　☞ 整数部分を見れば一目瞭然ですね。

(3) $0.6 \boxed{=} \dfrac{3}{5}$　☞ $3 \div 5 = 0.6$

**4** ㋐ 0.4　㋑ $\dfrac{4}{5}$　㋒ 1.2　㋓ $1\dfrac{2}{5}$　㋔ $1\dfrac{3}{5}$　㋕ $\dfrac{10}{5}$

**5** (1) $0.7 - \dfrac{5}{9} = \dfrac{7}{10} - \dfrac{5}{9} = \dfrac{63}{90} - \dfrac{50}{90} = \dfrac{13}{90}$

(2) $2.4 + 3\dfrac{2}{3} = 2\dfrac{\cancel{4}^{\,2}}{\cancel{10}_{\,5}} + 3\dfrac{2}{3} = 2\dfrac{6}{15} + 3\dfrac{10}{15} = 5\dfrac{16}{15} = 6\dfrac{1}{15}$

帯分数にします。

(3) $0.45 - \dfrac{3}{20} = \dfrac{\cancel{45}^{\,9}}{\cancel{100}_{\,20}} - \dfrac{3}{20} = \dfrac{\cancel{6}^{\,3}}{\cancel{20}_{\,10}} = \dfrac{3}{10}$

**6** (1) $\dfrac{\boxed{1}}{2}$ 時間、$\dfrac{1}{\boxed{4}}$ 時間

☞ それぞれ、$30 \div 60$、$15 \div 60$ を分数にし（$\dfrac{30}{60}$、$\dfrac{15}{60}$）、約分します。

時計の絵で見てみましょう。

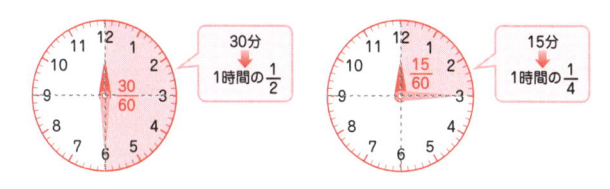

30分 → 1時間の $\dfrac{1}{2}$

15分 → 1時間の $\dfrac{1}{4}$

(2) $\boxed{50}$ 秒

☞ $\dfrac{5}{6}$ 分は、1分を6等分したものの5つ分ですよね。

そこで、$\dfrac{5}{6}$ 分 $= 1$ 分 $\times \dfrac{5}{6} = 60$ 秒 $\times \dfrac{5}{6} = \dfrac{\cancel{60}^{\,10} \times 5}{\cancel{6}} = 50$ 秒

それでは、$\dfrac{2}{3}$ 分は何秒でしょうか。

$\dfrac{2}{3}$ 分 $= 1$ 分 $\times \dfrac{2}{3} = 60$ 秒 $\times \dfrac{2}{3} = \dfrac{\cancel{60}^{\,20} \times 2}{\cancel{3}}$ 秒 $= 40$ 秒

(3) $\dfrac{\boxed{3}}{\boxed{10}}$ m、$\dfrac{\boxed{1}}{2}$ m

**7** 12 kg … 式 $12 \div 4 = \dfrac{12}{4} = 3$ 　　答え　3倍

10 kg … 式 $10 \div 4 = \dfrac{10}{4} = \dfrac{5}{2} = 2\dfrac{1}{2}$ 　　答え $2\dfrac{1}{2}$ 倍

3 kg … 式 $3 \div 4 = \dfrac{3}{4}$ 　　答え　$\dfrac{3}{4}$ 倍

# 分数のかけ算

小学生レベル
★★★
★★★ 六年生

ここまでで、整数と小数については、いわゆる**四則演算**（加法「足し算」、減法「引き算」、乗法「かけ算」、除法「わり算」のこと）をすべて、分数については足し算と引き算を見てきました。

あとは分数のかけ算、わり算を残すのみ。ここではまず、かけ算、次の項でわり算を見ていきましょう。

例1）お菓子を1こ作るのに、牛乳を$\frac{2}{5}$dℓ使います。2こ作るためには、牛乳が何dℓ必要でしょうか。

1こあたり$\frac{2}{5}$dℓ使うのですから、数直線で表すと…、

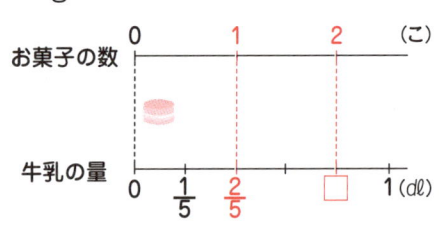

お菓子2こでは、$\frac{2}{5}$dℓが2つ、つまり$\frac{4}{5}$dℓ必要というわけです。

$$\frac{2}{5} \times 2 = \frac{4}{5}$$

分母はそのままで、分子だけにかけるんですね。

$$\frac{b}{a} \times c = \frac{b \times c}{a}$$

分母はそのままで、分子だけに整数をかけます

例2）ロープを$1\frac{1}{4}$mずつ切って、3本作りたいと思います。ロープは何m必要でしょうか。

帯分数のかけ算です。先ほどと同じように、数直線で表してみましょう。

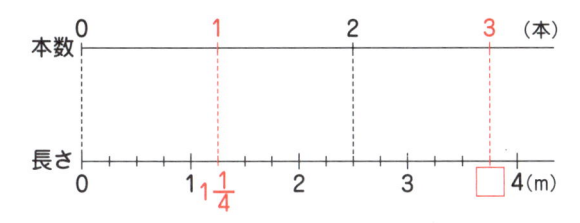

ロープを3本作るためには、$1\frac{1}{4}$が3つ、つまり$3\frac{3}{4}$mが必要になるんですね。

式にして見てみましょう。

$$1\frac{1}{4} \times 3 = 3\frac{3}{4}$$

例3）1dlのペンキで、$\frac{3}{4}$㎡のへいを塗ることができます。ペンキ$\frac{2}{5}$dlでは、何㎡塗れますか。

分数どうしのかけ算です。ややこしいので、まず、$\frac{1}{5}$dlだと、何㎡塗れるかを見てみましょう。

次ページの図のます目で数えてみてください。

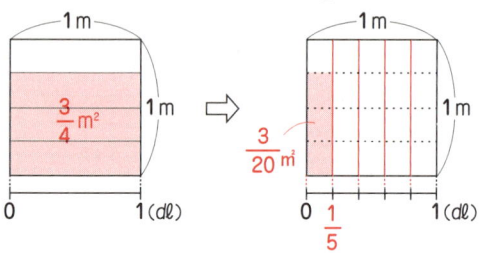

① 1dℓで塗れる面積　② $\frac{1}{5}$ dℓで塗れる面積

つまり、$\frac{1}{5}$ dℓで塗れる面積は $\frac{3}{20}$ ㎡（②のます目は全部で20こあるので）。

また、「□dℓで塗れる面積＝1dℓで塗れる面積×□」ですから、

$\frac{1}{5}$ dℓで塗れる面積 ＝ 1dℓで塗れる面積× $\frac{1}{5}$

$$= \frac{3}{4} \times \frac{1}{5} = \frac{3 \times 1}{4 \times 5}$$

> 図②の赤います目は3×1こ（たてに3つ、横に1つ）
>
> 図②のます目は全部で4×5こ（たてに4つ、横に5つ）

整理すると、分数どうしのかけ算は、

$$\frac{b}{a} \times \frac{d}{c} = \frac{b \times d}{a \times c}$$

> 分子どうしかける
> 分母どうしかける

となるのです。

この方法で問題を解いてみると、

$\frac{2}{5}$ dℓで塗れる面積 ＝ $\frac{3}{4} \times \frac{2}{5} = \frac{3 \times 2}{4 \times 5} = \frac{\cancel{6}^{3}}{\cancel{20}_{10}} = \frac{3}{10}$

> 約分できるときは約分する
> 1dℓで塗れる面積× $\frac{2}{5}$

答えは $\frac{3}{10}$ ㎡です。

また、**帯分数は仮分数に直して計算**します。
たとえば、$1\frac{2}{3}$ d$\ell$で塗れるへいの面積は、

$$\frac{3}{4} \times 1\frac{2}{3} = \frac{3}{4} \times \frac{5}{3} = \frac{3 \times 5}{4 \times 3} = \frac{15}{12} = 1\frac{3}{12} = 1\frac{1}{4}$$

（分母どうし、分子どうしでかける）
（仮分数に直す）
（帯分数にする／約分できるときは約分する）

約分するときは、今のように最後に約分してもいいのですが、次のように**途中で約分すると、もっと簡単**にできます。

$$\frac{3}{4} \times 1\frac{2}{3} = \frac{3 \times 5}{4 \times 3} = \frac{5}{4} = 1\frac{1}{4}$$

また、今見たように、分数のかけ算では、かける数が$\frac{1}{5}$などのように1より小さいと、積はもとの数より小さくなります。反対に、かける数が$1\frac{2}{3}$のように1より大きいと、積はもとの数より大きくなります。

**かける数＞1　→　積＞もとの数（かけられる数）**
**かける数＜1　→　積＜もとの数（かけられる数）**

もうひとつ、分数でおさらいしておきたいのが、**逆数**(ぎゃくすう)。
$\frac{2}{3}$は$\frac{3}{2}$の逆数、$\frac{3}{2}$は$\frac{2}{3}$の逆数です。こんなふうに、
**2つの数の積が1になる**とき、片方の数をもう片方の数の逆数といいます。

**$\frac{b}{a}$の逆数は$\frac{a}{b}$、　$\frac{a}{b}$の逆数は$\frac{b}{a}$**

なお、整数や小数は**いったん分数にしてから**逆数を求めます。

例） $3 \rightarrow \frac{3}{1} \rightarrow$ 逆数は$\frac{1}{3}$ ……$3 \times \frac{1}{3} = 1$
　　$0.1 \rightarrow \frac{1}{10} \rightarrow$ 逆数は$\frac{10}{1}$、つまり10　…$0.1 \times 10 = 1$

六年生
算数 分数のかけ算
算数 分数のわり算

3章●いろいろな数

### ❶ 答えを求めましょう。

(1) $3 \times \dfrac{1}{2} =$  (2) $\dfrac{4}{7} \times \dfrac{2}{3} =$

(3) $\dfrac{5}{12} \times \dfrac{2}{15} =$  (4) $4 \times 1\dfrac{5}{8} =$

(5) $\dfrac{2}{5} \times 3\dfrac{3}{4} =$  (6) $4\dfrac{2}{5} \times 3\dfrac{3}{4} =$

### ❷ 答えを求めましょう。

(1) $\dfrac{3}{4} \times \dfrac{1}{2} \times \dfrac{4}{9} =$

(2) $\dfrac{1}{3} \times 2\dfrac{3}{8} \times \dfrac{8}{9} =$

### ❸ 逆数を求めましょう。

(1) $\dfrac{5}{6} \to \boxed{\phantom{00}}$  (2) $0.4 \to \boxed{\phantom{00}}$

(3) $3 \to \boxed{\phantom{00}}$  (4) $2\dfrac{3}{5} \to \boxed{\phantom{00}}$

--- 答え ---

❶ (1) $3 \times \dfrac{1}{2} = \dfrac{3}{2} = 1\dfrac{1}{2}$  (2) $\dfrac{4}{7} \times \dfrac{2}{3} = \dfrac{4 \times 2}{7 \times 3} = \dfrac{8}{21}$

(3) $\dfrac{5}{12} \times \dfrac{2}{15} = \dfrac{5 \times 2}{12 \times 15} = \dfrac{1}{18}$ 〔約分〕

(4) $4 \times 1\dfrac{5}{8} = 1 \times 4 + \dfrac{5 \times 4}{8} = 4\dfrac{5}{2} = 6\dfrac{1}{2}$ 〔約分〕

(5) $\dfrac{2}{5} \times 3\dfrac{3}{4} = \dfrac{2}{5} \times \dfrac{15}{4} = \dfrac{2 \times 15}{5 \times 4} = \dfrac{3}{2} = 1\dfrac{1}{2}$ 〔仮分数に直す〕〔約分〕

(6) $4\dfrac{2}{5} \times 3\dfrac{3}{4} = \dfrac{22}{5} \times \dfrac{15}{4} = \dfrac{22 \times 15}{5 \times 4} = \dfrac{33}{2} = 16\dfrac{1}{2}$ 〔仮分数に直す〕

**②** (1) $\dfrac{3}{4} \times \dfrac{1}{2} \times \dfrac{4}{9} = \dfrac{\overset{1}{3} \times 1 \times \overset{1}{4}}{\underset{1}{4} \times 2 \times \underset{3}{9}} = \dfrac{1}{6}$

☞ 分母は4×2×9でも2×4×9でも、9×2×4でも同じ数になります。同じく分子も、数の位置を入れかえても同じ数になります。ですから、

$$\dfrac{3}{4} \times \dfrac{1}{2} \times \dfrac{4}{9} = \dfrac{1}{2} \times \dfrac{3}{4} \times \dfrac{4}{9} = \dfrac{4}{9} \times \dfrac{3}{4} \times \dfrac{1}{2}$$

というように、整数と同じく、「数の位置を入れかえても答えは同じ」という決まりがあてはまるのです。分数をa、b、cで表したとき、整数と同じく

① $a \times b = b \times a$
② $(a \times b) \times c = a \times (b \times c)$
③ $a \times (b + c) = a \times b + a \times c$

ということがいえます。

(2) $\dfrac{1}{3} \times 2\dfrac{3}{8} \times \dfrac{8}{9} = \dfrac{1 \times 19 \times \overset{1}{8}}{3 \times \underset{1}{8} \times 9} = \dfrac{19}{27}$

**③** (1) $\dfrac{5}{6} \to \boxed{1\dfrac{1}{5}}$（または$\dfrac{6}{5}$） (2) $0.4 = \dfrac{4}{10} = \dfrac{2}{5} \to \boxed{2\dfrac{1}{2}}$（または$\dfrac{5}{2}$、2.5）

問いが小数なので小数で答えてもOK

(3) $3 \to \boxed{\dfrac{1}{3}}$ (4) $2\dfrac{3}{5} = \dfrac{13}{5} \to \boxed{\dfrac{5}{13}}$

☞ 逆数も、ふつうの分数と同じように、仮分数のときは帯分数で表すようにしたほうがいいでしょう。

# 分数のわり算

小学生レベル
六年生

分数のわり算は一見ややこしそうですが、コツを押さえれば大丈夫！　では、どうぞ。

例1）2dlのペンキで、$\frac{3}{4}$㎡のへいを塗ることができます。1dlでは、何㎡塗れますか。

式は、$\frac{3}{4} \div 2$ですね。
どう計算するのでしょうか。まずは図にしてみましょう。

① 2dlで塗れる面積

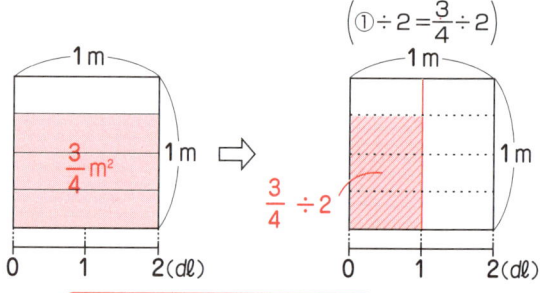

② 1dlで塗れる面積
$\left(① \div 2 = \frac{3}{4} \div 2\right)$

たてに4ます、横に2ますある（図②）

▨は$\frac{1}{4 \times 2}$㎡です。そして、1dlで塗れる面積は▨の3つ分、つまり$\frac{1}{4 \times 2} \times 3$㎡です。

これを式で表すと、1dlで塗れる面積は、

$$\frac{3}{4} \div 2 = \frac{1}{4 \times 2} \times 3 = \frac{3}{8}$$

つまり、

$$\frac{b}{a} \div c = \frac{b}{a \times c}$$

分母だけに整数をかけます

となるのです。

次に、「分数÷分数」のやり方を見てみましょう。

例2） $\frac{2}{3}$ dℓのペンキで、$\frac{3}{4}$ ㎡のへいを塗ることができます。
1 dℓでは、何㎡塗れますか。

式はもちろん、次のようになります。
$$\frac{3}{4} \div \frac{2}{3}$$
まず、$\frac{1}{3}$ dℓで塗れる面積を考えると、$\frac{1}{3}$ dℓは $\frac{2}{3}$ dℓの半分なので、塗れる面積も $\frac{3}{4}$ ㎡の半分。
そこで、
$$\frac{1}{3} \text{dℓで塗れる面積} = \frac{3}{4} \div 2 = \frac{3}{8}$$ ← 下の②の図を見てください

$$1 \text{dℓで塗れる面積} = \frac{1}{3} \text{dℓで塗れる面積} \times 3$$
$$= \frac{3}{8} \times 3$$
$$= \frac{9}{8} = 1\frac{1}{8}$$

① $\frac{2}{3}$ dℓで $\frac{3}{4}$ ㎡塗れる　　② $\frac{1}{3}$ dℓでは $\frac{3}{8}$ ㎡塗れる　　③ 1 dℓで塗れるのは $\frac{9}{8}$ ㎡
　　　　　　　　　　　　　（①÷2）　　　　　　　　（②×3）

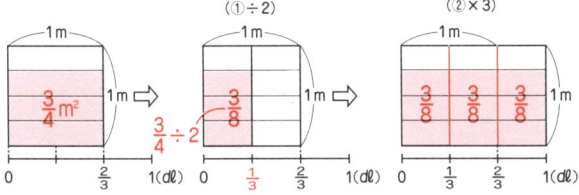

つまり、
$$1 \text{dℓで塗れる面積} = \frac{3}{4} \div \frac{2}{3}$$
　　　　　　　　　　　　$\frac{1}{3}$ dℓで塗れる面積
$$= \frac{3}{4} \div 2 \times 3$$
$$= \frac{3}{4 \times 2} \times 3$$
②の図で、たてに4ます、横に2ますある
$$= \frac{3 \times 3}{8} = \frac{9}{8} = 1\frac{1}{8}$$

分数どうしのわり算は次のようにまとめることができます。

> わる数の分母と分子を入れかえて、かけます

$$\frac{b}{a} \div \frac{d}{c} = \frac{b}{a} \times \frac{c}{d} = \frac{b \times c}{a \times d}$$

$\frac{d}{c}$の逆数

**「わる数の逆数をかける」**とも言えます。また、かけ算と同じように、**帯分数は仮分数に直して計算**します。途中で約分すると、計算が簡単になるのも、かけ算と同じです。

例3) $\frac{1}{2}$ mの重さが500gの青い棒と、$1\frac{1}{4}$ mの重さが500gの赤い棒があります。1mの重さを比べましょう。

青い棒 … $500 \div \frac{1}{2} = 500 \times \frac{2}{1} = 1000$

赤い棒 … $500 \div 1\frac{1}{4} = 500 \div \frac{5}{4}$

$= 500 \times \frac{4}{5} = \frac{\overset{100}{\cancel{500}} \times 4}{\underset{1}{\cancel{5}}}$

$= 400$

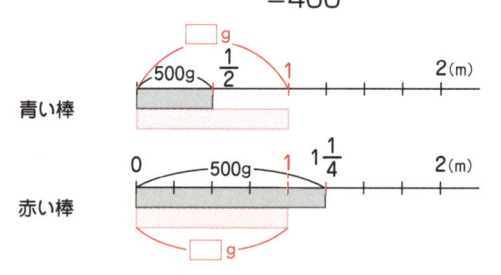

ここから、

**わる数>1  →  商<もとの数（わられる数）**
**わる数<1  →  商>もとの数（わられる数）**

と、わかります。かけ算（→243ページ）と反対ですね。

**1** 次の答えを求めましょう。

(1) $\dfrac{5}{6} \div 2 =$

(2) $1\dfrac{3}{5} \div 8 =$

(3) $\dfrac{4}{9} \div \dfrac{2}{3} =$

(4) $3 \div \dfrac{1}{3} =$

(5) $1\dfrac{5}{6} \div 2\dfrac{1}{2} =$

**2** 次の答えを求めましょう。

(1) $\dfrac{1}{4} \times 5 \div \dfrac{2}{5} =$

(2) $1\dfrac{1}{3} \times \dfrac{2}{5} \div 2\dfrac{2}{3} =$

> 次のように小数や整数が混じっているものは、みんな分数に直してから計算しましょう。

**3** 次の答えを求めましょう。

(1) $\dfrac{3}{5} \times 0.5 =$ 　　(2) $\dfrac{6}{7} \div 1.5 =$

(3) $3.75 \div 2\dfrac{1}{2} \times 4 =$

**4** □にあてはまる不等号を書きましょう。

(1) $2 \times \dfrac{1}{4}\ \square\ 2$ 　　(2) $5 \div \dfrac{3}{5}\ \square\ 5 \div 1$

(3) $\dfrac{2}{3} \times 1\dfrac{1}{4}\ \square\ \dfrac{2}{3} \times \dfrac{3}{4}$

(4) $2\dfrac{5}{7} \div 3\dfrac{3}{4}\ \square\ 2\dfrac{5}{7} \div 3$

**5** いちろうさんはジュースを200mℓ飲みました。つよしさんはその$1\frac{3}{5}$倍、まちこさんは180mℓ飲みました。

(1) つよしさんは何mℓ飲みましたか。

式 _____ 答え _____

(2) まちこさんが飲んだ量は、いちろうさんが飲んだ分のどれだけですか。分数で表しましょう。

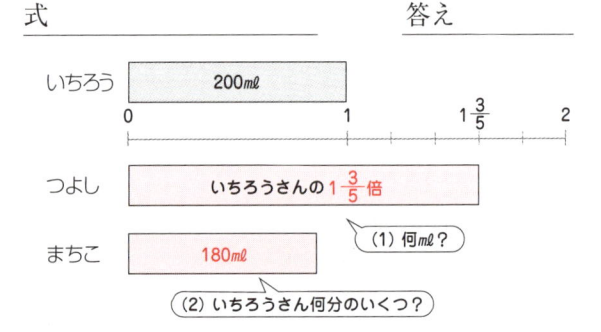

式 _____ 答え _____

| いちろう | 200mℓ |
|---|---|

0　　　　　　　1　　$1\frac{3}{5}$　　2

つよし　いちろうさんの$1\frac{3}{5}$倍

まちこ　180mℓ

(1) 何mℓ？

(2) いちろうさん何分のいくつ？

**6** 新聞をたばねるのに、ひもを$\frac{4}{5}$m使いました。これは、雑誌をたばねるのに使ったひもの長さの$\frac{2}{3}$にあたります。雑誌をたばねるのに使ったひもの長さを$x$mとして、$x$を求めましょう。

式 _____ 答え _____

新聞のひも　$\frac{4}{5}$m

0　　　$\frac{2}{3}$　　1

雑誌のひも　$x$m

## 答え

① (1) $\dfrac{5}{6} \div 2 = \dfrac{5}{6} \times \dfrac{1}{2} = \dfrac{5 \times 1}{6 \times 2} = \dfrac{5}{12}$

　　　　逆数をかけます

(2) $1\dfrac{3}{5} \div 8 = \dfrac{8}{5} \times \dfrac{1}{8} = \dfrac{\overset{1}{8} \times 1}{5 \times \underset{1}{8}} = \dfrac{1}{5}$

計算の途中で約分できるものは約分します

(3) $\dfrac{4}{9} \div \dfrac{2}{3} = \dfrac{4}{9} \times \dfrac{3}{2} = \dfrac{\overset{2}{4} \times \overset{1}{3}}{\underset{3}{9} \times \underset{1}{2}} = \dfrac{2}{3}$　　(4) $3 \div \dfrac{1}{3} = 3 \times 3 = 9$

　　　　　　帯分数は仮分数に直しましょう　　　　　$\dfrac{1}{3}$の逆数は9

(5) $1\dfrac{5}{6} \div 2\dfrac{1}{2} = \dfrac{11}{6} \div \dfrac{5}{2} = \dfrac{11}{6} \times \dfrac{2}{5} = \dfrac{11 \times \overset{1}{2}}{\underset{3}{6} \times 5} = \dfrac{11}{15}$

② (1) $\dfrac{1}{4} \times 5 \div \dfrac{2}{5} = \dfrac{1 \times 5 \times 5}{4 \times 2} = \dfrac{25}{8} = 3\dfrac{1}{8}$

　　　　　　　逆数をかけます

(2) $1\dfrac{1}{3} \times \dfrac{2}{5} \div 2\dfrac{2}{3} = \dfrac{4}{3} \times \dfrac{2}{5} \times \dfrac{3}{8} = \dfrac{\overset{1}{4} \times \overset{1}{2} \times \overset{1}{3}}{\underset{1}{3} \times 5 \times \underset{1}{8}} = \dfrac{1}{5}$

仮分数にします　仮分数にして、逆数にします　　　　　約分

③ (1) $\dfrac{3}{5} \times 0.5 = \dfrac{3 \times \overset{1}{5}}{\underset{1}{5} \times 10} = \dfrac{3}{10}$

(2) $\dfrac{6}{7} \div 1.5 = \dfrac{6}{7} \div \dfrac{15}{10} = \dfrac{\overset{2}{6} \times \overset{2}{10}}{7 \times \underset{1}{15}\underset{5}{}} = \dfrac{4}{7}$

(3) $3.75 \div 2\dfrac{1}{2} \times 4 = \dfrac{375}{100} \div \dfrac{5}{2} \times 4 = \dfrac{375 \times 2 \times 4}{100 \times 5} = \dfrac{3 \times 2}{1} = 6$

25で約分　　　25で約分

④ (1) $2 \times \dfrac{1}{4}\ \boxed{<}\ 2$　　(2) $5 \div \dfrac{3}{5}\ \boxed{>}\ 5 \div 1$

☞かける数が1より小さい　　☞わる数が1より小さいと
とき、積はもとの数より　　　き、商はもとの数より大
小さくなります。　　　　　　きくなります。

$2 \times \dfrac{1}{4} = \dfrac{\overset{1}{2}}{\underset{1}{4}} = \dfrac{1}{2}$　　　$5 \div \dfrac{3}{5} = 5 \times \dfrac{5}{3} = \dfrac{25}{3} = 8\dfrac{1}{3}$

六年生　分数のかけ算　分数のわり算

3章●いろいろな数

(3) $\dfrac{2}{3} \times 1\dfrac{1}{4} \boxed{>} \dfrac{2}{3} \times \dfrac{3}{4}$

☞右側は、かける数<1なので $\dfrac{2}{3}$ より小さく、左側はかける数>1なので、$\dfrac{2}{3}$ より大きい数です。

(4) $2\dfrac{5}{7} \div 3\dfrac{3}{4} \boxed{<} 2\dfrac{5}{7} \div 3$

☞わる数が1より大きいとき、わる数が大きくなるほど、商は小さくなります。

**⑤** (1) 式 $200 \times 1\dfrac{3}{5} = 200 \times \dfrac{8}{5} = \dfrac{\overset{40}{\cancel{200}} \times 8}{\underset{1}{\cancel{5}}} = 320$

答え 320mℓ

(2) 式 $180 \div 200 = \dfrac{\overset{9}{\cancel{180}}}{\underset{10}{\cancel{200}}} = \dfrac{9}{10}$

答え $\dfrac{9}{10}$ にあたる

**⑥** 式 $\underset{\text{雑誌のひもの長さ}}{x} \times \dfrac{2}{3} = \underset{\text{新聞のひもの長さ}}{\dfrac{4}{5}}$

$x = \dfrac{4}{5} \div \dfrac{2}{3} = \dfrac{4}{5} \times \dfrac{3}{2} = \dfrac{\overset{2}{\cancel{4}} \times 3}{5 \times \underset{1}{\cancel{2}}} = \dfrac{6}{5} = 1\dfrac{1}{5}$

答え $1\dfrac{1}{5}$ m

☞雑誌をたばねるのに使ったひもの長さを $x$ mとすると、$x$ の $\dfrac{2}{3}$ が $\dfrac{4}{5}$ mというわけです。そこで、$x \times \dfrac{2}{3} = \dfrac{4}{5}$ という式が出てきますよね。

分数の問題なので、一見ややこしそうに感じるのですが、もし、「新聞をたばねるのに使ったひもの長さは10m。10mは $x$ の2倍にあたる」という問題だったら、$x \times 2 = 10$ という式がパッと浮かびますね。実はとてもシンプルな問題なのです。

## 4章

# 図形

一見とっつきにくい図形問題も、
久しぶりにやってみると、
パズルっぽくて意外なほど面白いもの。
いつのまにか固くなってしまった（？）
頭の筋肉がほぐれていくのが
実感できると思いますヨ。

# 形作り

小学生レベル
★☆☆
一年生
☆☆☆

1年生では、小さな三角形の板（パネル）を使い、楽しみながら図形に親しんでいきます。
ここでは、実際の問題を一部、大人向けに少しアレンジしています。

**1** 次の図形は、4つの同じ形をした三角形でできています。線を引いて、4つの三角形に分けましょう。

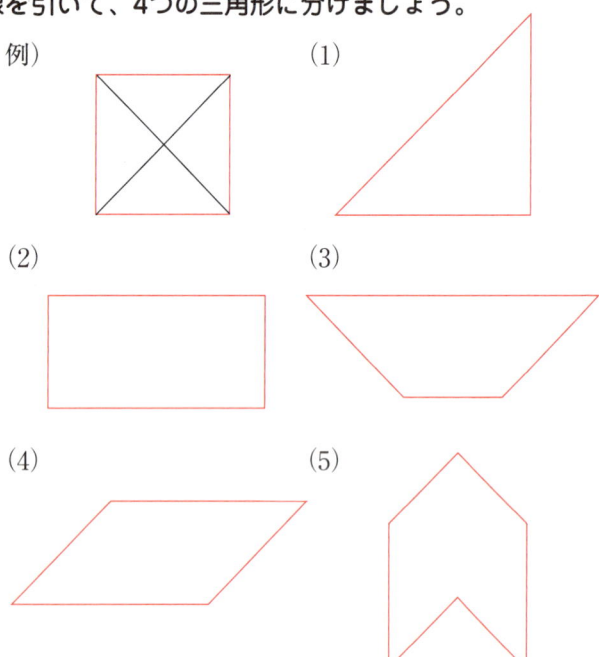

例）　　　　　　　　（1）

（2）　　　　　　　　（3）

（4）　　　　　　　　（5）

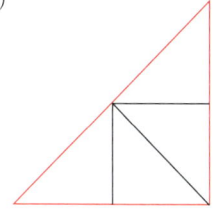

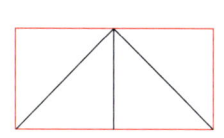

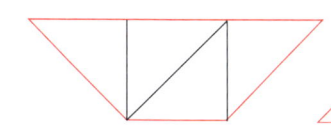

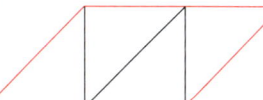

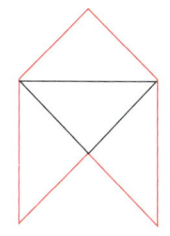

**答え**

**①** (1) (2)

(3) (4)

(5)

一年生　形作り

# 三角形と四角形

小学生レベル
二年生

まっすぐな線を **直線** といいます。

3本の直線で囲まれた形を **三角形** といいます。

4本の直線で囲まれた形を **四角形** といいます。

**1** 三角形、四角形を見つけましょう。

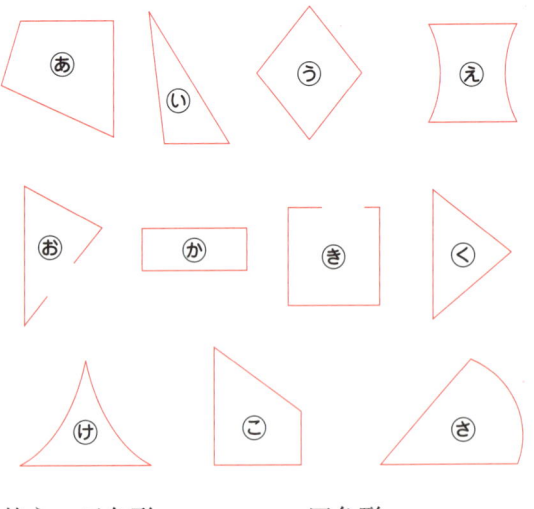

答え　三角形　　　　　四角形

● 答え ●

① 三角形 ⓘ、ⓚ　　四角形 ⓐ、ⓒ、ⓕ、ⓙ

☞ ⓔ、ⓗ、ⓢは「直線で囲まれた形」ではないので、四角形や三角形ではありません。ⓞとⓖは、直線が途切れてしまっていますから（「直線で囲まれた形」ではないから）、四角形や三角形ではありません。

---

三角形や四角形の直線のところを**辺**、かどの点を**頂点**といいます。

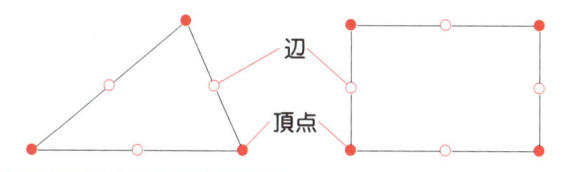

辺
頂点

---

② (1) 三角形には、辺と頂点がそれぞれいくつありますか。

答え　辺　　　頂点

(2) 四角形には、辺と頂点がそれぞれいくつありますか。

答え　辺　　　頂点

③ **三角形の紙を2つに切って、次の形を作りましょう。**

(1) 2つの三角形
(2) 三角形と四角形

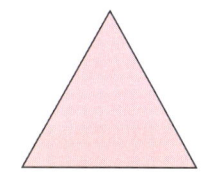

4章●図形

**❹ 四角形の紙を2つに切って、次の形を作りましょう。**

(1) 2つの三角形
(2) 2つの四角形
(3) 三角形と四角形

---
● 答え ●

**②** (1) 辺3　頂点3　　(2) 辺4　頂点4

☞三角形は、辺も頂点も3つずつ、四角形は辺も頂点も4つずつです。五角形なら5つずつ、六角形なら6つずつ…となります。

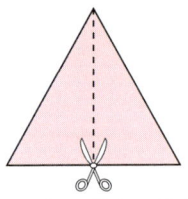

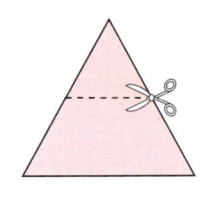

**③** (1)　　　　　　　　(2)

☞3つある頂点のうち、ある1つの頂点から直線を辺まで引きます。どの頂点からでもOKです。

☞ある辺から別の辺に直線を引きます。直線はどの辺から引いてもかまいません。

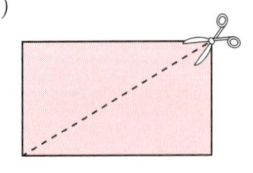

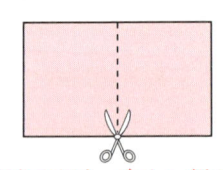

**④** (1)　　　　　　　　(2)

☞ある頂点と、向かい側の頂点を直線で結びます。どの頂点から引いてもかまいません。

☞ある辺と、向かい側の辺を直線で結びます。どの辺から引いてもかまいません。

(3)

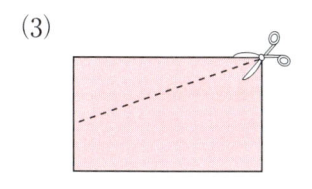

☞ある頂点と、辺を直線で
結びます。

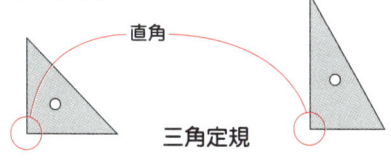

次のような角を**直角**といいます。三角定規の角も直角になっているんですね。

直角

三角定規

直角は、次のように、紙を使っても、簡単に作ることができます。

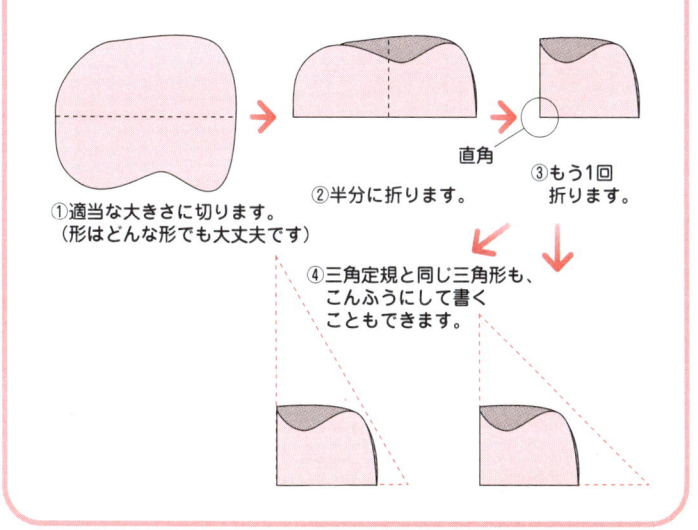

①適当な大きさに切ります。
（形はどんな形でも大丈夫です）

②半分に折ります。

③もう1回折ります。

直角

④三角定規と同じ三角形も、
こんふうにして書く
こともできます。

二年生

三角形と四角形

箱の形

4章●図形

**4つの角がどれも直角**である四角形を**長方形**といいます。
長方形は**向かい合っている辺の長さが同じ**になっています。

**4つの角がどれも直角で、4つの辺の長さがみな同じ**四角形を**正方形**といいます。

**5** 方眼紙に次の形を書きましょう。

(1) 1cmの辺と、2cmの辺がある三角形

(2) たて3cm、よこ4cmの長方形

(3) 1つの辺が2cmの正方形

●─────────── 答え ●───────────

⑤

(1) (2) (3)

---

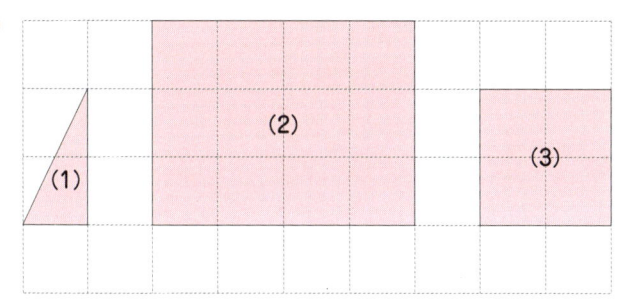

正方形や長方形の紙を下のように切ると、三角形ができますね。できた三角形は、どこの角が直角になっているでしょうか。

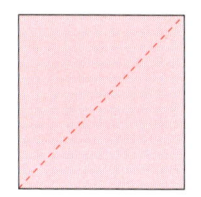

右のように、**直角の角がある三角形**を**直角三角形**といいます。

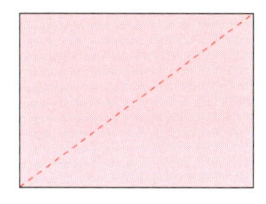

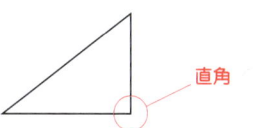

直角

---

**6** 直角三角形はどれでしょうか。

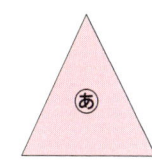

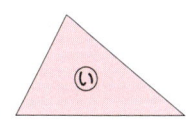

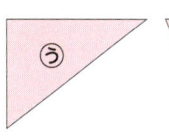

あ　い　う　え

答え _____

**7** 次の形は何という形でしょうか。

(1) 3本の直線で囲まれた形　　　答え＿＿＿＿＿

(2) 4本の直線で囲まれた形　　　答え＿＿＿＿＿

(3) 直角の角がある三角形　　　　答え＿＿＿＿＿

(4) どの角もみな直角で、向かい合っている辺の長さが同じ四角形　答え＿＿＿＿＿

(5) どの角もみな直角で、辺の長さがみな同じ四角形　答え＿＿＿＿＿

**8** 正方形の紙を右のように切りました。この4枚の三角形全部を使って次の形を作りましょう。

(1) 長方形
(2) 直角三角形
(3) 四角形

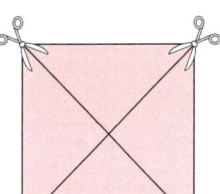

● ━━━━━━● 答え ●━━━━━━ ●

**6** う

**7** (1) 三角形　(2) 四角形　(3) 直角三角形
　　(4) 長方形　(5) 正方形

**8** (1) (2) 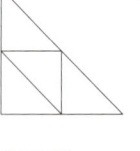 (3)

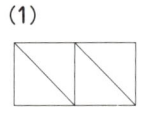

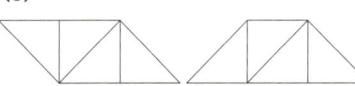

☞(3) はいろいろ考えられますね。(1)や、もともとの正方形も、もちろん四角形です。

# 箱の形
（展開図）

小学生レベル
二年生

「展開図」という言葉を覚えていらっしゃいますか。箱などを開いたときにできる図です。

2年生では、「展開図」という言葉を使わずに、その基本を見ていきます。

次の箱を切り開くと、どんな形になるでしょうか。

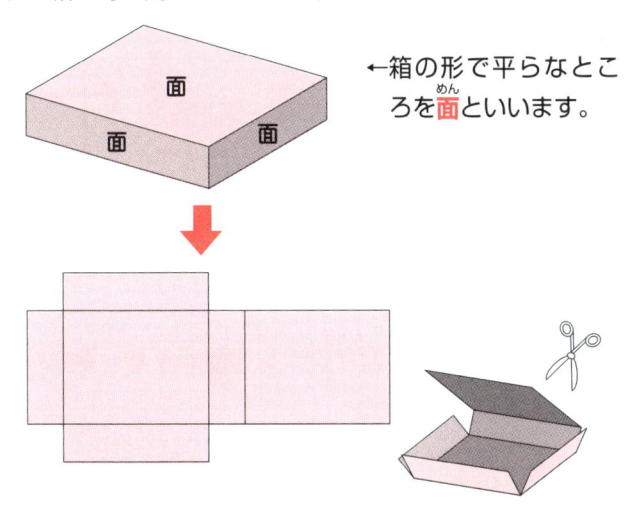

←箱の形で平らなところを面といいます。

どの面とどの面が向かい合っていたのでしょうか。しるしをつけてみましょう。

棒と粘土の玉を使って箱の形を作ると、こんなふうになります。

粘土の玉の部分を**頂点**、棒の部分を**辺**といいます。

棒の数と、粘土の玉の数を数えてみてください。

棒（辺）の数は12本。向かい合っているものはどれも同じ長さになっています。

粘土の玉（頂点）は8つですね。

また、サイコロのような形は、どの面も正方形です。辺や頂点の数は上と同じですが、辺の長さがみな同じになっているのが特ちょうですね。

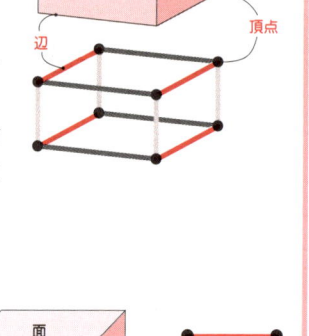

**1** サイコロの形には面がいくつありますか。また、面はどんな形でしょうか。

答え _____

② ❶のサイコロを切り開くと、次のような形になります。この図を見ながら、次の質問に答えましょう。

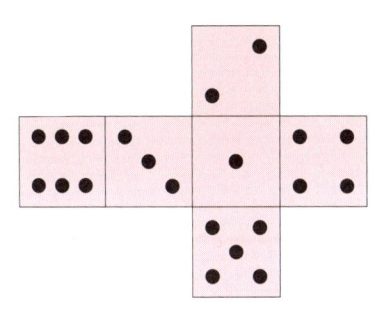

(1) ⸬と向かい合っている面は、どれでしょうか。下の図から選び、○で囲みましょう。

答え　⸱　⸱⸱　⸫　⸬　⸭　⸬⸬

(2) ⸫と向かい合っている面は、どれでしょうか。下の図から選び、○で囲みましょう。

答え　⸱　⸱⸱　⸫　⸬　⸭　⸬⸬

③ どんな形の面がいくつあるでしょうか。「たて□cm、横□cmの長方形が3こ」のように答えましょう。また、何cmの辺がいくつあるでしょうか。

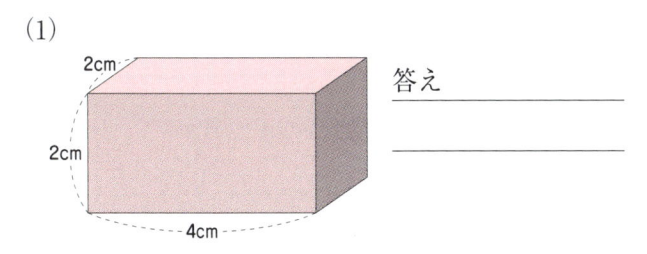

(1)

答え _____
_____

(2)

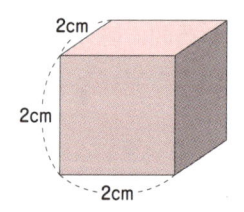

2cm
2cm
2cm

答え _____

_____

---

● 答え ●

① 6つ、正方形

② (1)  ⁚⁚  (2)  ∴

☞ サイコロは向かい合う面の数と数を足すと、答えが必ず7になるように作られています。

また、立体の展開図は1とおりではありません。たとえば、この場合も、次のような展開図にもできます。

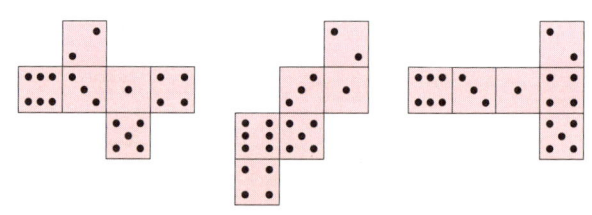

③ (1) たて2cm、横2cmの正方形が2こ、たて2cm、横4cmの長方形が4こ。2cmの辺が8つ、4cmの辺が4つ。

(2) たて2cm、横2cmの正方形が6こ。2cmの辺が12こ。

# 円と球

小学生レベル ★★★三年生

3年生くらいから、本格的に図形を学んでいきます。まず最初は「円」と「球（きゅう）」です。

次のアの点から、10cm離れたところに・をたくさん書くと、どんな形になるでしょうか。

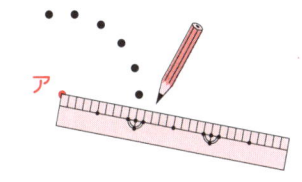

こんなふうに、**1つの点からの長さが同じである、まるい形**を**円**といいます。

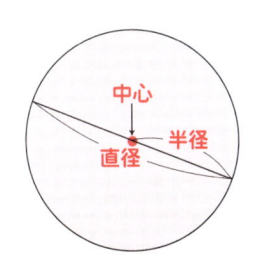

そして、その1つの点を円の**中心**、中心から円のまわりまで引いた直線を**半径**といいます。

1つの円では、**半径はみんな同じ長さ**です。

また、円の中心を通って、円のまわりからまわりまで引いた直線を**直径**といいます。1つの円では、**直径の長さは半径の2倍**です。

コンパスを使うと、簡単に円を書くことができます。

**①** 直径が10cmの円の半径は何cmでしょうか。

答え _____

**②** 円の中に引いた直線のうち、いちばん長いものはどれでしょうか。

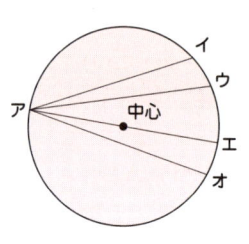

答え _____

**③** たからものは、どの木の根もとにうまっているでしょうか。コンパスを使って見つけましょう。

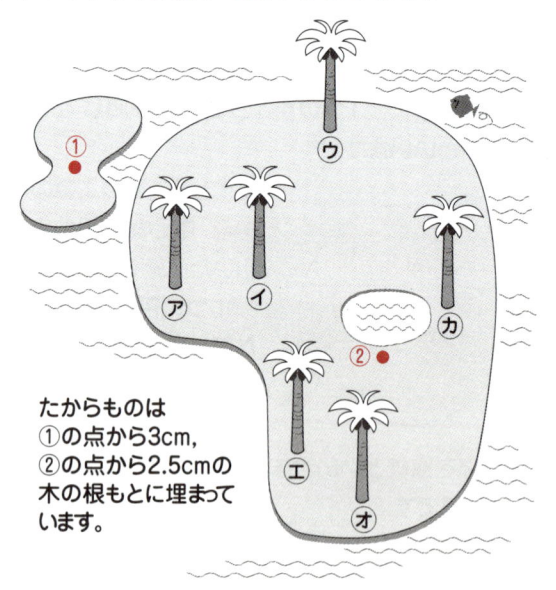

たからものは
①の点から3cm、
②の点から2.5cmの木の根もとに埋まっています。

答え _____

● 答え ●

① 5cm　☞半径は直径の半分。10cm÷2＝5cm。

② 直線アエ　☞円の中心を通る直線、つまり直径がいちばん長くなります。これはどんな円でも同じです。

③ ㋑

☞①にコンパスの芯をおいて3cmの円を書き、次に②にコンパスの芯をおいて2.5cmの円を書きます。この交わった部分が、たからものがうまっている場所です。

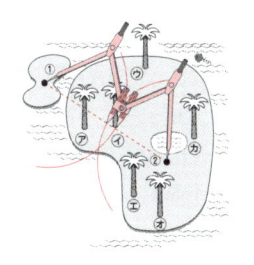

コンパスはこんなふうに、距離をはかるのに使っても便利なんですね。

たとえば地図を開いて、家から半径5km以内をマークしたいときも、自宅の位置にコンパスの芯をおいて円を書けばすぐにわかります。円には「**1つの点からの長さが同じ、まるい形**」という性質があるからこそ、コンパスをこんなふうにも使えるというわけです。

〈コンパスの利用法〉

①直線を同じ間隔に区切る。

②ものさしを使わずに、直線の長さを比べる。

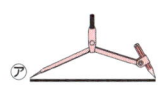

コンパスを開いたまま、もうひとつの直線にあてる。

㋐よりも短い！

次は、球です。

ボールのような形で、どこから見ても、必ず円に見える形を**球**といいます。

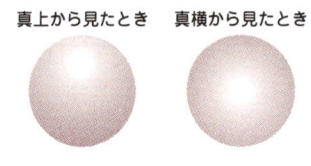

真上から見たとき　真横から見たとき

球を切ると、どんな形になるでしょうか。

球は、どこを切っても、必ず円の形をしています。そして、球をちょうど半分に切ったとき、切り口の円の中心、半径、直径を、それぞれこの球の**中心**、**半径**、**直径**といいます。

直径、半径は、いちいち球を輪切りにしなくてもわかる方法があります。

下の絵のように球を固定して、高さか横の長さをはかればよいのです。そして、この半分が半径です。

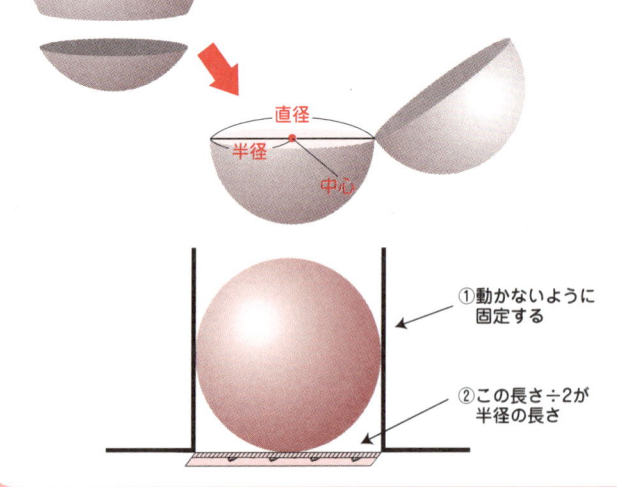

直径
半径
中心

①動かないように固定する

②この長さ÷2が半径の長さ

### 5 □にあてはまる言葉を書き入れましょう。

(1) □は、円の中心を通り、円のまわりからまわりまで引いた直線です。

(2) □の長さは直径の半分です。

(3) 直径が10cmの球の半径は□cmです。

(4) 球は、どこを切っても、切り口の形は□です。

### 6 右のように、カゴに同じ大きさのボールが8こ入っています。

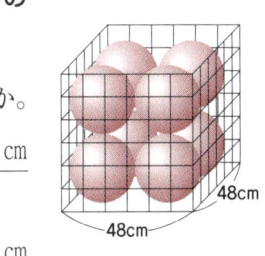

(1) ボールの直径は何cmですか。

答え ___ cm

(2) 半径は何cmですか。

答え ___ cm

---

● 答え ●

⑤ (1) 直径　(2) 半径　(3) 5　(4) 円

⑥ (1) 24cm　(2) 12cm

☞ 48cmの半分が、ボール1この直径の長さです。48÷2＝24です。また、その半分が半径の長さですから、24÷2＝12です。

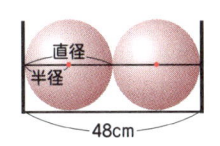

# 三角形

小学生レベル
★ ★ ★
三年生
★ ★ ★

　三角形は図形問題のかなめ。三角形がわかると、図形問題はけっこう得意になるようです。

　2つの辺の長さが同じ三角形を**二等辺三角形**、3つの辺の長さが同じ三角形を**正三角形**といいます。

　二等辺三角形や正三角形はコンパスを使うと、簡単に書くことができます。

●二等辺三角形

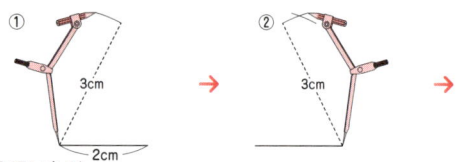

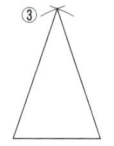

●正三角形

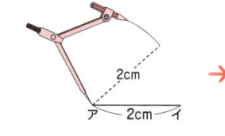

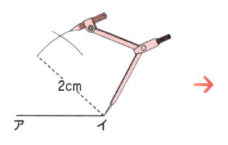

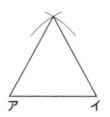

　また、半径は長さがみな同じという円の性質を利用して、円を使って二等辺三角形や正三角形を書くこともできます（①②③の順で直線を引く）。

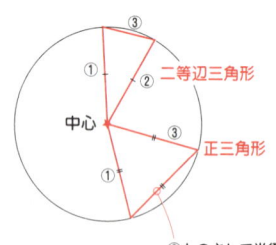

②ものさしで半径と同じ長さの直線を引く

1つの点から出ている2つの辺が作る形を**角**といいます。

三角形には、角が3つあります。

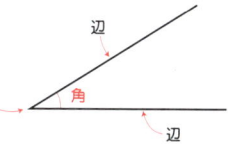

二等辺三角形では、**2つの角の大きさが同じ**です。
正三角形では、**3つの角の大きさが同じ**です。

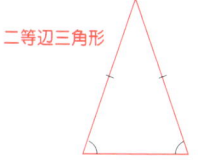

角の大きさは、辺の長さが変わっても、変わりません。角の大きさは、**辺の開き具合**で決まるのです。

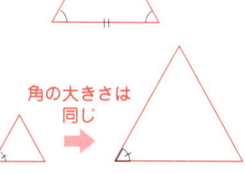

**❶ 三角定規について、□にあてはまる言葉を書き入れましょう。**

(1) 直角になっている角はウと□です。

(2) いちばん小さい角は□、いちばん大きい角は□と□です。

(3) アと□は同じ大きさの角です。

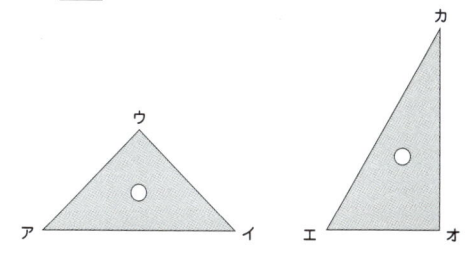

**2** 三角定規を並べてできた形について答えましょう。

(1) 右の三角形を [ ] とい
い、3つの [ ] の長さと、3つ
の [ ] の大きさが同じです。

(2) 右の三角形を [ ] とい
い、2つの [ ] の長さと、2つ
の [ ] の大きさが同じです。

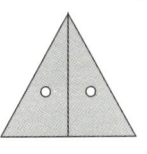

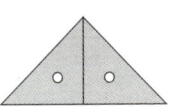

**3** ア、イ、ウは円の中心です。

(1) ア、イ、エの点をつなぐと、
どんな三角形ができますか。

答え _____

(2) ア、ウ、エの点をつなぐと、
どんな三角形ができますか。

答え _____

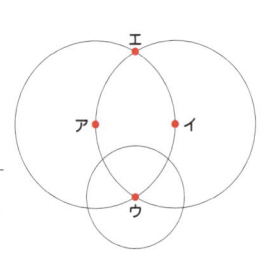

**4** 赤い三角形は正三角形、灰色は二等辺三角形です。アからウまでの長さは何cmでしょうか。

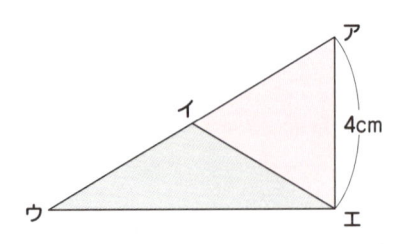

答え _____

## 答え

① (1) オ　　(2) カ、ウ、オ　　(3) イ

☞ 三角形アイウは二等辺三角形で、角の大きさは下のようになっています（ただし、3年生ではここまでやりません）。三角形アイウも、三角形エオカも、直角三角形です。

② (1) 正三角形、辺、角
　 (2) 二等辺三角形、辺、角

☞ 辺の長さだけではわかりにくいときは、角の大きさも見るといいでしょう。

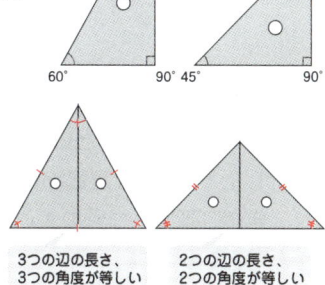

　(1) は正三角形についてですが、たとえば、6つの辺の長さが同じで、6つの角が同じ大きさの形は**正六角形**といいます。8つの辺の長さと、8つの角が同じ大きさなら、**正八角形**。それでは、4つの辺の長さと、4つの角の大きさが同じだったら？　そう、正方形です。

③ (1) 正三角形　　(2) 二等辺三角形

☞ 半径はみな同じ長さなので、こうなります。

④ 8cm

☞ ‖ をつけた辺は全部同じ長さ（4cm）なので、答えは8cm。

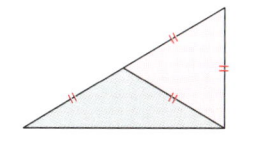

# 角

**小学生レベル**
四年生

分度器を覚えていらっしゃいますか。角（→273ページ）は、分度器を使って、大きさをはかることができます。

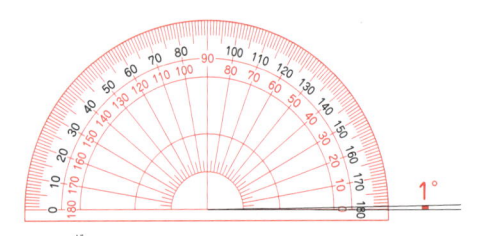

角の大きさは**度**という単位で表します。直角を90に等分した1つ分を**1度**といい、**1°**と書きます。

また、直角1つ分の大きさを**1直角**といいい、2つ分を**2直角**といいます。

**1直角＝90°**

角の大きさを**角度**ともいい、たとえば次のような角度があります。

**半回転の角度…2直角＝180°**

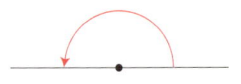

**1回転の角度…4直角＝360°**

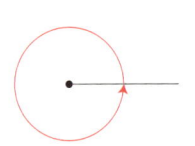

分度器の使い方を見てみましょう。

例）分度器で、**あ**の角度をはかりましょう。

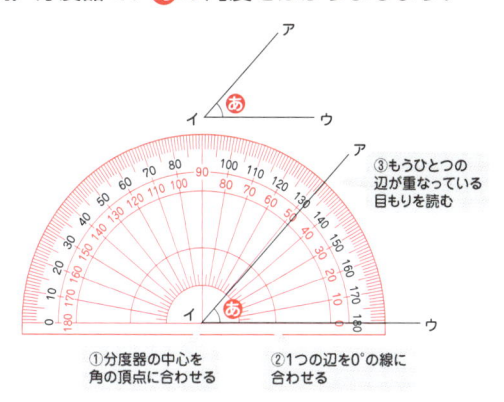

分度器の目もりを読む（③）ときは、0°の線を合わせたほうの目もりを読みます。そこで、答えは48°。

また、分度器を使って、角を書くこともできます。
たとえば、40°の角を書いてみましょう。

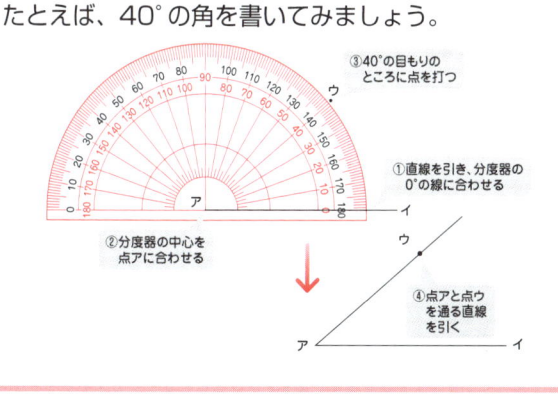

## 1 **あ**の角度を分度器ではかる方法を考えましょう。

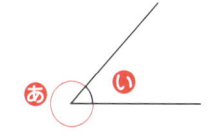

答え ▢ の角度をはかり、
▢ °から、その角度を引く。

4章●図形 277

**2** 分度器を使わずに、次の角度を求めましょう。

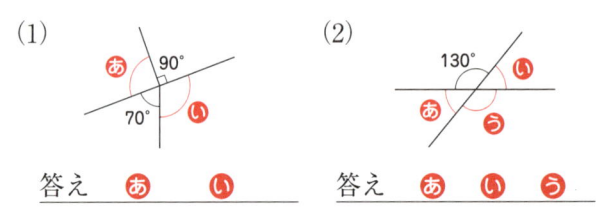

(1) あ 90° 70° い

(2) 130° い あ う

答え あ＿＿＿ い＿＿＿　　答え あ＿＿＿ い＿＿＿ う＿＿＿

**3** 三角定規を下のように組み合わせました。あ、いの角度は何度でしょうか。□に書き入れましょう。

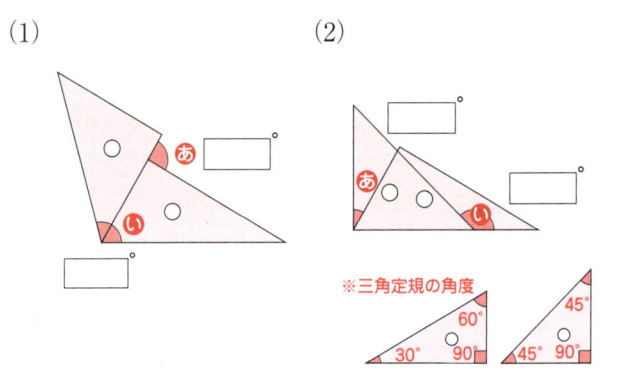

(1) あ　い

(2) あ　い

※三角定規の角度
60° 30° 90°
45° 45° 90°

分度器を持っている方は、**4**は実際に分度器ではかってみてください。

**4** あ、い、うの角度をはかり、□に書き入れましょう。

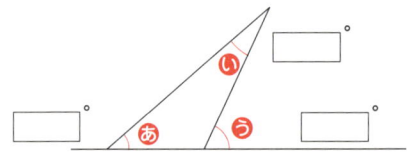

● 答え ●

① ⓘの角度をはかり、360°から、その角度を引く。

☞ あの角度はふつうの分度器でははかれません。そこで、まず、ⓘをはかります。1回転の角は360°なので、「360°−ⓘの角度＝あの角度」です。

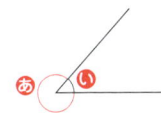

実際にはかってみると、ⓘは45°。

あの角度 = 360°− 45°= 315°

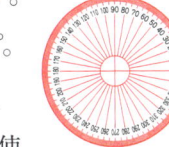

なお、右のような全円分度器を使うと、こんな場合でも角度をはかることができます。

② (1) あ 90°　ⓘ 110°

☞ 半回転の角（2直角）は180°ですから、あの角度は、180°− 90°、ⓘは、180°− 70°で求められます。

(2) あ 50°　ⓘ 50°　う 130°

☞ 半回転の角（2直角）は180°。したがって、あとⓘは、180°− 130°、うは180°−ⓘの角度で求められます。

③ (1) あ 90°　ⓘ 105°

☞ あは180°− 90°、ⓘは45°+ 60°で求められます。

(2) あ 30°　ⓘ 135°

☞ あは90°− 60°、ⓘは180°− 45°で求められます。

④ あ 40°　ⓘ 25°　う 65°

☞ あとⓘの和はうと等しくなっていますね。三角形には「**3つの角の総和は180°になる**」という決まりがあるのです。この点は5年生で学びます。

# 垂直と平行

小学生レベル
四年生

「垂直」も「平行」も、私たちがふだん何気なく使っている言葉ですが、いったい正確にはどういう意味なのでしょうか。ここでは、そうしたことも算数の目で見直していってみたいと思います。

**直角に交わる2本の直線を垂直であるといいます。**
たとえば、長方形や正方形のとなり合う辺は、垂直になっています。
**1本の直線に垂直な2本の直線を平行であるといいます。**
たとえば、長方形や正方形の向かい合う辺は、平行になっています。

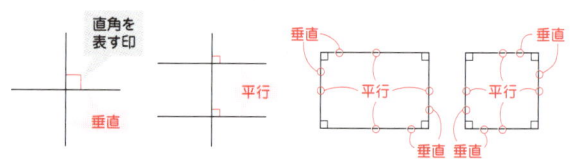

平行な直線には、次のような性質があります。

**①はばが、どこも等しい。**
**②どこまで延ばしても、絶対に交わらない。**
**③ほかの直線と等しい角度で交わる。**

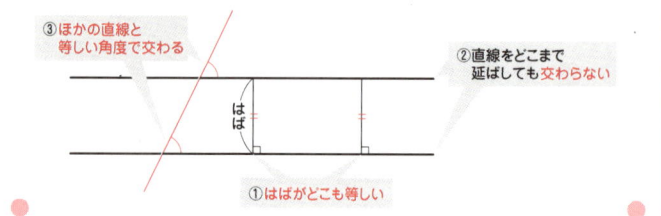

**1** 平行な直線は、どれとどれでしょうか。

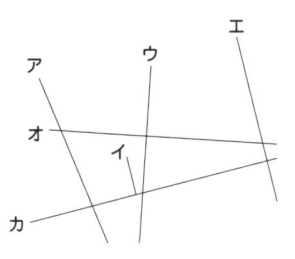

答え _____

**2** 直線アと直線イ、直線ウと直線エは平行です。分度器を使わずに、あ、い、う、え、おの角度を求めましょう。

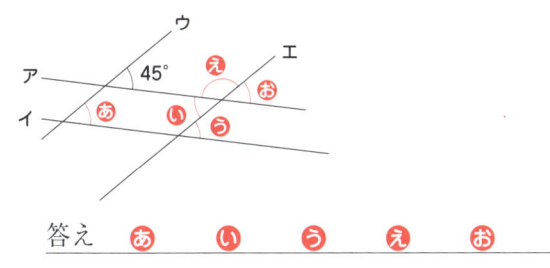

答え　あ_____　い_____　う_____　え_____　お_____

**3** 三角定規を組み合わせて、次のような形を作りました。平行な直線をすべて書き出してください。また、分度器を使わずに、あ、い、うの角度を求めましょう。

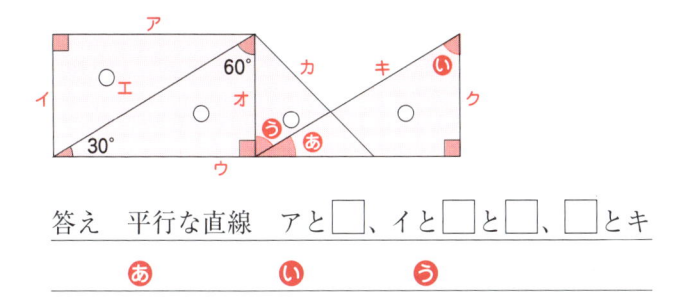

答え　平行な直線　アと□、イと□と□、□とキ

あ_____　い_____　う_____

4章●図形

● 答え ●

① イとエ

☞ アとイも平行に見えるかもしれませんが、それぞれの直線を下にのばすと、交わります。また、平行な直線は、下のようにして書くことができます。

〈方法①〉分度器で角イをはかる
→分度器を辺イウにそって横にずらし、同じ角度のところに点を打ち、その点と中心をつなぐ

〈方法②〉辺アイに三角定規の1辺をあてる
→三角定規をそのまま下へずらし、直線ア'イ'を引く

② あ 45°  い 45°  う 45°  え 135°  お 45°

☞ 直線アと直線イは平行なので、あは45°、直線ウと直線エも平行なので、うおは45°。直線は180°なので、えは180°−45°で135°。いは180°−えで45°。

　こんなふうに、**2本の直線が交わるとき、向かい合った角**（ここでは、いとお）**は必ず等しくなります**。

③ 平行な直線　アとウ、イとオとク、エとキ
　角度　あ 30°　い 60°　う 60°

☞ 三角定規を組み合わせた形ですから、あいうの角度はすぐわかりますね。どの直線とどの直線が平行かは、「平行な直線は、ほかの直線と等しい角度で交わる」という性質から求められます。

# いろいろな四角形 ～ 台形、平行四辺形、ひし形

小学生レベル
四年生

ここでは、いろいろな四角形について見ていきます。

**向かい合う1組の辺が平行な四角形**を**台形**といいます。

**向かい合う2組の辺が平行な四角形**を**平行四辺形**といいます。平行四辺形では、①**向かい合う辺の長さが等しい**、②**向かい合う角の大きさが等しい**ということがいえます。

辺の長さが等しいことを ‖ や |、角度が等しいことを ◯ ◯ で表すことができます。

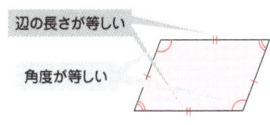

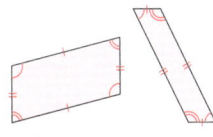

辺の長さが等しい

角度が等しい

**4つの辺の長さがすべて等しい四角形**を**ひし形**といいます。
ひし形では、①**向かい合う辺が平行**になっている、②**向かい合う角の大きさが等しい**ということがいえます。

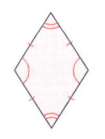

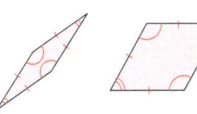

ひし形と平行四辺形の性質は混同してしまいそうですが、「ひし形は、**4つの辺の長さが等しい**平行四辺形のこと」と覚えておくといいと思います。あとの性質（向かい合う辺が平行で、長さが等しい、向かい合う角の大きさが等しい）はまったく同じです。

また、向かい合った頂点をつなぐ直線を**対角線**といいます。

**1** 下の方眼紙に台形、平行四辺形、ひし形を1つずつ書いてみましょう。

**2** 紙を4つに折り、直線アイで切ります。紙を開くと、どんな形ができるでしょうか。

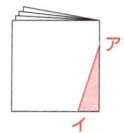

答え＿＿＿＿＿＿＿

**3** 台形、ひし形、平行四辺形を組み合わせて形を作りました。あ〜かの角度を求めましょう。

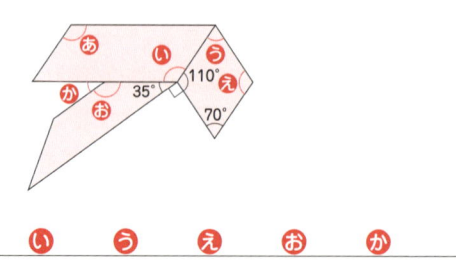

答え　あ　　　い　　　う　　　え　　　お　　　か

● 答え ●

① 次の性質を満たす四角形を書きます。

台形………向かい合う1組の辺が平行

平行四辺形…向かい合う2組の辺が平行

ひし形………向かい合う2組の辺が平行で、4つの辺の長さが等しい

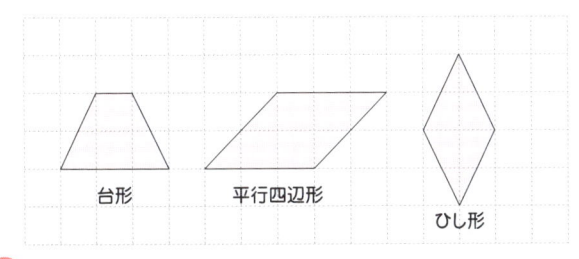

② ひし形

☞ 紙を開くと、右のように、1辺が直線アイと同じ長さの四角形ができています。

4つの辺の長さが等しい四角形をひし形といいます。

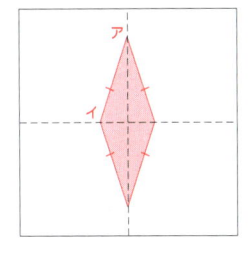

③ あ 125° い 125° う 70° え 110° お 145° か 35°

☞ まず、ひし形の向かい合う角の大きさは同じなので、うは70°、えは110°。1回転の角は360°なので、いは360°－110°－35°－1直角(90°)＝125°。あの角度はいと同じですから、あも125°ですね。台形の1組の辺は平行なので、かは35°。直線は180°ですから、おは180°－か(35°)＝145°。

### 4 いろいろな四角形の対角線を書き（頂点を直線で結びます）、次の質問に答えましょう。

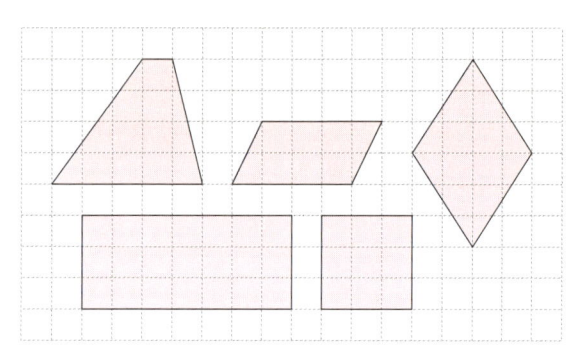

(1) 2本の対角線の長さが必ず同じになる四角形をすべてあげましょう。　　答え_____

(2) 対角線が必ず垂直に交わる四角形をすべてあげましょう。

答え_____

(3) 対角線が交わった点から、4つの頂点までの長さがすべて同じ四角形をすべてあげましょう。

答え_____

### 5 点キは円の中心です。次の順に点を直線でつなぐと、どんな形が書き上がるでしょうか。

(1) ア→イ→エ→オ→ア

答え_____

(2) ア→ウ→エ→カ→ア

答え_____

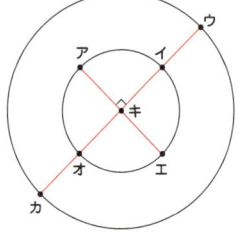

● 答え ●

④

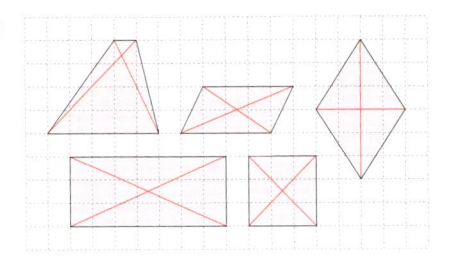

(1) 長方形、正方形

(2) ひし形、正方形　　(3) 長方形、正方形

☞対角線の特徴を生かして、図形を書くこともできます。

①**正方形**

●2本の対角線の長さが同じで、垂直に交わる。
　中心から頂点までの4つの直線の長さも同じ。

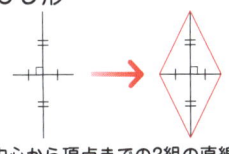

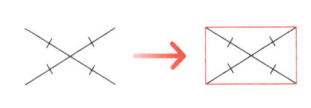

②**ひし形**

●中心から頂点までの2組の直線
　の長さが同じで、垂直に交わる。

③**長方形**

●中心から頂点までの4つの直線の
　長さが同じ。

⑤ (1) 正方形

☞2本の対角線が垂直に交わり、中心から頂点までの4本の直線の長さが同じ（半径はすべて同じ長さなので）図形は正方形です。

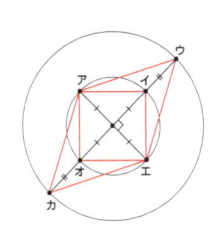

(2) ひし形

4章●図形

# 直方体と立方体

小学生レベル
四年生

長方形だけで囲まれた形や、長方形と正方形で囲まれた形を**直方体**、正方形だけで囲まれた形を**立方体**といいます。

◆直方体

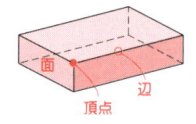

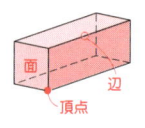

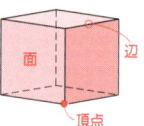

◆立方体

直方体や立方体では、向かい合っている面は**平行**、となり合っている面は**垂直**です。

たとえば、面あと面うは**平行**、面あととなり合う4つの面（面いなど）は**垂直**です。

また、辺アイと辺ウエ、辺オカ、辺キクは**平行**、辺アイと辺イウ、辺イカは**垂直**になっています。

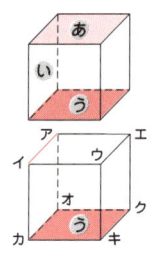

辺アイ、辺イウ、辺ウエ、辺エアは面うと**平行**、辺イカ、辺ウキ、辺エク、辺アオは面うと**垂直**です。

見ただけで全体のだいたいの形がわかる図を**見取図**、辺にそって切り開いて、平面の上に書いた図を**展開図**といいます。**平面**とは、**平らな面**のことです。

◆見取図

見えない辺は点線で表します

◆展開図

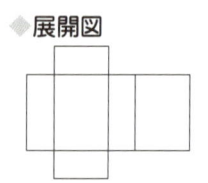

直方体の大きさは、たての長さ、横の長さ、高さで表します。立方体はどの辺も同じ長さなので、1辺の長さで表します。たとえば、「たて3cm、横4cm、高さ2cmの直方体」、「1辺が5cmの立方体」というようにいいます。

**1** □にあてはまる言葉を書きましょう。

(1) 1辺□cmの正方形の紙を□枚、組み合わせると、1辺が3cmの立方体を作ることができます。

(2) たて2cm、横5cm、高さ2cmの□体を作るには、たて□cm、横□cmの長方形の紙が□枚、1辺□cmの正方形の紙が□枚、必要です。

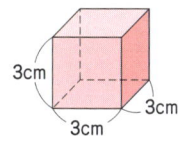

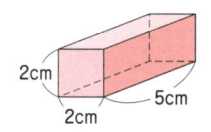

**2**

(1) 面イウキカと平行な面を書きましょう。

答え _____

(2) 面ウエクキと垂直な面をすべて書きましょう。

答え _____

(3) 面オカキクと平行な辺と、垂直な辺を書きましょう。

答え　平行な辺 _____

　　　垂直な辺 _____

**3** 右の立方体の展開図として、まちがえているものはどれでしょうか。

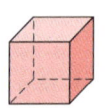

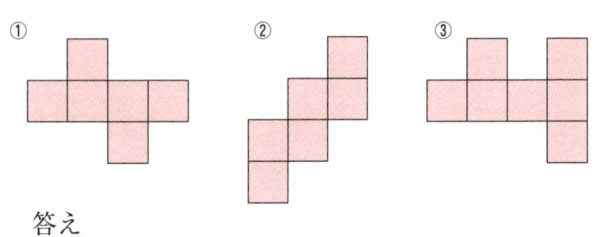

① ② ③

答え＿＿＿＿＿＿＿＿

**4** 直方体の展開図として、まちがえているものはどれですか。

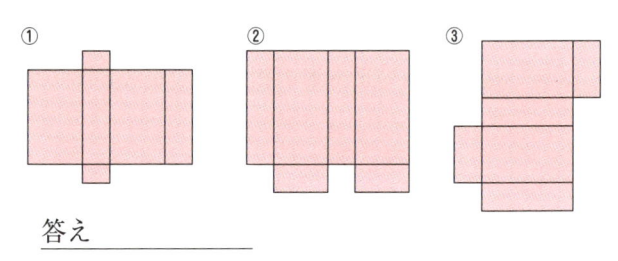

① ② ③

答え＿＿＿＿＿＿＿＿

**5** 展開図について答えましょう。

(1) 点イと重なる点

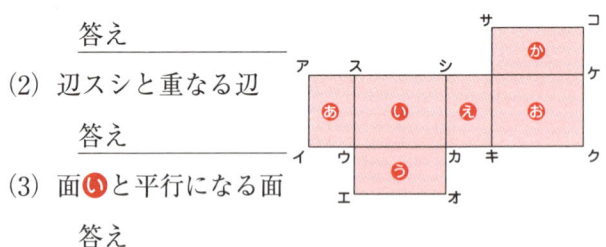

　　答え＿＿＿＿＿＿＿＿

(2) 辺スシと重なる辺

　　答え＿＿＿＿＿＿＿＿

(3) 面○いと平行になる面

　　答え＿＿＿＿＿＿＿＿

● ━━━━━━━━━ 答え ━━━━━━━━━ ●

① (1) 1辺 $\boxed{3}$ cmの正方形の紙を $\boxed{6}$ 枚
　 (2) たて2cm、横5cm、高さ2cmの $\boxed{直方}$ 体を作るには、たて $\boxed{2\,(5)}$ cm、横 $\boxed{5\,(2)}$ cmの長方形の紙が $\boxed{4}$ 枚、1辺 $\boxed{2}$ cmの正方形の紙が $\boxed{2}$ 枚

② (1) 面アエクオ
　 (2) 面アイウエ、面オカキク、面イウキカ、面アエクオ
　 (3) 平行な辺　辺アイ、辺イウ、辺ウエ、辺エア
　　　垂直な辺　辺アオ、辺イカ、辺ウキ、辺エク

③ ③
　☞展開図は1とおりだけではないのですね。

④ ②

⑤ (1) 点エ、点ク
　 (2) 辺サコ
　 (3) 面 ❽
　☞面 ❽ 以外の面は、みな、面 ❿ と垂直です。

# 図形の合同と角

小学生レベル 五年生

2つの図形がまったく同じ形で、ピッタリ重なり合うとき、**合同**であるといいます。

そして、重なる頂点、辺、角をそれぞれ**対応する**頂点、辺、角といいます。

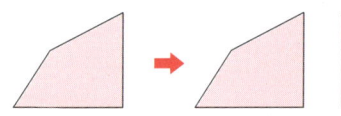

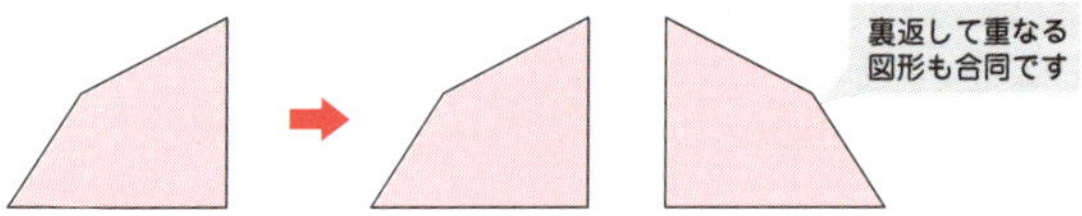

裏返して重なる図形も合同です

合同な図形を比べると**対応する角の大きさも、対応する辺の長さも等しく**なっていますね。

**1** 下の四角形は合同です。☐ にあてはまる言葉を書き入れましょう。

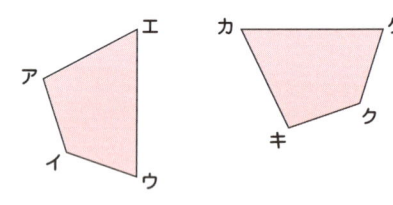

(1) 頂点アと対応する頂点は、頂点 ☐ です。
(2) 辺アイと対応する辺は、辺 ☐ です。
(3) 角ウと同じ大きさの角は、角 ☐ です。
(4) 辺エアと同じ長さの辺は、辺 ☐ です。

**2** 次の三角形は、角アと角カ、角イと角キ、角ウと角クの大きさが同じです。2つの三角形は合同でしょうか。

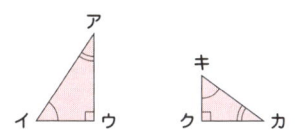

答え _____

**3** 次の四角形のうち、1本の対角線で分けると、合同な三角形ができるものはどれですか。すべて答えましょう。

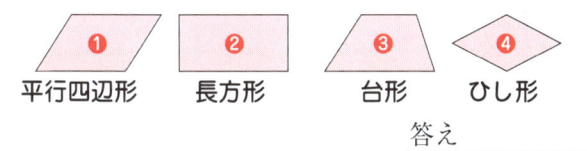

❶ 平行四辺形　❷ 長方形　❸ 台形　❹ ひし形

答え _____

●━━━━━━━━━ 答え ━━━━━━━━━●

**1** (1) 頂点 キ　(2) 辺 キク　(3) 角 ケ　(4) 辺 カキ

**2** 合同ではない。

☞ 角の大きさについては合同の条件を満たしていますが、辺の長さが違っています。

**3** ❶、❷、❹

☞ ❶ 平行な直線は、ほかの直線と等しい角度で交わります。そこで、角ア＝角エ、角イ＝角ウ。

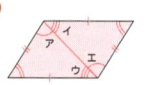

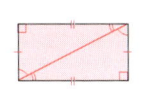

❸ 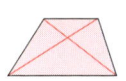 どちらの対角線でもダメですね。

❹

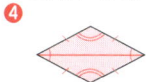

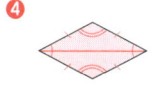

4章●図形

合同な図形を書くときは、**対応する角の大きさと対応する辺の長さが等しい**という点がポイントです。

・合同な三角形を書くとき

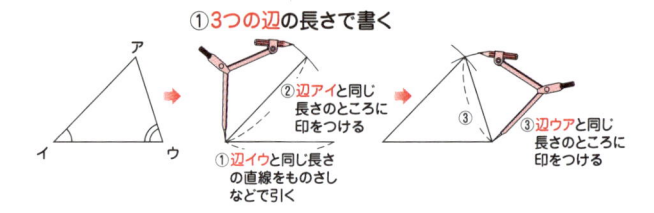

**①3つの辺の長さで書く**

② 辺アイと同じ長さのところに印をつける
① 辺イウと同じ長さの直線をものさしなどで引く
③ 辺ウアと同じ長さのところに印をつける

**②2つの辺と、それらにはさまれた1つの角で書く**

③ 辺アイと同じ長さのところに印をつける
② 角イと同じ角度のところに直線を引く
① 辺イウと同じ長さの直線を引く

**③1つの辺と左右の2つの角で書く**

② 角イと同じ角度のところに直線を引く
③ 角ウと同じ角度のところに直線を引く
① 辺イウと同じ長さの直線を引く

・合同な四角形を書くとき

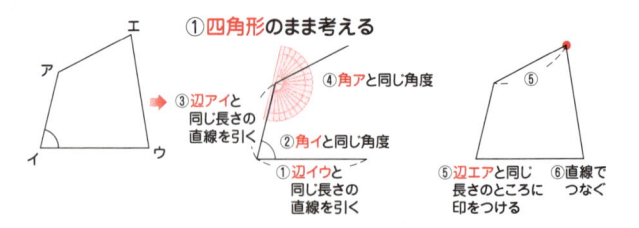

**①四角形のまま考える**

③ 辺アイと同じ長さの直線を引く
④ 角アと同じ角度
② 角イと同じ角度
① 辺イウと同じ長さの直線を引く
⑤ 辺エアと同じ長さのところに印をつける
⑥ 直線でつなぐ

②2つの三角形に分けて考える

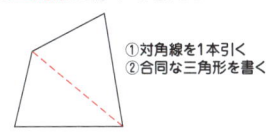

①対角線を1本引く
②合同な三角形を書く

どんな三角形でも、**三角形の3つの角の和は180°**です。三角形の角の和は180°になる──これは、実際にはかってみてもよいのですが、合同な三角形や、三角形に切った紙を次のように並べてみてもわかります。

●合同な三角形を3つ使って…

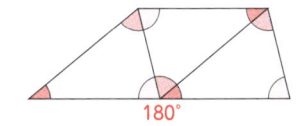

180°

●三角形の紙を3つにちぎって…

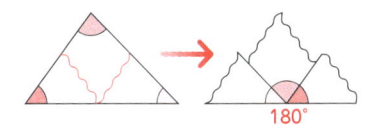

180°

また、どんな四角形でも、**四角形の4つの角の和は360°**です。

四角形は、どんなものでも、下の図のように、対角線で2つの三角形に分けることができます。そして、1つの三角形につき、角の総和が180°ですから、四角形の角の総和は180°×2＝**360°**とわかります。

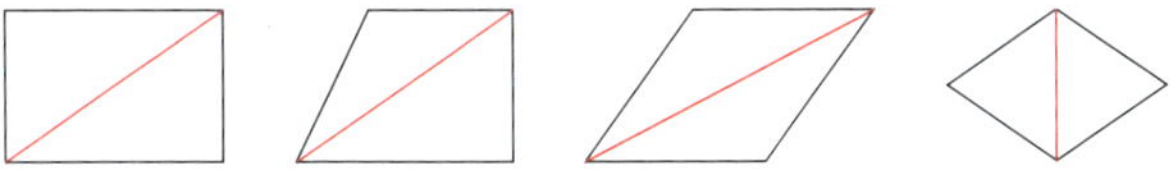

**4** 右の三角形と合同な三角形を書くために、あと1つだけ条件を知ることができるとします。あと何がわかればいいのでしょうか。

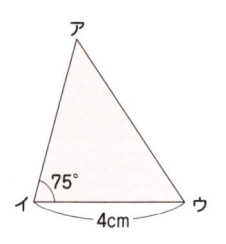

答え _____

**5** ☐にあてはまる角度を計算で求めて、書き入れましょう。

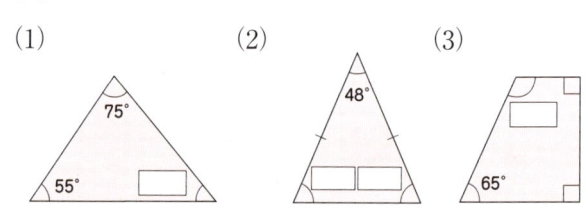

(1)　　　　　(2)　　　　　(3)

**6** それぞれの角の和は何度になるでしょうか。

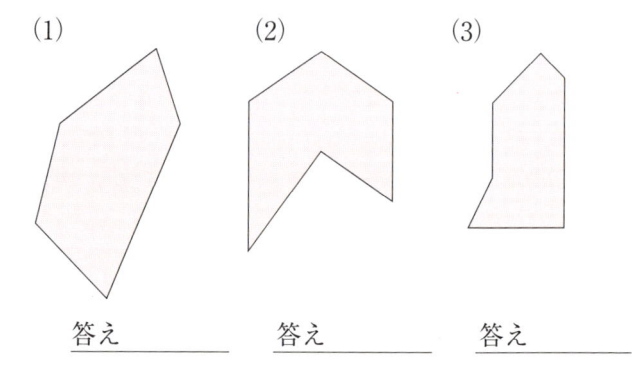

(1)　　　　　(2)　　　　　(3)

答え _____　答え _____　答え _____

**7** ☐にあてはまる角度を計算で求めて、書き入れましょう。

(1) 〔図: 三角形 70°, 40°, ☐〕

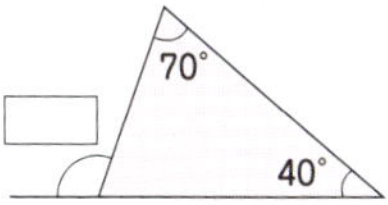

(2) 〔図: 平行四辺形 35°, 35°, 35°, ☐〕

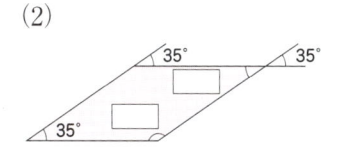

(3) 〔図: 二等辺三角形 60°, ☐, ☐〕

五年生 図形の合同と角

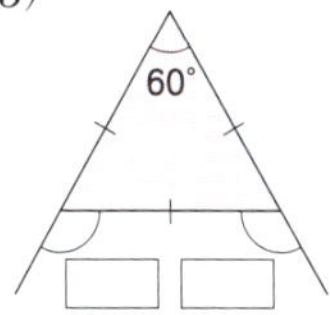

● 答え ●

**4** 辺アイの長さか、角ウの大きさ

**5** (1) 〔三角形 75°, 55°, 50°〕

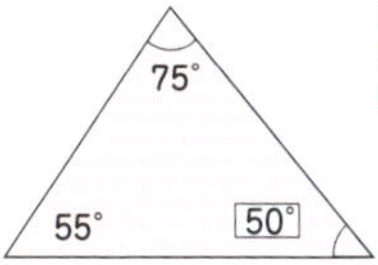

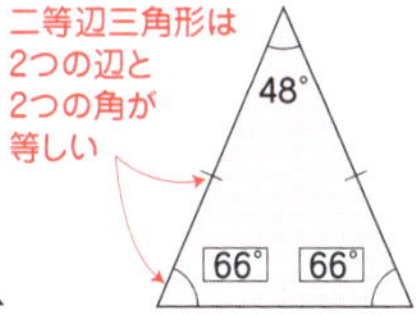

二等辺三角形は2つの辺と2つの角が等しい

(2) 〔三角形 48°, 66°, 66°〕

(3) 〔台形 115°, 直角(90°), 65°〕

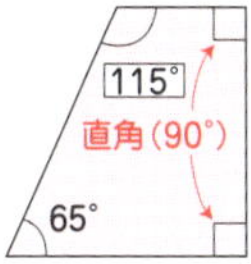

☞ (1) は、180°−(75°+55°)で求めます。

(2)は**二等辺三角形なので、大きさが同じ角が2つあります。**そこで、答えは(180°−48°)÷2。

(3) は台形です。どんな四角形でも、角の和は360°。そこで、式は360°−(90°+90°+65°)となります。

4章●図形

⑥ (1)　　　　　(2)　　　　　(3)

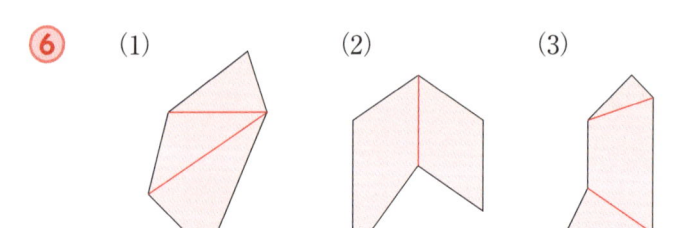

☞ 頂点と頂点を直線で結んで、何本か対角線を引き、三角形と四角形に分けてみてください。三角形ひとつ分で180°、四角形ひとつ分で360°。これらを足すと、角の総和がわかります。

(1)は180°×3、(2)は360°×2、(3)は180°×2＋360°。

((1)は三角形1つ、四角形2つに分けてもいいですし、(2)は三角形4つに分けてもかまいません。対角線の引き方が異なっても、答えは同じになります)。

もう気がつかれたでしょうか。角がひとつ増えるごとに180°増えるんですね。三角形は180°、四角形は360°、五角形((1))は540°、六角形は720°((2)、(3))。(2)は六角形です。角がへこんでいても、6本の直線で囲まれていれば、六角形なのです。

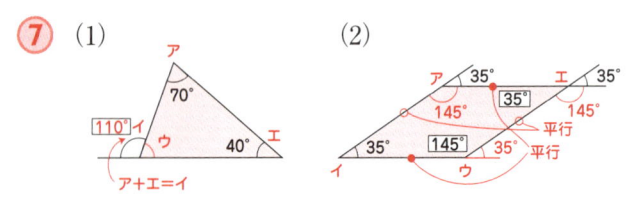

⑦ (1)　　　　　(2)

(3)

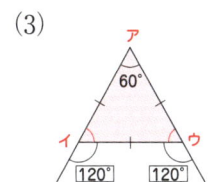

☞ (1)は、角ウが70°(180°−(70°+40°))なので、角イは110°(180°−110°)。三角形では、ア＋エ＝イとなります。覚えておくと、けっこう便利な決まりですよ。

(2)は角アと角エが、どちらも35°で等しいので、辺アイと辺エウは平行。角アと角イも、どちらも35°で等しいので、辺イウと辺アエは平行。つまり、この四角形は平行四辺形。平行四辺形では、「向かい合った角は等しい」と習ったのを覚えていますか。これで、答えが見つかりますよね。

(3)は正三角形。正三角形は、どの角も大きさが等しく、どの辺も長さが等しいので、どの角も180°÷3＝60°で60°。直線は180°なので、180°−60°で答えが出ます。

# 対称な形

小学生レベル ★★★ 六年生

　直線上で2つ折りにしたときに、両側がピッタリと重なる形を**線対称**な形といい、その折り目を**対称の軸**といいます。

　線対称な図形では、**対応する点を結ぶ直線は、対称の軸と垂直に交わります。**また、**この点から対応する軸までの長さは等しく**なっています。

線対称な形

← 対称の軸

垂直に交わる。

　1つの点を中心にして**180°回転**させたとき、もとの形にピッタリ重なる形を**点対称**な形といい、その点を**対称の中心**といいます。

　右の図のように、点対称な形では、**対応する点どうしを結ぶと、必ず対称の中心を通ります。**

　そして、**対称の中心から対応する点までの長さは等しく**なっています。

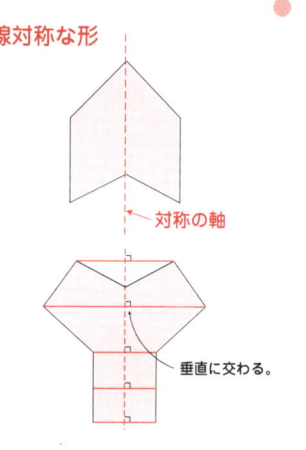

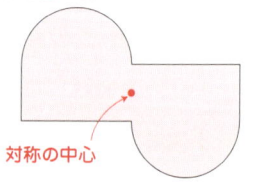

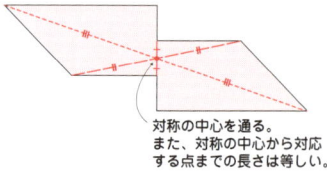

点対称な形

対称の中心

対称の中心を通る。
また、対称の中心から対応する点までの長さは等しい。

## 1 下の図形は線対称な図形です。□にあてはまる名前を書き入れましょう。

(1) 角ウと対応する角は、角□です。

(2) 辺アイと対応する辺は、辺□です。

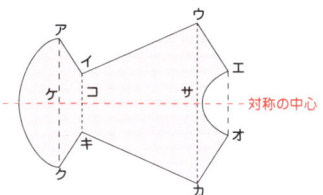

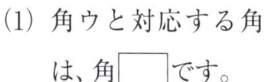

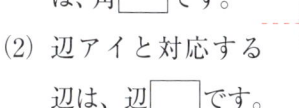

(3) 角イと同じ大きさの角は角□、辺ウエと同じ長さの辺は辺□です。

(4) 直線アケと直線□の長さは等しくなっています。

(5) 直線アクや直線イキは□の軸と垂直に交わっています。

## 2 右の図形は点対称な図形です。対称の中心を書き入れましょう。

ヒント：対応する点と点をつなぐ直線は、どれも対称の中心を通ります。

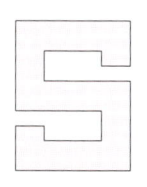

## 3 線対称な図形と、点対称な図形をそれぞれ答えましょう。

答え　線対称な図形　　　点対称な図形

(1)　(2)　(3)　(4)

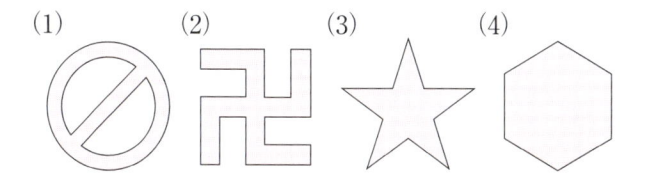

**❹** (1)は線対称な形、(2)は点対称な形にしましょう。

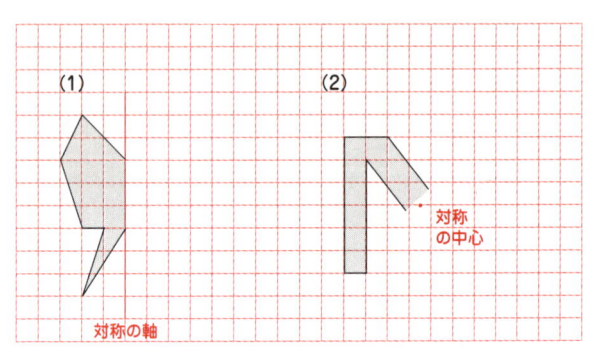

---

● 答え ●

**①** (1) 角⃞カ

☞ 対応するのは、対称の軸で半分に折ったときに重なるところ。そこで、角ウと対応するのは角キです。

(2) 辺⃞クキ

(3) 角⃞キ、辺⃞カオ

☞ 対応する角の大きさや、対応する辺の長さは等しくなっています。

(4) 直線⃞クケ　　(5) ⃞対称の軸

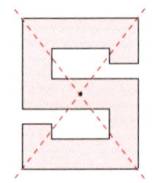

**②**

**③** 線対称な図形 (1)、(3)、(4)
点対称な図形 (1)、(2)、(4)

☞ (1) や (3) は一見そうは見えないかもしれませんが、線対称な形です。対称の軸は、次のようになっています。

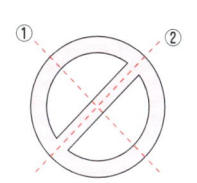

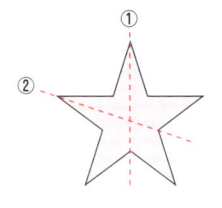

**④** ☞ 書き方の順序を見てみましょう。次のように、**対称の軸や対称の中心が持つ特ちょうを利用**すると、正確に書くことができます。

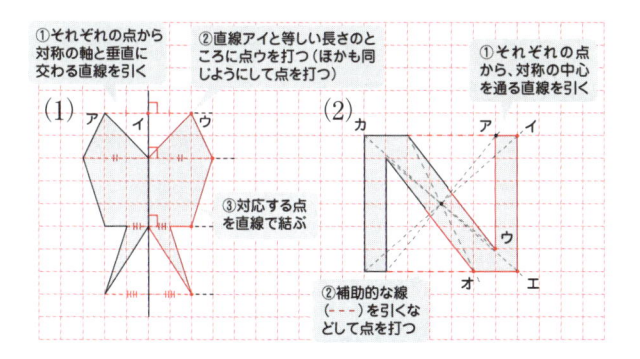

(2)の②では、たとえば、点カから直線（----）を引いてみて、①の直線と交わるところが、打つべき点になります（点ア、点イ）。

ほかに、「対称の中心から、対応する点までの長さは等しい」という性質を利用して、点カから対称の中心までの長さが等しい点（点エ）を打つといったことを繰り返しても、書くことができます。

# 立体

小学生レベル

六年生

ひとくちに**立体**といっても、いろいろな形がありますよね。たとえば…、

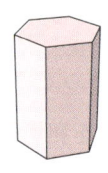

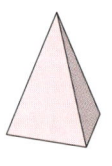

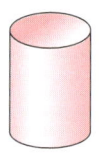

平らな面を平面というのに対して（→288ページ）、曲がった面を**曲面**といいます。そして、立体の中でも下のような形を**角柱**といいます。

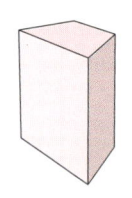

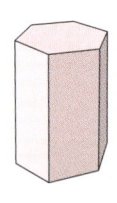

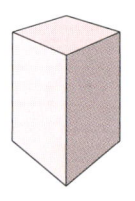

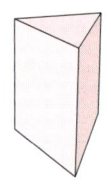

角柱では、2つの**合同**で**平行**な面を**底面**、まわりの**長方形**の面を**側面**といいます。

底面が三角形の角柱は**三角柱**、四角形、五角形、六角形…なら、それぞれ**四角柱**、**五角柱**、**六角柱**…と呼びます。

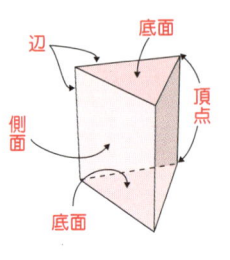

4年生で習う立方体（底面が正方形）や直方体（底面が長方形）は、四角柱ということができます（→288ページ）。

また、右のような立体を**円柱**といい、角柱と同じように、**底面**と**側面**があります。

　底面は**合同で平行な円**になっていて、側面は**曲面**になっています。

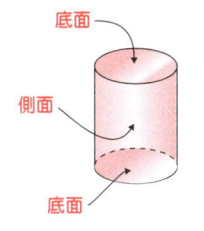

　それでは、右のような立体は？
そう、**角錐**です。

　角錐では、底面が**正多角形**、側面が**二等辺三角形**になっています。

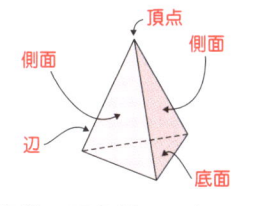

　そして、底面が三角形、四角形、五角形…のとき、三角錐、四角錐、五角錐……といいます。

　ところで、「角錐」の「錐」は、ほかに「きり」とも読みます。きりというのは、先が鋭くとがっていて、穴をあけるときなどに使う、あの道具のこと。こうした形を表すのにピッタリな言葉だと思われませんか。

　そして、右のような立体を**円錐**といいます。

　円錐の底面は**円**、側面は**曲面**になっています。

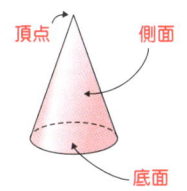

　角柱や円柱では、**底面に垂直な直線の長さ**を、角錐や円錐では**頂点から底面に垂直**に引いた直線の長さを**高さ**といいます。

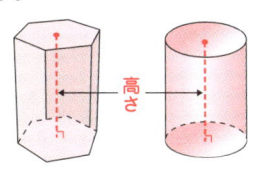

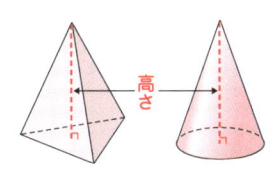

さて、これまで見てきた立体の展開図はどのようになるのでしょうか。

①角柱

> 重なる辺は等しい長さです

②円柱

> 底面の円周と同じ長さになります

③角錐

> 側面はすべて二等辺三角形です

④円錐

> 底面の円周とおうぎ形の円周は同じ長さです

※おうぎ形→340ページ

### 1 右のような角柱があります。

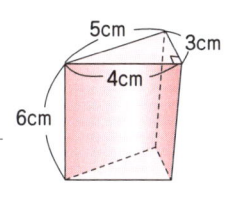

(1) 何という名前の角柱ですか。

答え _____

(2) 次ページに展開図を書きましょう。

### 2 右のような円柱があります。

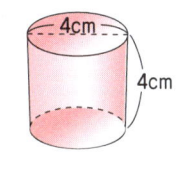

(1) 展開図では、円柱の側面はどんな形になるでしょうか。

答え _____

(2) 次ページに展開図を書きましょう（円周率は3とします）。

### 3 右のような角錐があります。

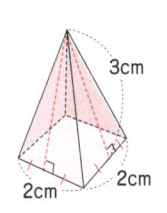

(1) 何という名前の角錐ですか。

答え _____

(2) 次ページに展開図を書きましょう。

### 4 右のような円錐があります。

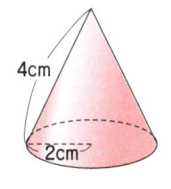

(1) 展開図では、円錐の側面はどんな形になるでしょうか。

答え _____

(2) 次ページに展開図を書きましょう（円周率は3）。

六年生　対称な形　立体

4章●図形　307

5 ☐に長さを書き入れましょう。円周率は3としてください。また、展開図を組み立てたときにできる立体の名前を答えましょう。

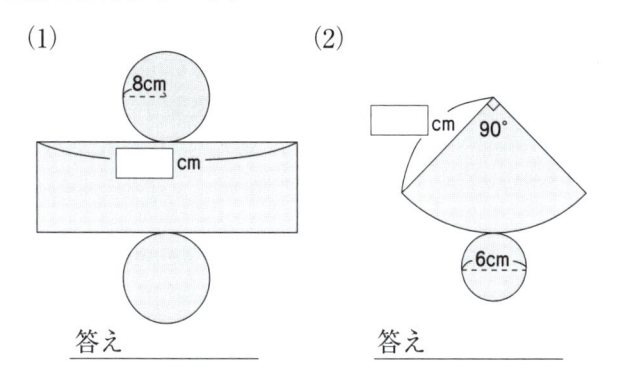

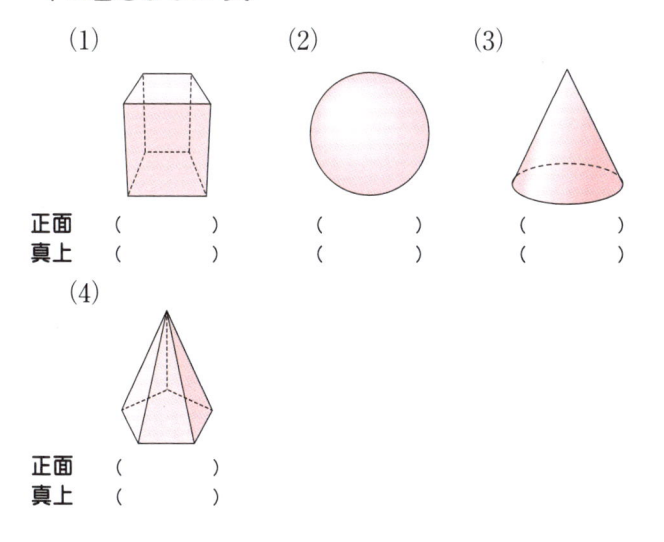

(1) 8cm ☐cm

答え _____

(2) ☐cm 90° 6cm

答え _____

6 次の立体について、正面と真上から見た形を（ ）の中に書きましょう。

(1)
正面 （　　　）
真上 （　　　）

(2)
（　　　）
（　　　）

(3)
（　　　）
（　　　）

(4)
正面 （　　　）
真上 （　　　）

立体では、下のように**正面**と**真上**から見た形を組み合わせて表すことがよくあります。こうすると、どんな立体なのかが、より正確に区別がつくようになるからです。

　正面の形だけ、あるいは真上から見た形だけをノート（平面）の上に書いても、どんな立体なのか、区別がつきません。たとえば、円柱、円錐、球を真上から見た形をノート（平面）の上に書いても、みんな同じ円になってしまいますよね。

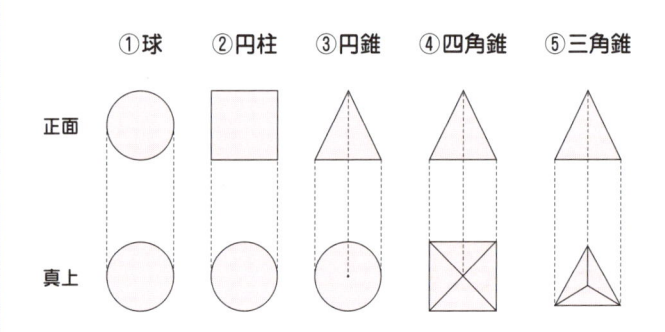

|  | ①球 | ②円柱 | ③円錐 | ④四角錐 | ⑤三角錐 |
|---|---|---|---|---|---|
| 正面 | ○ | □ | △ | △ | △ |
| 真上 | ○ | ○ | ○ | ⊠ | △ |

　なお、立体については、この後、同じ6年生で面積や体積などを求める方法を学びます。本書では、346ページをご覧ください。パズルのような独特のおもしろさを楽しんでくださいね。

● ● 答え ● ●

① (1) 三角柱　　(2) 次ページを見てください。

☞ふつう、**展開図はひととおりではありません**。次ページのもの以外にも、たとえば、右のようなものが考えられます。

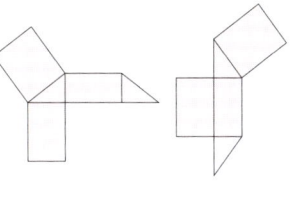

② (1) 長方形　　(2) 次ページを見てください。
③ (1) 四角錐　　(2) 次ページを見てください。
④ (1) おうぎ形　(2) 次ページを見てください。

☞展開図のうち、底面は見取図をもとにすぐに書けますが、側面はどうでしょうか。側面はおうぎ形ですが、これを書くには、中心角の大きさがわからなくてはなりません。

それでは、おうぎ形の中心角の大きさを求めてみましょう。

まず、おうぎ形の曲線アイ（次ページの図を見てください）は底面の円周と同じ長さですよね。そこで、おうぎ形の中心角を$x$とすると、

おうぎ形の曲線アイ＝底面の円周

$$\underset{\text{直径 円周率}}{8 \times 3} \times \frac{x}{360} = \underset{\text{直径 円周率}}{4 \times 3}$$

計算すると、

$x = 180$

そこで、おうぎ形の中心角は180°とわかります。

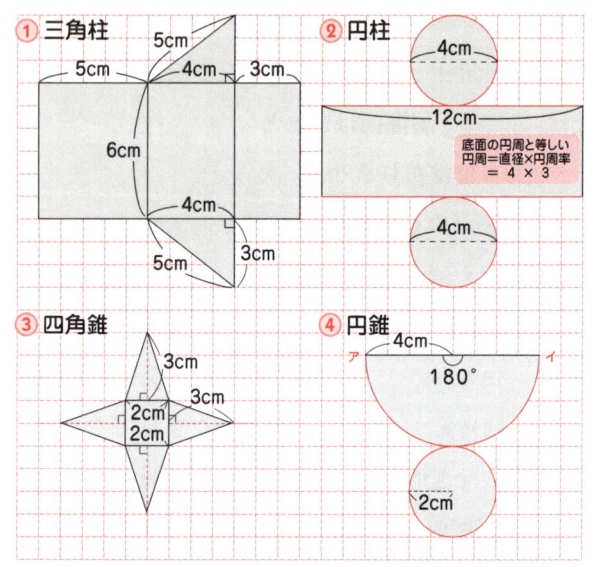

① 三角柱
② 円柱
③ 四角錐
④ 円錐

⑤ (1) 48 cm　円柱

☞ 底面の円周 ＝ 側面の上の辺

$$16 \times 3 = 48$$
直径 × 円周率

(2) 12 cm　円錐

☞ おうぎ形の直径を $x$ とすると、

$$x \times 3 \times \frac{90}{360} = 6 \times 3$$
おうぎ形の曲線の長さ　底面の円周

$$x \times 3 \times \frac{1}{4} = 6 \times 3$$

$$x \times \frac{1}{4} = 6$$

$$x = 6 \times 4 = 24$$

おうぎ形の直径は24cm。半径はその半分です。

⑥ 正面 (1)長方形 (2)円 (3)二等辺三角形 (4)二等辺三角形
真上 (1)台形 (2)円 (3)円 (4)正五角形

5章

# 面積・体積

面積や体積は、
決まった公式にあてはめれば、
すぐに答えが出ます。ですが、そもそも、
なぜ長方形の面積は
たて×横で求められるのでしょう?
円の面積は、なぜ半径×半径×3.14で
求められるのでしょう?
ご一緒に考えてみませんか。

# 面積

小学生レベル
四年生 ★

　広さは、**面積**で表します。面積は「**1辺が1㎝の正方形が何こ分あるか**」で、表すことができます。

　そして、1辺が1㎝の正方形の面積を**1㎠**と書いて、**1平方センチメートル**と読みます。

　1辺が1mの正方形の面積は**1㎡**と書いて、**1平方メートル**と読みます。

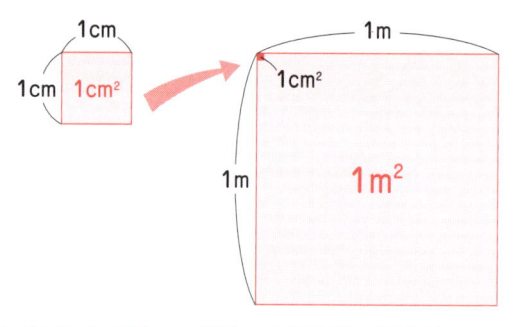

　たとえば、たて2㎝、横3㎝の長方形の場合は…、

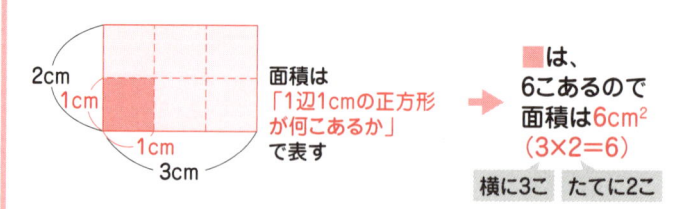

面積は「1辺1㎝の正方形が何こあるか」で表す

→ ■は、6こあるので面積は6㎠（3×2=6）

横に3こ　たてに2こ

　つまり、長方形や正方形の面積は、たてと横の長さをかけ合わせることで求められるんですね。

**長方形……たて×横**
**正方形……1辺×1辺**

1㎡の面積は

100cm×100cm＝10000c㎡

**1㎡＝10000c㎡**

となります。

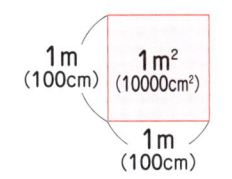

1m (100cm) × 1m (100cm) ＝ 1m² (10000cm²)

さらに、100㎡を **1a** と書き、**1アール** といいます。10000㎡を **1ha** と書き、**1ヘクタール** といいます。

1辺が1kmの正方形の面積を **1k㎡** と書き、**1平方キロメートル** といいます。

*a*    *ha*

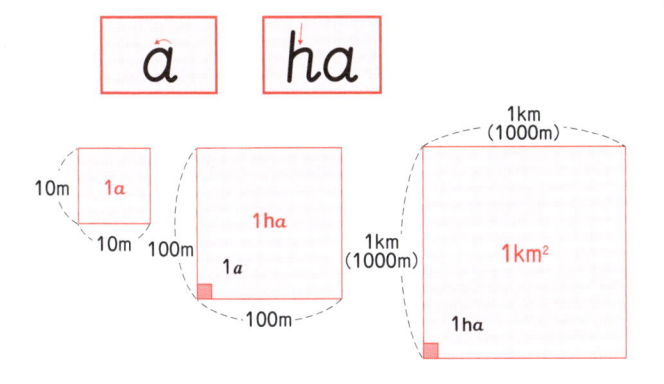

10m × 10m ＝ 1*a*

100m × 100m ＝ 1h*a* (1*a*)

1km (1000m) × 1km (1000m) ＝ 1km² (1h*a*)

| 1辺の長さ | 面　積 |
|---|---|
| 1cm | 1c㎡ |
| 1m＝100cm | 1㎡ |
| 10m | 1*a*＝100㎡ |
| 100m | 1h*a*＝10000㎡ |
| 1km＝1000m | 1k㎡＝1000000㎡ |

## 1 色がついた部分の面積を求めましょう。

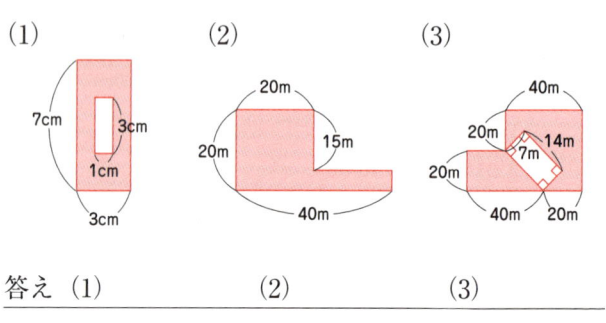

(1) (2) (3)

答え (1)　　　　　(2)　　　　　(3)

## 2 長さが32cmのひもで、辺の長さが整数の正方形や長方形をつくります。

(1) いちばん面積が大きくなるのは、(長方形、正方形)のときです。( )の中のあてはまるほうを○で囲みましょう。

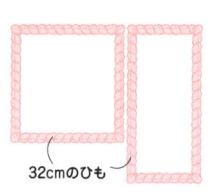

(2) (1)の面積は何cm²でしょうか。

答え　　　cm²

(3) いちばん面積が小さいとき、辺の長さはどうなりますか。また、そのときの面積を答えましょう。

答え　たて　　cm　横　　cm　面積　　cm²

## 3 ☐にあてはまる数を書き入れましょう。

(1) 1a = ☐ m²　　(2) 1ha = ☐ m²
(3) 1km² = ☐ m²

● 答え ●

① (1) 18cm²

☞「大きな長方形の面積−小さな長方形の面積」で求めます。式は、3×7−1×3＝21−3＝18、です。

(2) 5a（または500m²）

☞下図のように、❶＋❷で求められます。式は、
20×20＋5×20＝20×(20＋5)＝20×25＝500です。

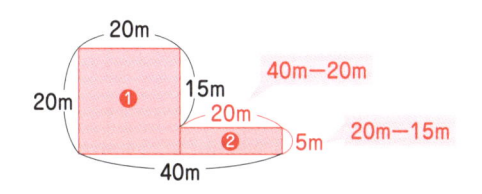

(3) 19.02a（または1902m²）

☞下図のように、❶＋❷（❸の面積はのぞく）で求められます。式は、20×20＋40×40−14×7＝400＋1600−98＝1902です。

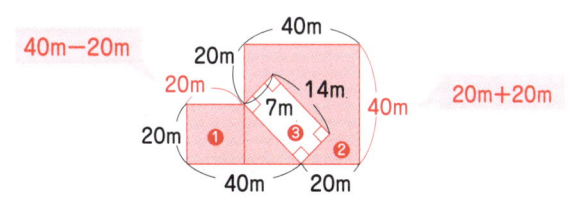

② (1) (正方形)、長方形

☞正方形や長方形の面積は「たて×横」で求められます。面積が大きいということは、このかけあわせた数字が大きいということ。ちょっと、組み合わせ方を見てみましょう。

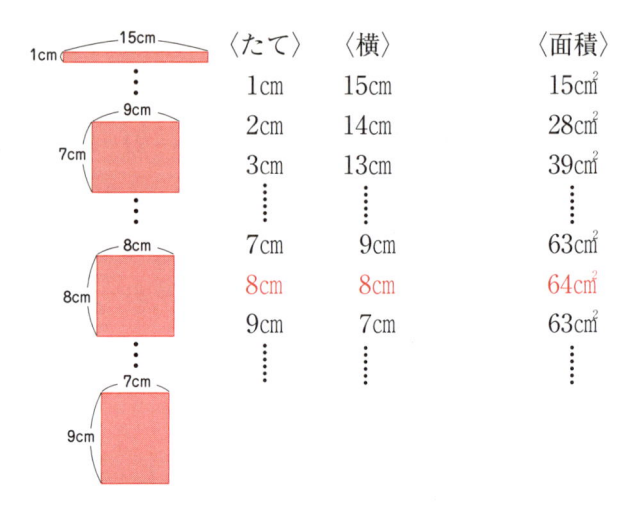

| 〈たて〉 | 〈横〉 | 〈面積〉 |
|---|---|---|
| 1cm | 15cm | 15cm² |
| 2cm | 14cm | 28cm² |
| 3cm | 13cm | 39cm² |
| ⋮ | ⋮ | ⋮ |
| 7cm | 9cm | 63cm² |
| 8cm | 8cm | 64cm² |
| 9cm | 7cm | 63cm² |
| ⋮ | ⋮ | ⋮ |

横の辺の長さは、(32−たての長さ×2)÷2で求められます(これは簡単にすると、「16−たての長さ」)。

このように、たてが長くなるほど面積が大きくなりますが、8cmをピークに、あとは〈たて〉と〈横〉の数字が入れかわるだけなので、面積は再び小さくなっていきます。

そして、たてが8cmのとき、横も8cm、つまり、正方形のとき、面積が最大になるのです。

(2) 64cm²

(3) たて1cm(15cm) 　横15cm(1cm)　 面積15cm²

**❸** (1) 100　　(2) 10000　　(3) 1000000

# 体積と容積

小学生レベル ★★★ 五年生

前の項で見たように、広さは面積で表します。それでは、**かさ**はどのように表すのでしょうか。

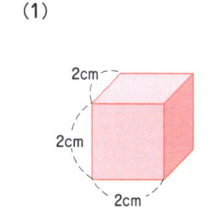

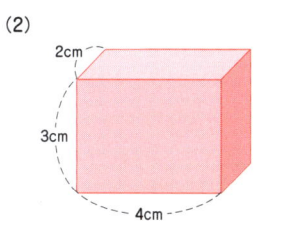

これは**体積**で表します。体積は「1辺が1cmの立方体(りっぽうたい)が何こ分あるか」で表すことができます（立方体→288ページ）。

そして、1辺が1cmの立方体と同じ体積を **1cm³** と書き、**1立方センチメートル**と読みます。

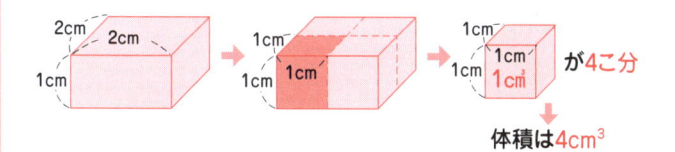

が4こ分

体積は4cm³

また、1辺が1mの立方体と同じ体積を **1m³** と書き、**1立方メートル**と読みます。

さて、面積は「たて×横」で求めましたよね。体積の公式はどうなっているのでしょうか。

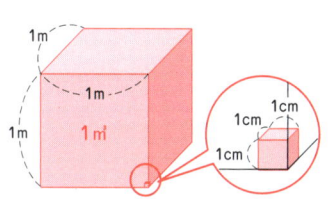

例）体積を求めましょう。

(1) 2cm, 2cm, 2cm

(2) 2cm, 3cm, 4cm

5章●面積・体積

体積は「1辺が1cmの立方体が何こ分あるか」で表すので…、

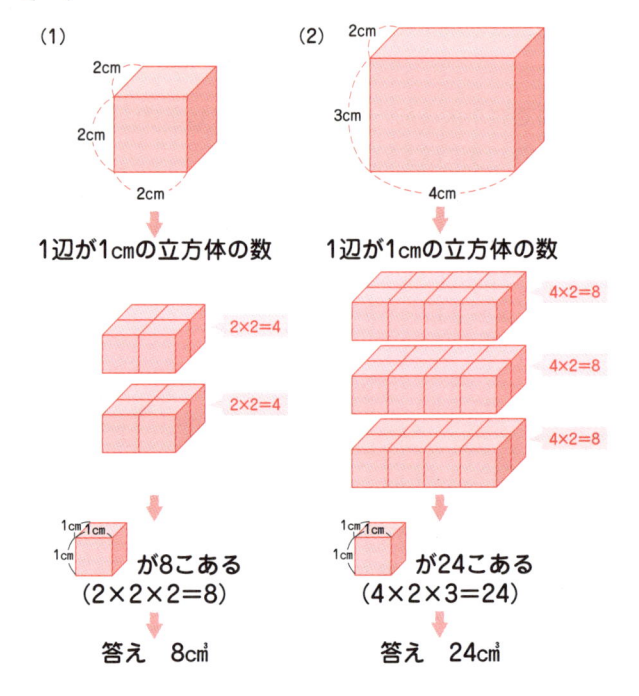

(1)

2cm × 2cm × 2cm

↓

1辺が1cmの立方体の数

2×2=4
2×2=4

↓

が8こある
(2×2×2=8)

答え　8cm³

(2)

2cm × 3cm × 4cm

↓

1辺が1cmの立方体の数

4×2=8
4×2=8
4×2=8

↓

が24こある
(4×2×3=24)

答え　24cm³

つまり、体積は次の公式で表せるのです。
**直方体の体積＝たて×横×高さ**
**立方体の体積＝1辺×1辺×1辺**

なお、立方体というのは（1）のように、正方形だけでできた立体（サイコロなどが立方体ですね）、直方体というのは（2）のように長方形の面を持つ立体のことです。

この公式により、

1m³＝100cm×100cm×100cm＝1000000cm³

ということがわかります。

## 1 次の体積を求めましょう。立方体の1辺は1cmです。

(1) 答え _____

(2) 答え _____

(3) 答え _____

## 2 次の体積を求めましょう。

(1) 式 _____
答え _____

(2) 式 _____
答え _____

(3) 式 _____
答え _____

---

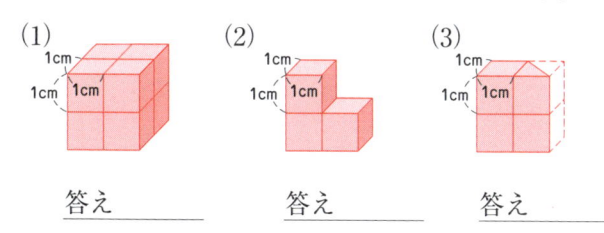

● 答え ●

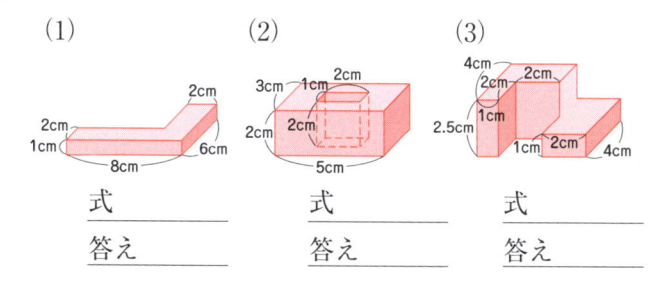

**1** (1) 8cm³

☞ 1辺2cmの立方体なので、体積を求める公式「1辺×1辺×1辺」にあてはめると、$2×2×2=8$。

(2) 3cm³

☞ 「1cm³の立方体が何こあるか」と考えると、見れば3つあるので3cm³。公式で考えると、体積は、下図の「直方体の全体－白い立方体」なので、

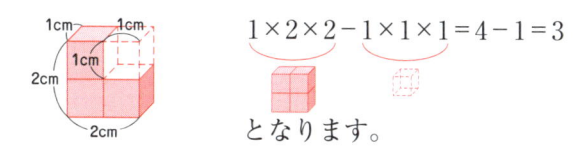

$1×2×2-1×1×1=4-1=3$

となります。

(3) 3cm³

☞三角形の面を持つ立体は2つで、1cm³の立方体1こ分。だから全部で3cm³。公式で考えると、

$$1 \times 2 \times 1 + 1 \times 2 \times 1 \div 2 = 2 + 1 = 3$$

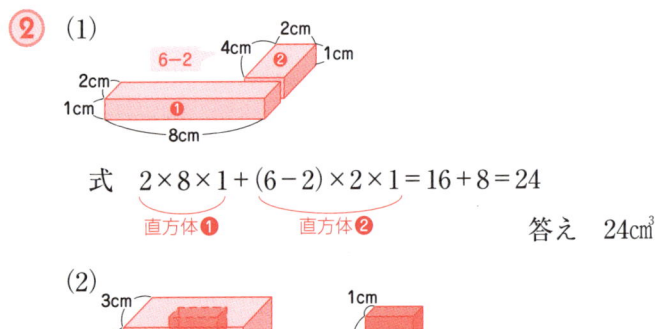

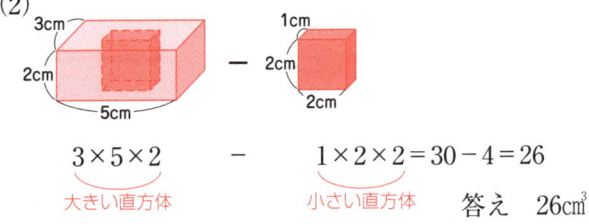

❷ (1)

式　$2 \times 8 \times 1 + (6-2) \times 2 \times 1 = 16 + 8 = 24$
　　　直方体❶　　　　直方体❷

答え　24cm³

(2)

$3 \times 5 \times 2 \quad - \quad 1 \times 2 \times 2 = 30 - 4 = 26$
大きい直方体　　　　小さい直方体

答え　26cm³

(3)

$4 \times 1 \times 2.5 + 2 \times 2 \times 2.5 + 4 \times 2 \times 1 = 10 + 10 + 8 = 28$
直方体❶　　　　直方体❷　　　　直方体❸

答え　28cm³

次は**容積**です。体積と混同しやすいのですが、体積とは似て非なるもの。まず、次の例を見てみてください。

例）厚さ1cmの板で右のような入れ物を作りました。この入れ物に入る水の体積を求めましょう。

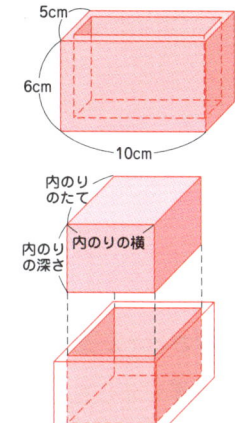

入れ物の内側の長さを**内のり**、高さを**深さ**といいます。入れ物の大きさは、その中にめいっぱい入れた水などの体積で表します。これを**容積**といいます。

容積を求めるときは、内のりのたて、横、深さを使います。この例では、深さは底の板1枚分の厚さ1cmを引いて6−1で5cm、たてと横はそれぞれ板2枚分の厚さ（1cm×2枚分）を引くので、たては5−1×2で3cm、横は10−1×2で8cm。

そこで、容積は、

$$(5-1\times2)\times(10-1\times2)\times(6-1)=3\times8\times5$$
　　内のりのたて　　内のりの横　　内のりの深さ
$$=120$$

となるので、答えは120cm³。
また、内のりのたて、横、深さが10cmのますの容積は1ℓです。

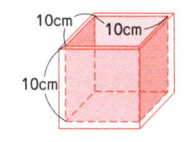

**1ℓ＝1000cm³**
**1mℓ＝1cm³**
$\frac{1}{1000}$

また、1㎥＝1000000c㎥＝1000×1000c㎥なので、
**1㎥＝1000ℓ**

1cm³　　1ℓ＝1000cm³　　1m³＝1000ℓ＝1000000cm³

3 厚さ2cmの板で、たて14cm、横24cm、高さ17cmの水そうを作りました。□にあてはまる数を書き入れましょう。

水そうの内のりは、たて□cm、横□cm、深さ□cmで、容積は□cm³。水は、最大で□ℓ入ります。

4 □にあてはまる数を書き入れましょう。
(1) 1mℓ＝□cm³　　(2) 1dℓ＝□cm³
(3) 1㎥＝□ℓ＝□dℓ

5 内のりがたて、横、深さ、それぞれ10cmの入れ物に水を入れて、石を入れると、右のようにかさが増えました。

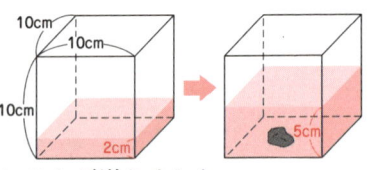

石の体積は何cm³ですか。

式　　　　　　　　　答え

● 答え ●

③ たて[10]cm、横[20]cm、深さ[15]cm で、容積は[3000]cm³。水は[3]ℓまで入ります。

☞ たては14−2×2、横は24−2×2、深さは17−2。容積は、10×20×15＝3000です。

☞ 1000cm³＝1ℓなので、3000cm³は3ℓですよね。

④ (1) 1mℓ＝[1]cm³

☞ 1ℓ＝1000cm³
　 1ℓ＝1000mℓ　⇒　1000cm³＝1000mℓ　⇒　1cm³＝1mℓ

(2) 1dℓ＝[100]cm³

☞ 1dℓ＝100mℓ＝1mℓ×100＝1cm³×100

(3) 1m³＝[1000]ℓ＝[10000]dℓ

☞ 1ℓ＝10dℓですね。

⑤ 式　5−2＝3　　10×10×3＝300　　答え　300cm³

☞ 3cmだけ、水かさが増えていますから、石の体積はこの式で求められます。石などは、でこぼこしていて寸法をきっちりはかれませんが、こうすると、体積をスムーズに出すことができます。

　式は「石を入れたときの水かさ−もとの水かさ」と考えることもできますから、

　10×10×5−10×10×2＝500−200＝300

でもOKです。ちなみに、300cm³をmℓで表すと、300mℓとなりますよね。

5章●面積・体積

# 三角形や四角形の面積

小学生レベル　五年生

　三角形や平行四辺形の面積の求め方を覚えていらっしゃいますか。

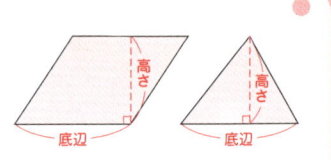

　三角形や平行四辺形のある1辺を**底辺**、そこから垂直に頂点まで引いた直線の長さを**高さ**といいます。

　そして、

　　**平行四辺形の面積＝底辺×高さ**
　　**三角形の面積　　＝底辺×高さ÷2**

となっています。

　それでは、どうして、この式で求められるのでしょうか。平行四辺形から見ていってみましょう。

　下の図を見てください。

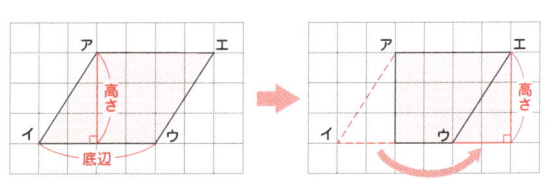

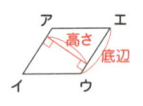

　底辺は、別に辺イウでなくてもかまいません。たとえば、辺ウエを底辺とするときは、右のようになります。

　さて、白い三角形を右側に動かすと、長方形になります。長方形の面積は**「たて×横」**ですから、3×4。これは、もとの平行四辺形で言えば、**「高さ×底辺」**と同じです。これで、平行四辺形の面積の求め方が出てきますよね。

それでは、次のような平行四辺形の高さはどうなるでしょうか。

これは、直線エオの長さになります。このことは、平行四辺形を（2）のように、2つの三角形に分け、1つを移動させてみると、わかります。

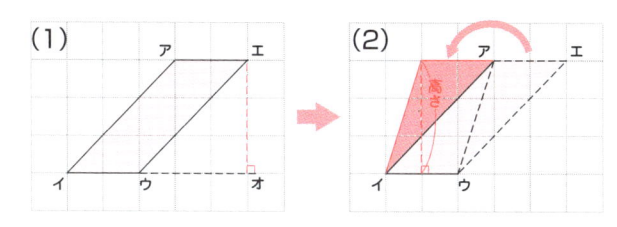

(1) (2)

今度は三角形について考えてみましょう。

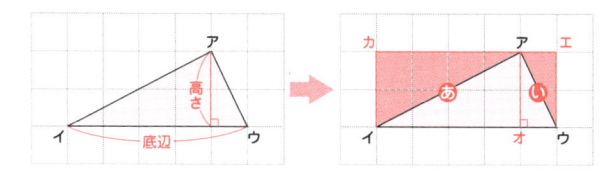

四角形 あ と四角形 い を足したものの半分が、三角形の面積

もとの三角形の面積は、「四角形 あ（四角形カイオア）の半分＋四角形 い（四角形アオウエ）の半分」です。

つまり、

三角形の面積＝四角形 あ ÷2＋四角形 い ÷2
　　　　　＝（四角形 あ ＋四角形 い）÷2
　　　　　＝　辺イウ×辺ウエ÷2

と、まとめることができます。

そして、辺ウエは三角形の高さですから、三角形の面積は「**底辺×高さ÷2**」となるのです。

## 1 面積を求めましょう。

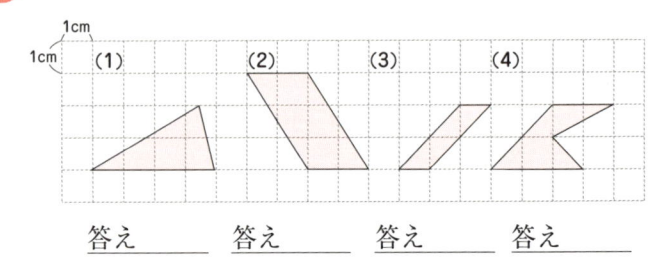

(1) 答え＿＿＿
(2) 答え＿＿＿
(3) 答え＿＿＿
(4) 答え＿＿＿

## 2 次の三角形と同じ大きさの三角形を書きましょう。また、平行四辺形と同じ大きさの平行四辺形を書きましょう。

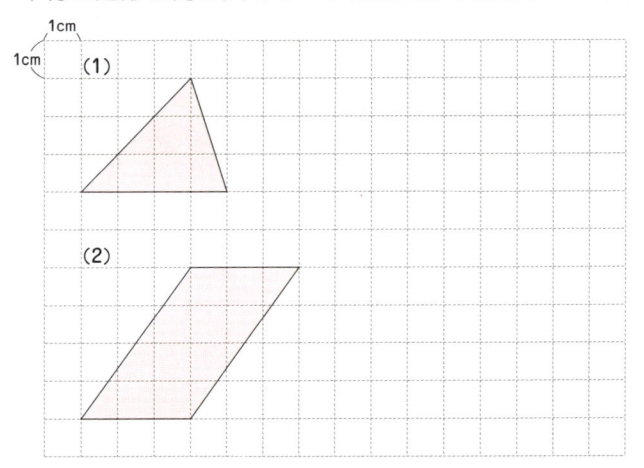

(1)

(2)

## 3 底辺だけ2倍、3倍にすると、面積は何倍になりますか。

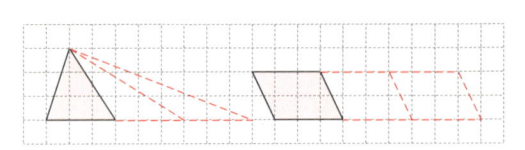

答え＿＿＿

● 答え ●

① (1) 4㎠ → 4×2÷2　　(2) 6㎠ → 2×3

(3) 2㎠ → 1×2　　(4) 3.5㎠

☞ (4)は、三角形**あ**と三角形**い**という、2つの三角形に分けて考えてください。三角形**あ**=2×2÷2=2、三角形**い**は3×1÷2=1.5なので、答えは2+1.5㎠。

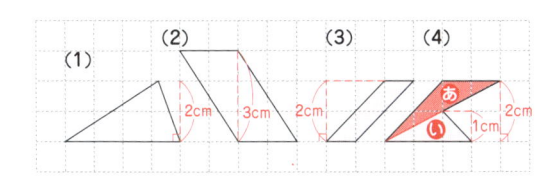

②

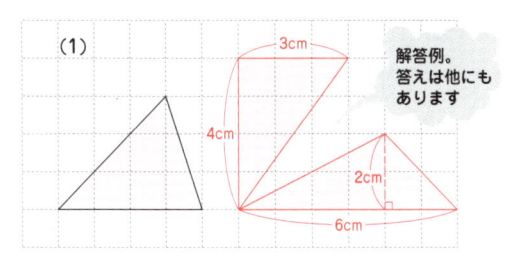

（解答例。答えは他にもあります）

☞ 面積が同じ三角形を書けばいいので、見かけは全然似ていなくてもOKです。

三角形の面積=底辺×高さ÷2、です。

ここでは、4×3÷2、つまり12÷2が面積の式。つまり、底辺×高さが12㎠の三角形なら、面積は同じになります。かけて12になる組み合わせは（整数の場合）、2×6、6×2、3×4、（4×3、）1×12、12×1。底辺×高さの組み合わせが、これらのどれかである三角形を書けば正解です。

(2)

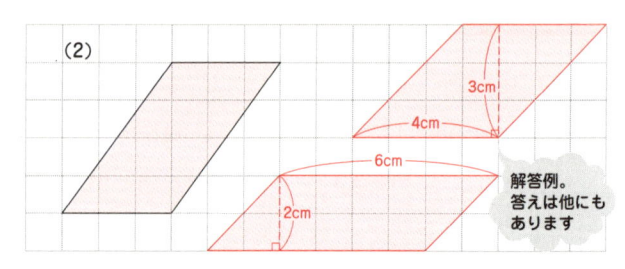

解答例。
答えは他にも
あります

☞ (1) と同じように考えてください。

平行四辺形の面積＝底辺×高さで、ここでは 3×4 になっています。つまり、かけて12になる数の組み合わせを考えればいいんですね。

③ 三角形も平行四辺形も、底辺が2倍になると、面積も2倍、底辺が3倍になると、面積も3倍になります。

☞ 〈三角形〉

もとの三角形　　　　＝　底辺　×高さ÷2
底辺を2倍した三角形　＝　(底辺×2)×高さ÷2
　　　　　　　　　　＝　(底辺　×高さ÷2)×2

〈平行四辺形〉

もとの平行四辺形　　　＝　底辺　×高さ
底辺を2倍した平行四辺形＝　(底辺×2)×高さ
　　　　　　　　　　　＝　(底辺　×高さ)×2

さて、これで正方形、長方形、三角形、平行四辺形の面積のおさらいはおしまい。次は台形です。
　台形には、下図のように、**上底**と**下底**、**高さ**があります。面積は、2つの三角形に分けて考えましょう。

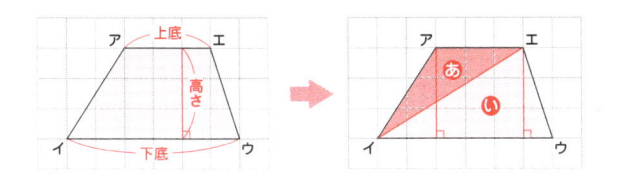

　図を見ると、
　　台形の面積＝三角形 あ ＋三角形 い
です。三角形の面積は、
　　三角形 あ ＝辺アエ×高さ÷2＝上底×高さ÷2　…①
　　三角形 い ＝辺イウ×高さ÷2＝下底×高さ÷2　…②
そこで、
　　台形の面積＝上底×（高さ÷2）＋下底×（高さ÷2）
　●×▲＋■×▲＝（●＋■）×▲なので（→140ページ）、
　　**台形の面積＝（上底＋下底）×高さ÷2**
とまとめることができます。

### 4　面積を求めましょう。

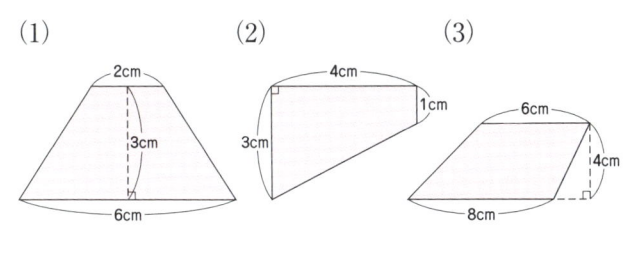

(1) 2cm / 3cm / 6cm

(2) 4cm / 1cm / 3cm

(3) 6cm / 4cm / 8cm

答え ＿＿＿＿　　答え ＿＿＿＿　　答え ＿＿＿＿

## 5 面積を求めましょう。

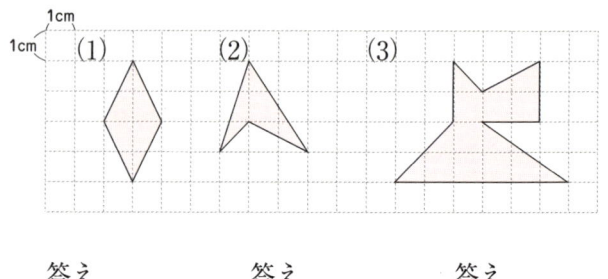

(1) (2) (3)

答え_____  答え_____  答え_____

## 6 次の図形は台形です。色がついた部分の面積を求めましょう。

(1)

(2)

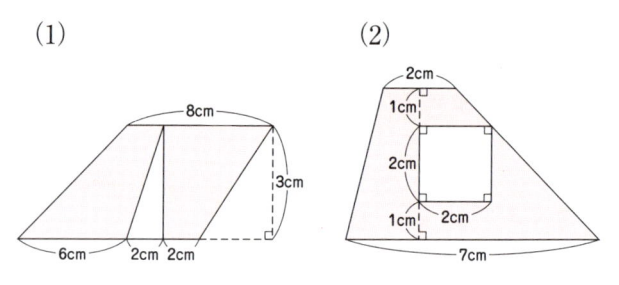

答え_____  答え_____

## 7 右の図で、平行四辺形アイウエの面積は24cm²です。直線カウが2.6cmのとき、三角形カウエの面積を求めましょう。

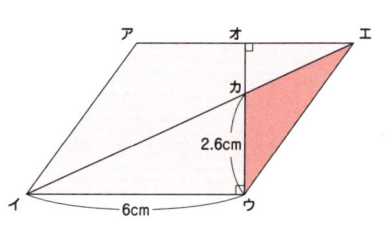

答え_____

● 答え ●

④ (1) 12cm²

☞ $(2+6) \times 3 \div 2 = 24 \div 2 = 12$

(2) 8cm²

☞ $(1+3) \times 4 \div 2 = 16 \div 2 = 8$

(3) 28cm²

☞ $(8+6) \times 4 \div 2 = 56 \div 2 = 28$

(3)は、ちょっと台形のように見えないかもしれませんね。でも、台形の定義は「**1組の辺が平行**」ということ。ですから、やはりこれも台形なのです。

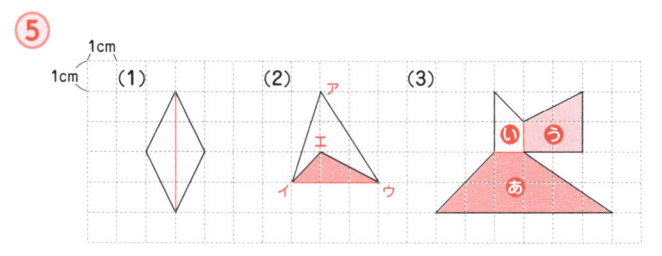

⑤

(1) 4cm²

☞ (1)は**ひし形**（4つの辺の長さが等しい四角形→283ページ）です。**対角線を引くと、合同な三角形が2つ**になりますね。そこで、面積は$(4 \times 1 \div 2) \times 2$で求められます。

(2) 3cm²

☞ 大きい三角形（アイウ）－小さい三角形（イウエ）、つまり、$3 \times 3 \div 2 - 3 \times 1 \div 2 = 4.5 - 1.5 = 3$で求められます。

また、頂点アから頂点エまで対角線を引き、2つの三角形に分けて、その2つの面積を足す方法でもできます。

(3) 11.5㎠

☞ 3つの台形、あ、い、うに分けて、面積を足しましょう。

台形あ＋台形い＋台形う＝$(1+6)\times 2\div 2 + (1+2)$
$\times 1\div 2 + (1+2)\times 2\div 2$
＝$7+1.5+3=11.5$

⑥ (1) 24㎠

☞ 「台形の面積－三角形の面積」で求めましょう。

$(8+10)\times 3\div 2 - 2\times 3\div 2 = (18-2)\times 3\div 2$
$= 16\times 1.5 = 24$

(2) 14㎠

☞ 「台形の面積－四角形の面積」で求めましょう。

$(2+7)\times 4\div 2 - 2\times 2 = 18-4 = 14$

⑦ 4.2㎠

☞ 平行四辺形の面積が24㎠で、底辺が6cmですから、高さは4cm。

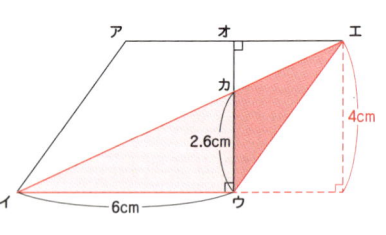

三角形カウエ＝三角形イウエ－三角形カイウ
＝　6×4÷2　－6×2.6÷2
＝　12　　　－7.8
＝4.2

# 正多角形と円

小学生レベル ★★★ 五年生

続いて、**正多角形**や円について見ていきましょう。

5本の直線で囲まれた形を**五角形**、6本の直線で囲まれた形を**六角形**ということは、275ページでおさらいしたとおり。その中でも、**辺の長さがみな等しく、角の大きさもみな等しい形**を**正五角形**や**正六角形**などといい、まとめて**正多角形**といいます。

正多角形を書くときは、円を使うと簡単です。たとえば、正六角形の場合…、

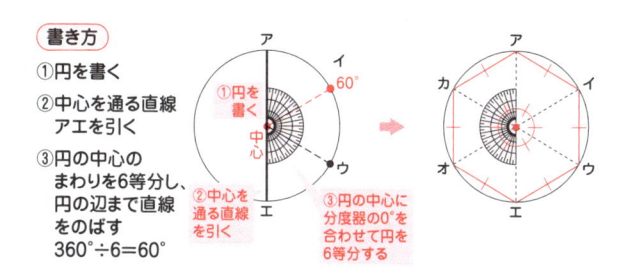

**書き方**
①円を書く
②中心を通る直線アエを引く
③円の中心のまわりを6等分し、円の辺まで直線をのばす
360°÷6=60°

①円を書く 中心
②中心を通る直線を引く
③円の中心に分度器の0°を合わせて円を6等分する

なお、正方形や正三角形も正多角形。**「辺の長さが等しく、角の大きさも等しい」**という定義にあてはまるからです。

正六角形は1つの角が120°なので、対角線で区切ると、正三角形6こになります。ですから、中心から頂点まで引いた直線と円の半径が同じ長さになるのです。そこで、正六角形は、次のページのようにしても書くことができます。

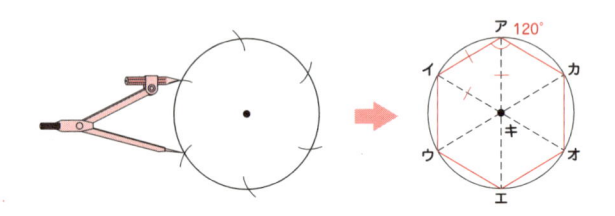

円のまわりを円周といいます。そして、「円周の長さが直径の長さの何倍か」を表す数を円周率といいます。

ですから、

**円周率＝円周÷直径**

となります。

円の大きさにかかわらず、円周率は約3.14です。

「円周の長さは直径の長さの約3.14倍」というわけですから、

**円周＝直径×円周率**

となります。

たとえば、実際に直径5cmのつつの円周をはかってみると…、

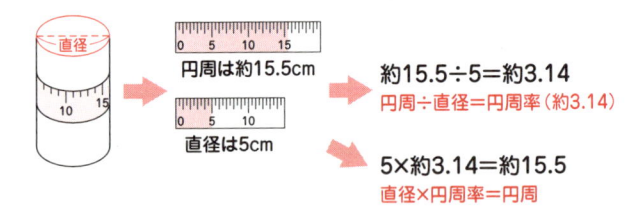

約15.5÷5＝約3.14
円周÷直径＝円周率（約3.14）

5×約3.14＝約15.5
直径×円周率＝円周

**1** 正多角形を書くために、円を書きました。円の中心のまわりの角が次のようなとき、それぞれ、どんな形になるでしょうか。

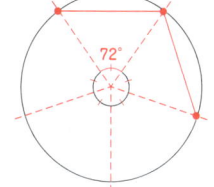

(1) 72°　答え＿＿＿＿＿

(2) 40°　答え＿＿＿＿＿

(3) 120°　答え＿＿＿＿＿

**2** 円を利用して、1辺が5cmの正六角形を書きました。

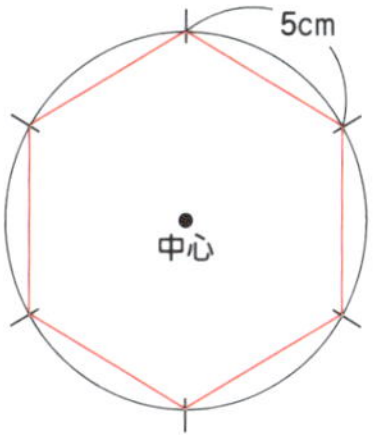

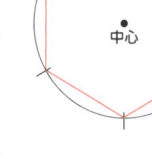

(1) この円の直径は何cmでしょうか。

答え＿＿＿＿＿

(2) 円周率を3.14として、この円のおよその円周を求めましょう。

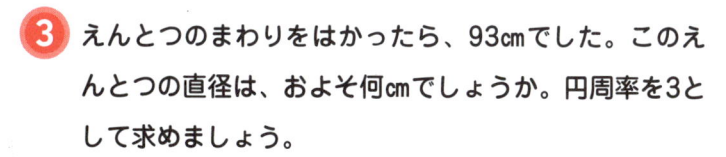

式＿＿＿＿＿

答え＿＿＿＿＿

**3** えんとつのまわりをはかったら、93cmでした。このえんとつの直径は、およそ何cmでしょうか。円周率を3として求めましょう。

式＿＿＿＿＿　　　答え＿＿＿＿＿

● ━━━━━ 答え ━━━━━ ●

**①** (1) 正五角形　(2) 正九角形　(3) 正三角形

☞ たとえば、(1)は中心のまわりを72°ずつ分けると、

$360° ÷ 72° = 5$

したがって、5つの合同な三角形からできているので、これは正五角形。ほかに、

$x × 72° = 360°$

という式で$x$を求める方法でも求められます（$x$を使った式→143ページ）。

**②** (1) 10cm

☞ 335〜336ページで見たように、正六角形の1辺と半径は等しいので、この円の半径は5cm。直径＝半径×2なので、答えは5×2＝10cmです。

(2) 式　$10 × 3.14 = 31.4$　　答え　約31.4cm

**③** 式　下のとおり　　答え　31cm

☞ 〈$x$を使うとき〉

直径を$x$cmとすると、円周＝直径×円周率ですから、

$x × 3 = 93$

$x = 93 ÷ 3$

$x = 31$

〈$x$を使わないとき〉

円周＝直径×円周率なので、直径＝円周÷円周率という公式をみちびくことができます。これにあてはめれば、答えが出ます。

今度は、円の面積の求め方を見ていきましょう。
公式は、

**円の面積＝半径×半径×3.14**

3.14は円周率のことですね。
なぜ、円の面積はこの式で求められるのでしょうか。
円は細かく等分すればするほど、等分したものは三角形に近づいていきます。

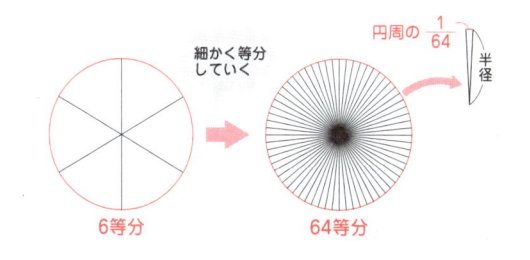

6等分　　　64等分　　　円周の $\frac{1}{64}$　半径
細かく等分していく

そして、細かく等分したものを並べかえると、

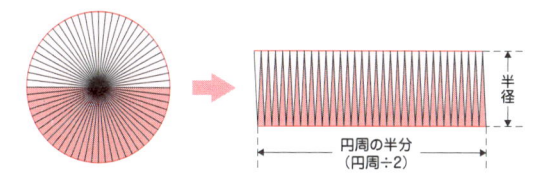

半径
円周の半分
（円周÷2）

平行四辺形とほぼ同じ形になるのです。そして、平行四辺形の面積は「底辺×高さ」。
そこで、

平行四辺形の面積＝ 高さ × 底辺
　　円の面積＝ 半径 × 円周　　　　　　÷ 2
　　　　　＝ 半径 × 直径　 × 3.14 ÷ 2
　　　　　＝ 半径 × 半径 × 2 × 3.14 ÷ 2
　　　　　＝ 半径 × 半径 × 3.14

円の面積の求め方がわかると、おうぎ形の面積も求められるようになります。**おうぎ形**とは、次のように円を分けた形です。

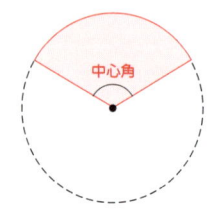

おうぎ形は2本の半径で切り取ったときにできる形ですが、この中央の角を**中心角**といいます。

例) おうぎ形の面積を求めましょう。円周率は3とします。

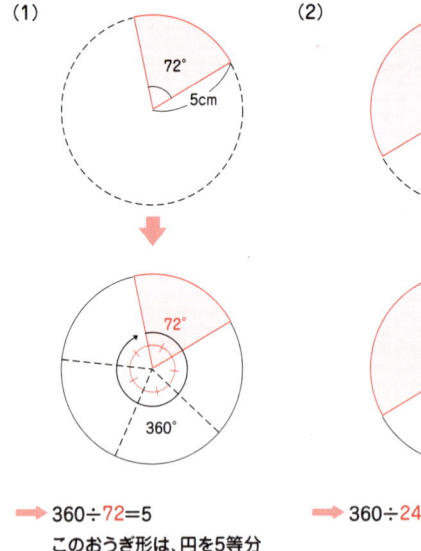

(1)

(2)

→ 360÷72=5
このおうぎ形は、円を5等分したものの1つということ。
そこで、面積も円の$\frac{1}{5}$。

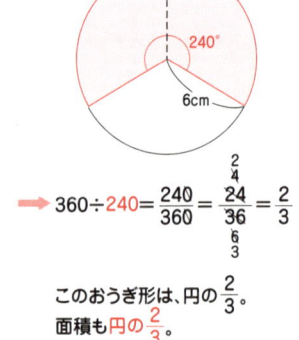

→ 360÷240=$\frac{240}{360}$=$\frac{24}{36}$=$\frac{2}{3}$

このおうぎ形は、円の$\frac{2}{3}$。
面積も円の$\frac{2}{3}$。

(1)の円の面積は5×5×3。その$\frac{1}{5}$ですから、
 おうぎ形の面積＝5×5×3÷5
　　　　　　　　＝15
答えは15cm²です。
さて、(2)はどうでしょうか。円の$\frac{2}{3}$ですから、
 おうぎ形の面積＝6×6×3×$\frac{2}{3}$

$$= \frac{\overset{36}{\cancel{108}} \times 2}{\underset{1}{\cancel{3}}}$$

　　　　　　　　＝72
答えは72cm²です。
　分数のかけ算を使わない場合は、「全体の円の面積－白いおうぎ形の面積」で求めましょう。
　白いおうぎ形は、円を3つに分けたうちの1つなので、
　6×6×3－6×6×3÷3＝108－36
　　　　　　　　　　　　　＝72
　なお、分数のかけ算やわり算については、3章を見てください。

**4** 次の円の面積を求めましょう。円周率は3とします。

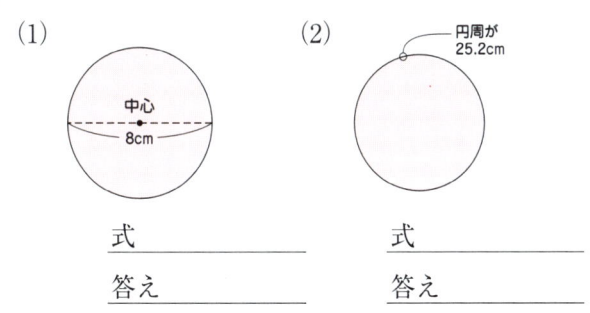

(1)
中心
8cm

(2)
円周が25.2cm

式＿＿＿＿＿＿　　　式＿＿＿＿＿＿

答え＿＿＿＿＿　　　答え＿＿＿＿＿

**5** 色がついた部分の面積を求めましょう。円周率は3.1とします。

(1) 1cm 2cm

(2) 4cm

式 _____　　式 _____
答え _____　　答え _____

**6** 半径が2倍になると、面積と円周は、それぞれ何倍になるでしょうか。

答え　面積　□倍　　円周　□倍

**7** 半径6cm、中心角60°のおうぎ形のまわりの長さと面積を求めましょう。円周率は3とします。

答え　円周 _____　面積 _____

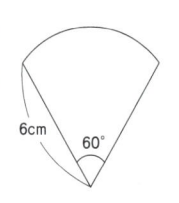

**8** 色の部分の面積を求めましょう。円周率は3とします。

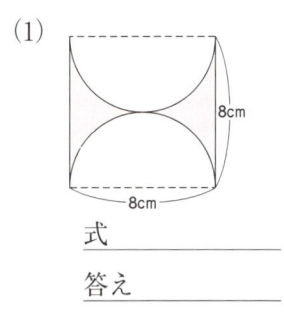

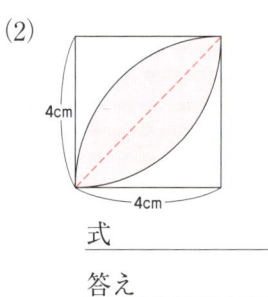

(1) 8cm 8cm

(2) 4cm 4cm

式 _____　　式 _____
答え _____　　答え _____

## 答え

④ (1) 式　$8÷2×8÷2×3=48$　　答え　$48cm^2$

(2) 式　$25.2÷3=8.4$（直径の長さ）
　　　　　　半径　　半径

　　　　$8.4÷2=4.2$（半径の長さ）

　　　　$4.2×4.2×3=52.92$（面積）　　答え　$52.92cm^2$

☞ 円周÷円周率＝直径なので、直径は8.4cm。

⑤ (1) 式　$2×2×3.1-1×1×3.1=9.3$　　答え　$9.3cm^2$

☞ 「大きい円－小さい円」で求められますね。途中の計算は、計算の決まりを使うと、簡単になります。

$$2×2×3.1-1×1×3.1=(4-1)×3.1=3×3.1$$
$$=9.3$$

(2) 式　$4×4×3.1-(2×2×3.1)×2=24.8$

　　答え　$24.8cm^2$

☞ 「大きい円－小さい円×2」で求めることができます。途中の計算は一見めんどうそうですが、(1)と同じ決まりを使うと簡単にできますよ。

⑥ 面積　4倍　　円周　2倍

☞ 「円の面積＝半径×半径×円周率」ですから、半径が2倍になると、

　　円の面積＝（半径×2）×（半径×2）×円周率
　　　　　　＝半径×半径×円周率×4
　　　　　　　　もとの円の面積

となるので、答えは4倍。

　　また、円周＝直径　×円周率
　　　　　　＝半径×2×円周率

そこで、半径が2倍になると、

円周＝(半径×2)×2×円周率

となりますから、答えは2倍です。

**⑦** まわりの長さ　18cm　　面積　18cm²

☞ 中心角が60°ということは、

360÷60＝6

なので、円の$\frac{1}{6}$。そこで、面積も円周も、円の$\frac{1}{6}$になります。

　おうぎ形のまわりの長さは、半径2つ分と曲線アイの長さを足したもの。そこで、

おうぎ形の曲線の長さ＝直径×円周率÷6
　　　　　　　　　　＝　12　×　3　÷6＝6

おうぎ形の面積＝半径×半径×円周率÷6
　　　　　　　＝　6　×　6　×　3　÷6＝18

**⑧** (1) 式　8×8－4×4×3＝16　　答え　16cm²

☞「正方形の面積－白い半円2つ分の面積」、つまり、「正方形の面積－半径4cmの円1つ分の面積」です。

(2) 式　4×4×3÷4－4×4÷2＝4　　4×2＝8

答え　8cm²

☞ 濃い赤の部分の面積を求め、それを2倍しましょう。正方形の角は直角、つまり90°なので、おうぎ形アイウの中心角は90°。360÷90＝4なので、面積は半径4cmの円の$\frac{1}{4}$。そこから三角形アイウの面積を引きます。

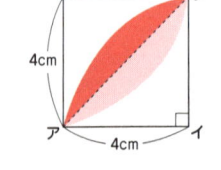

# 立体の表面積と体積

小学生レベル ★★★ ★★ 六年生

　ここで見ていく「立体の表面積と体積」では、これまでおさらいしてきた面積や体積・容積に関する知識をほとんど全部使います。

　そこで、はじめに、これまで見てきた面積、体積の公式をもう一度見てみましょう。

◆面　積

　長方形　＝　たて×横
　正方形　＝　1辺×1辺　　平行四辺形＝底辺×高さ
　三角形　＝　底辺×高さ÷2
　台　形　＝　（上底＋下底）×高さ÷2
　円　　　＝　半径×半径×3.14

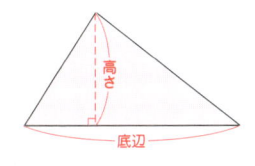

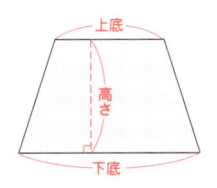

◆円　周

　円　周　＝　直径×3.14

◆体　積

　直方体　＝　たて×横×高さ
　立方体　＝　1辺×1辺×1辺

それでは、始めましょう。

立体の表面全体の面積を**表面積**、1つの底面の面積を**底面積**、側面全体の面積を**側面積**といいます。

立体の表面積は、展開図の総面積と同じです。

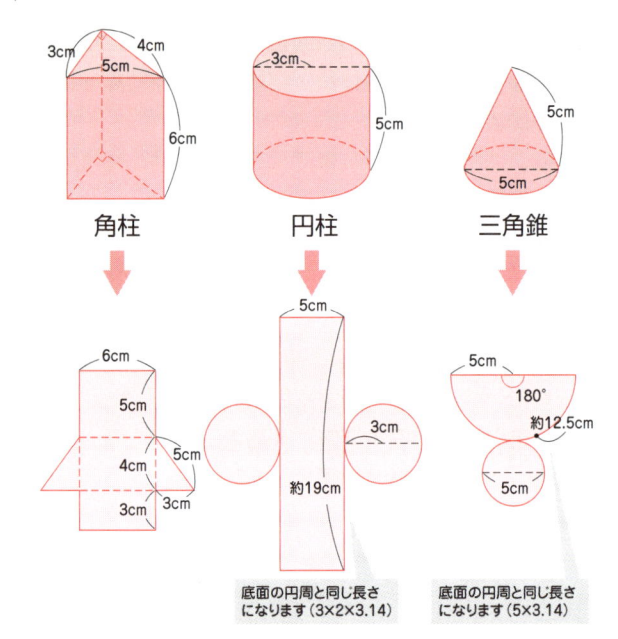

また、角柱と円柱の表面積は、底面積2つ分と側面積を足したもの。そこで、

**角柱、円柱の表面積＝底面積×2＋側面積**

角すいと円すいは、

**角錐、円錐の表面積＝底面積＋側面積**

それでは、体積を求める式はどうなるでしょうか。これは、

**角柱、円柱の体積＝底面積×高さ**

です。体積（→319ページ）のところでも見たとおり、体積は**「1辺が1cmの立方体が何こ分あるか」**で、表すことができます。

●角柱の体積の求め方

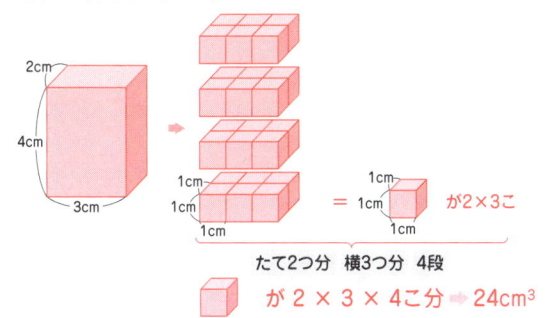

この24は**底面積×高さ**と同じ数ですね。のように、
(2×3) × 4
高さが1cmの角柱の体積は底面積と同じ数になるのです。

●円柱の体積の求め方

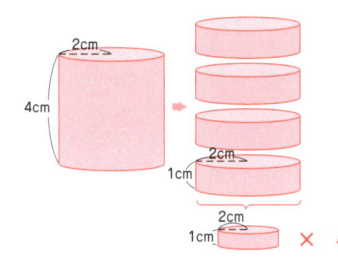

のように、高さが1cmの円柱の体積は、底面積と同じ数になります。そこで、円柱の体積も**底面積×高さ**で
(2×2×3.14)×4
求められるのです。

**角錐や円錐の体積は、底面積と高さが等しい角柱や円柱の体積の$\frac{1}{3}$に**なります。

これは右のようなやり方で実験してみると、すぐわかります。

**角錐、円錐の体積＝底面積×高さ×$\frac{1}{3}$**

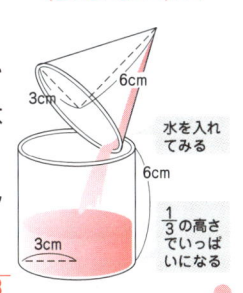

水を入れてみる

$\frac{1}{3}$の高さでいっぱいになる

六年生　立体の表面積と体積　いろいろな単位

5章●面積・体積

**1** 表面積と体積を求めましょう。円周率は3としてください。

(1) 2cm 8cm

(2) 5cm 3cm 4cm 8cm 10cm 9cm

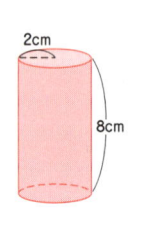

表面積 _____　　体積 _____

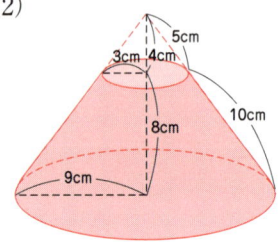

表面積 _____　　体積 _____

(3) 5cm 3cm 4cm 8cm

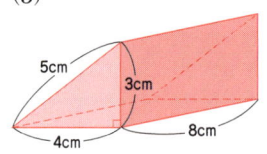

表面積 _____

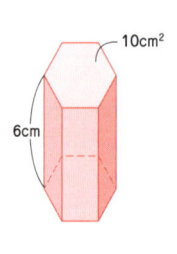

体　積 _____

**2** 体積を求めましょう。円周率は3としてください。

(1) 10cm² 6cm

(2) 高さ6cm 10cm²

体積 _____　　体積 _____

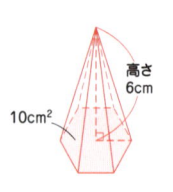

(3) 6cm 5cm 10cm 12cm

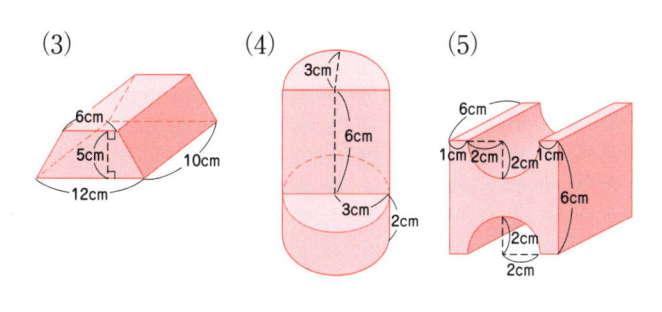

(4) 3cm 6cm 3cm 2cm

(5) 6cm 1cm 2cm 2cm 1cm 6cm 2cm 2cm

体積 _____  体積 _____  体積 _____

3 右のような、内のりの半径が4cmの入れものに水を入れると、水の深さが6cmになりました。円周率を3として、答えを求めましょう。

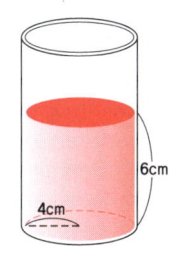

6cm
4cm

(1) 水は何mℓ入れたのでしょうか。

式 _____

答え _____

(2) 内のりの1辺が8cm、深さも8cmの立方体の入れものに水を入れ直すと、水の深さは何cmになりますか。

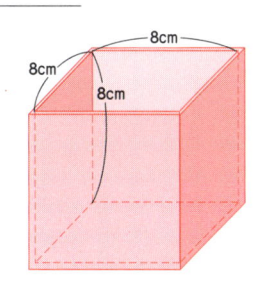

8cm 8cm 8cm

式 _____

答え _____

## 答え

**①** (1) 表面積　120㎠　　体積　96㎤

☞ 〈表面積の求め方〉

2×2×3×2＋2×2×3×8
　底面積　×2＋　　側面積
　半径×半径×円周率　　たて×横（長方形）

側面積を求めるときの「たて」は、底面の円周と同じ長さ。そこで、「直径×円周率＝2×2×3」となります。

〈体積の求め方〉

2×2×3×8
　底面積　×高さ

(2) 表面積　576㎠　　体積　936㎤

☞ 〈表面積の求め方〉

「大きな円錐（△）の表面積－小さな円錐（△）の側面積＋小さな円錐の底面積」ですよね。

そして、大きな円錐の表面積は、

$9×9×3 + 15×15×3×\dfrac{中心角}{360}$ …①

　底面積　＋　　　側面積
半径×半径×円周率　半径×半径×円周率×$\dfrac{中心角}{360}$

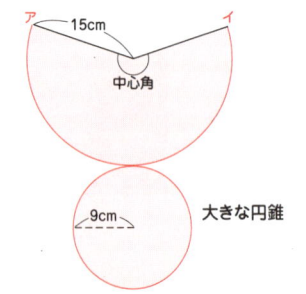

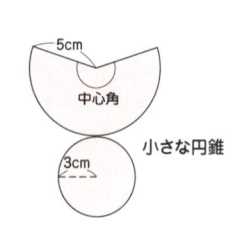

$\dfrac{中心角}{360}$ は、円周の長さをもとに導きましょう。

底面の円周＝おうぎ形の曲線アイ

$\qquad$ ＝半径15㎝の円の円周 × $\dfrac{中心角}{360}$

$\dfrac{中心角}{360}$ を $x$ とすると、上の式は、

$\qquad 9 \times 2 \times 3 = 15 \times 2 \times 3 \times x$

$\qquad\quad x = \dfrac{3}{5} \qquad$ →おうぎ形の中心角は216°

これを①の式にあてはめると、側面積は405㎠、底面積は243㎠なので、あわせて648㎠です。

小さな円錐と大きな円錐の頂点は同じなので、おうぎ形の中心角の大きさも同じ。そこで、小さな円錐の側面積は、

$\qquad 5 \times 5 \times 3 \times \dfrac{3}{5} = 45 \quad \cdots ②$

また、底面積は、

$\qquad 3 \times 3 \times 3 = 27 \quad \cdots ③$

ですから、答えは、

$\qquad ① \quad - \quad ② \quad + \quad ③ \quad = 576$

大きな円錐の表面積 － 小さな円錐の側面積 ＋ 小さな円錐の底面積

〈体積の求め方〉

「大きな円錐－小さな円錐」で求めます。

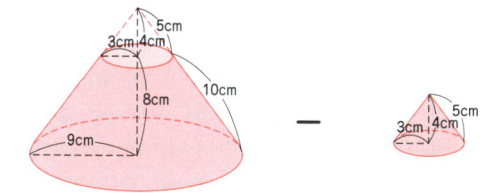

先ほど求めた底面積を使って、

$$\underbrace{243 \times 12 \times \frac{1}{3}}_{\color{red}\text{大きな円錐の体積}} - \underbrace{27 \times 4 \times \frac{1}{3}}_{\color{red}\text{小さな円錐の体積}} = 936$$

└── 円錐の体積＝底面積×高さ×$\frac{1}{3}$ ──┘

(3) 表面積　108㎠　　体積　48㎤

〈表面積の求め方〉

$$\underbrace{3\times4\div2\times2}_{\color{red}\text{底面積 ×2}} + \underbrace{8\times3+5\times8+4\times8}_{\color{red}\text{側面積}}$$

　　　　　　　　　　　└長方形3つ分

〈体積の求め方〉

先ほど求めた底面積を使って、

$$\underbrace{6}_{\color{red}\text{底面積}} \times \underbrace{8}_{\color{red}\text{高さ}}$$

**❷** (1) 60㎤

☞ $\underbrace{10}_{\color{red}\text{底面積}} \times \underbrace{6}_{\color{red}\text{高さ}}$

(2) 20㎤

☞ (1)と高さも底面積も同じなので、(1)の体積の$\frac{1}{3}$。
暗算で、簡単に出せますね。

円錐の体積＝底面積×高さ×$\frac{1}{3}$

(3) 450㎤

☞ $\underbrace{(6+12)\times5\div2}_{\color{red}\text{底面積}} \times \underbrace{10}_{\color{red}\text{高さ}}$

　　　└台形の面積＝(上底＋下底)×高さ÷2

(4) 135㎤

☞ 下のように、分けて考えましょう。

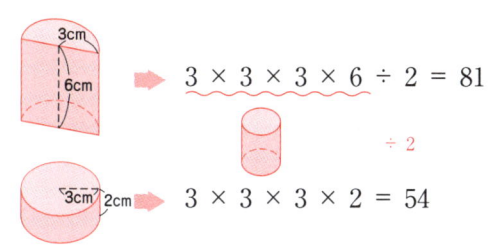

3 × 3 × 3 × 6 ÷ 2 = 81

3 × 3 × 3 × 2 = 54

(5) 144cm³

☞ 次のように考えましょう。

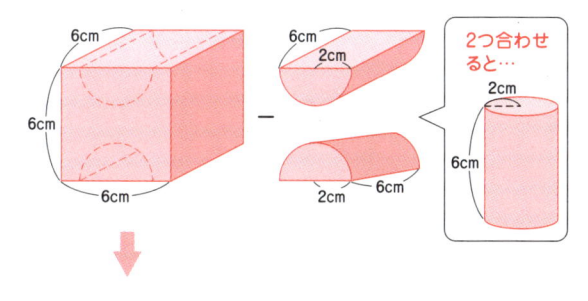

<体積> 6×6×6 − 2×2×3×6＝144

③ (1) 式　4×4×3×6＝288　　答え　288mℓ

☞ 1cm³＝1mℓでしたね（→323ページ）。1000cm³＝1ℓで
もあります。

(2) 式　水の深さを $x$ として、

$$8 \times 8 \times x = 288$$
$$64x = 288$$
$$x = 4.5$$

答え　4.5cm

5章●面積・体積

# いろいろな単位

小学生レベル　六年生

これまでさまざまな単位が登場してきました。ここで総まとめをしながら、さらに別の単位も見ていきましょう。

〈長さと面積の単位〉

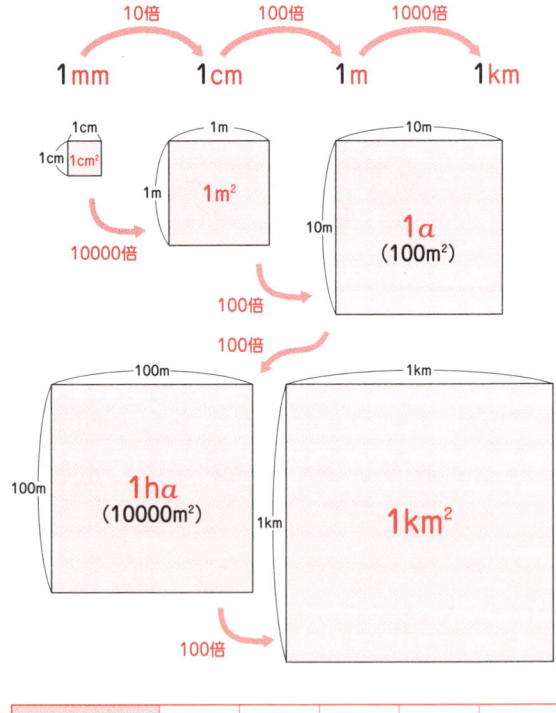

1mm →(10倍)→ 1cm →(100倍)→ 1m →(1000倍)→ 1km

1cm×1cm = 1cm²

1m×1m = 1m² （1cm²の10000倍）

10m×10m = 1a (100m²) （1m²の100倍）

100m×100m = 1ha (10000m²) （1aの100倍）

1km×1km = 1km² （1haの100倍）

| 1辺の長さ | 1cm | 1m | 10m | 100m | 1km |
|---|---|---|---|---|---|
| 正方形の面積 | 1cm² | 1m² | 1a | 1ha | 1km² |

単位を変えるときには、次のような図を使っても便利です。

| km | | | m | | cm | mm |
|---|---|---|---|---|---|---|
| | | | | | | |

たとえば、0.6kmの場合は、

| km | | | m | | cm | mm |
|---|---|---|---|---|---|---|
| 0 . 6 | | | | | | |
| 6 | 0 | 0 | | | | |

〈体積・かさと重さの単位〉

| 体 積 | 1cm³ | 100cm³ | 1000cm³ | 1m³ |
|---|---|---|---|---|
| | 1ml | 1dl | 1l | 1kl |
| 水の重さ | 1g | 100g | 1kg | 1t |

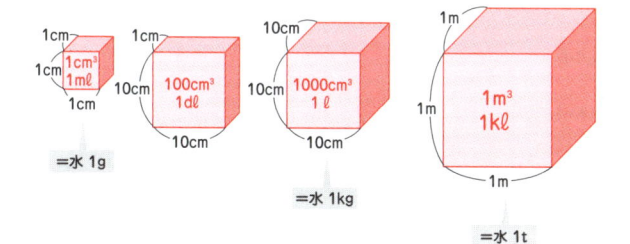

水1cm³＝1gです。ですから、1000cm³＝1kg（1000g）。1000cm³＝1ℓでもありましたよね。1kgの1000倍、つまり**1000kgを1トン（t）**、1gの$\frac{1}{1000}$を**1ミリグラム（mg）**といいます。

```
              1000倍      1000倍       1000倍
重さ  1mg ──────→ 1g ──────→ 1kg ──────→ 1t
```

　kgやkm、kℓのkは「1000倍」を表しています。たとえば、kgはgのk、つまりgの1000倍、kmはmの1000倍ということ。

　mg、mm、mℓのmは $\frac{1}{1000}$ という意味です。たとえば、mgはgの $\frac{1}{1000}$、mmはmの $\frac{1}{1000}$ ということなのです。

　また、h(ヘクト)は100倍、da(デカ)は10倍、d(デシ)は $\frac{1}{10}$、c(センチ)は $\frac{1}{100}$ を表しています。

　このように、ふだん私たちが使っている長さや体積、重さの単位は、10倍ごとに進むしくみになっています。この単位のしくみを**メートル法**といいます（mだけでなく、kgやkℓもメートル法です）。単位のまとめを兼ねて、kやh、dなどがついたものを表にまとめてみましょう。

|   | キロ<br>k | ヘクト<br>h | デカ<br>da |   | デシ<br>d | センチ<br>c | ミリ<br>m |
|---|---|---|---|---|---|---|---|
|   | 1000倍 | 100倍 | 10倍 | 1 | $\frac{1}{10}$ | $\frac{1}{100}$ | $\frac{1}{1000}$ |
| 長さ | km |   |   | メートル<br>m |   | cm | mm |
| 面積 |   | ha |   | アール<br>a |   |   |   |
| 体積 | kℓ |   |   | リットル<br>ℓ | dℓ |   | mℓ |
| 重さ | kg |   |   | グラム<br>g |   |   | mg |

　ha（ヘクト＋アール→ヘクタール）は、aにhがついているので、aの100倍という意味です。実際、aは100㎡で、1haは10000㎡ですから、100倍になっていますよね。

## ❶ ◯の中にあてはまる数を書き入れましょう。

(1) $1\,km^2 = \boxed{\phantom{0}}\,m^2$ 　　(2) $1\,k\ell = \boxed{\phantom{0}}\,\ell$

(3) $1\,mg = \boxed{\phantom{0}}\,g$ 　　(4) $1\,m\ell = \boxed{\phantom{0}}\,\ell$

(5) $0.27\,m = \boxed{\phantom{0}}\,cm$ 　　(6) $2300\,a = \boxed{\phantom{0}}\,ha$

(7) $0.04\,km^2 = \boxed{\phantom{0}}\,ha$ 　　(8) $1.8\,m^3 = \boxed{\phantom{0}}\,k\ell$

(9) $340\,m\ell = \boxed{\phantom{0}}\,cm^3$ 　　(10) $4300\,mg = \boxed{\phantom{0}}\,g$

## ❷ 右はプールの $\frac{1}{100}$ の縮図です。

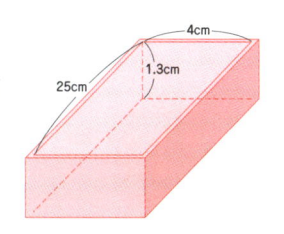

(1) 実際のプールの深さは何mでしょうか。

　答え _____

(2) 容積は何kℓですか。

　式 _____ 　答え _____

(3) 水をいっぱいに入れると、何tの水が入りますか。

　答え _____

## ❸ 面積や体積を求めて、答えにある単位で表しましょう。

(1) （三角形 2km, 3.2km）

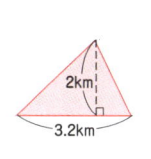

式 _____
答え ＿＿ ha

(2) （円柱 高さ40cm, 直径20cm）（円周率＝3）

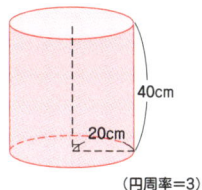

式 _____
答え ＿＿ ℓ

(3) （おうぎ形 半径20m→40m, 中心角60°）（円周率＝3）

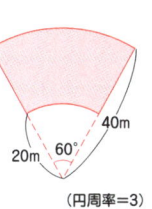

式 _____
答え ＿＿ a

## 答え

**①** (1) 1km² = $\boxed{1000000}$ m²

☞ 1km² = 1km × 1km = 1000m × 1000m。

(2) 1kℓ = $\boxed{1000}$ ℓ

(3) 1mg = $\boxed{0.001}$ g

☞ または $\frac{1}{1000}$ g。mは $\frac{1}{1000}$ の意味でしたね。

(4) 1mℓ = $\boxed{0.001}$ ℓ

☞ または $\frac{1}{1000}$ ℓ。

(5) 0.27m = $\boxed{27}$ cm　　(6) 2300a = $\boxed{23}$ ha

(7) 0.04km² = $\boxed{4}$ ha　　(8) 1.8m³ = $\boxed{1.8}$ kℓ

(9) 340mℓ = $\boxed{340}$ cm³　　(10) 4300mg = $\boxed{4.3}$ g

**②** (1) 1.3m

☞ 縮尺（→398ページ）が1：100ですから、模型のcmをmに置きかえるだけですね（1m=100cm）。

(2) 式　25×4×1.3 = 130　　答え　130kℓ

☞ 1m³ = 1kℓ なので、130m³は130kℓですね。

(3) 130t

☞ 水は1kℓ = 1tです。

**③** (1) 式　3.2×2÷2 = 3.2　3.2km² = 320ha　答え　320ha

(2) 式　20×20×3×40 = 48000　48000cm³ = 48ℓ

答え　48ℓ

(3) 式　$40 \times 40 \times 3 \times \frac{60}{360} - 20 \times 20 \times 3 \times \frac{60}{360}$

　　　= $(40 \times 40 - 20 \times 20) \times 3 \times \frac{1}{6}$

　　　= 600　　600m² = 6a　　　　答え　6a

6 章

# 表・グラフ

表やグラフは、
数の違いや数値の変化などが
ひと目でわかる、とても便利なもの。
表やグラフには
いろいろなタイプがあり、
目的に合わせて使い分けるのがコツです。

# 表とグラフ

小学生レベル
二年生

表やグラフは、2年生になってから学びます。グラフにすると、ひと目で数の違いがわかるようになり、とても便利。少しむずかしくいうと、数値を視覚的に表し、比べやすくするのがグラフの役割というわけですね。

**1** 駐車場にとめられている自動車を色別に表にしました。例にならってグラフにしましょう。

自動車の数

| 色 | 赤 | 青 | 黄 | 緑 | 黒 | 白 |
|---|---|---|---|---|---|---|
| 台数（台） | 4 | 3 | 2 | 0 | 5 | 8 |

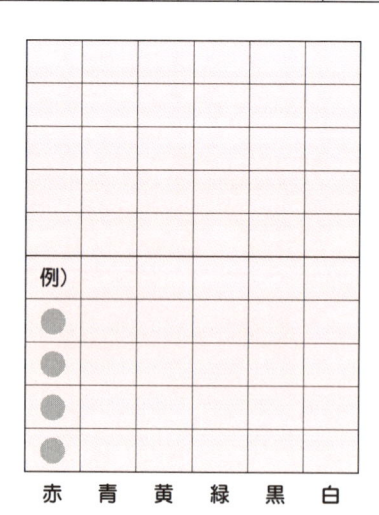

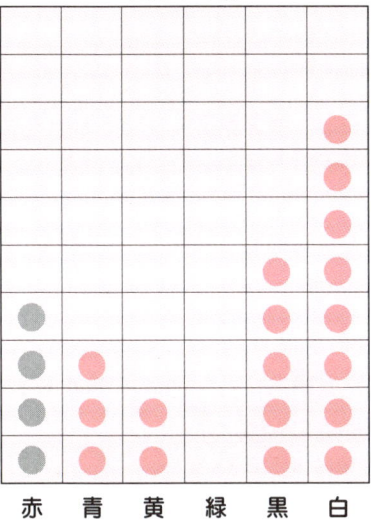

# 答え

① 自動車の数

| | 赤 | 青 | 黄 | 緑 | 黒 | 白 |
|---|---|---|---|---|---|---|
| 10 | | | | | | |
| 9 | | | | | | |
| 8 | | | | | | ● |
| 7 | | | | | | ● |
| 6 | | | | | | ● |
| 5 | | | | | ● | ● |
| 4 | ● | | | | ● | ● |
| 3 | ● | ● | | | ● | ● |
| 2 | ● | ● | ● | | ● | ● |
| 1 | ● | ● | ● | | ● | ● |

# 表と棒グラフ

小学生レベル
★ ★ ★ 三年生
★ ★ ★

3年生になると、**棒グラフ**について習います。2年生で習ったグラフを発展させたものともいえますね。

例）ゆりこさんは駐車場にある自動車の色を調べました。

〈ゆりこさんが書いたメモ〉

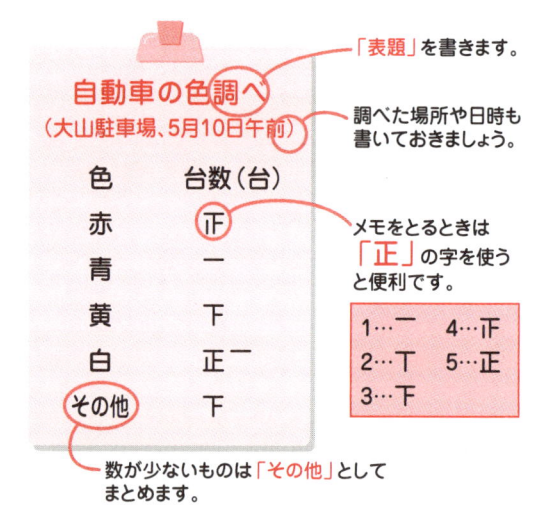

**自動車の色調べ**
（大山駐車場、5月10日午前）

| 色 | 台数（台） |
|---|---|
| 赤 | 正 |
| 青 | 一 |
| 黄 | 下 |
| 白 | 正一 |
| その他 | 下 |

「表題」を書きます。

調べた場所や日時も書いておきましょう。

メモをとるときは「**正**」の字を使うと便利です。

1…一　4…正
2…T　5…正
3…下

数が少ないものは「その他」としてまとめます。

（1）メモに書いた数を数字に書き直して、表に整理してみましょう。

自動車の色調べ

| 色 | 赤 | 青 | 黄 | 白 | その他 |
|---|---|---|---|---|---|
| 台数（台） | 例）4 | | | | |

(2) 表を棒グラフで表してみましょう。

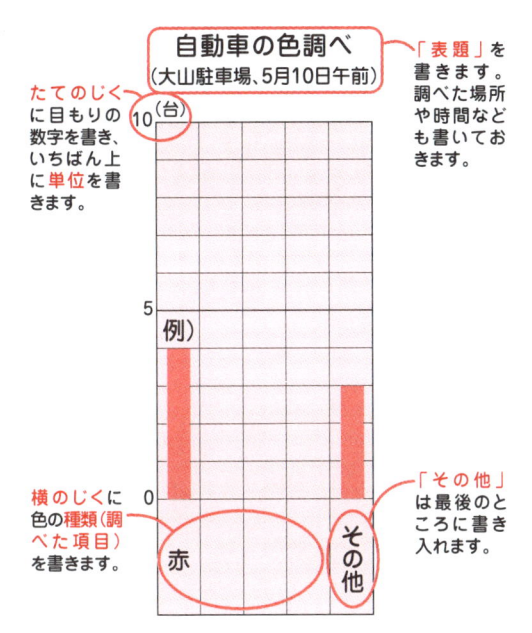

**自動車の色調べ**
(大山駐車場、5月10日午前)

**たてのじく**に目もりの数字を書き、いちばん上に**単位**を書きます。

「**表題**」を書きます。調べた場所や時間なども書いておきます。

例）

**横のじく**に色の**種類**(調べた項目)を書きます。

赤　　その他

「**その他**」は最後のところに書き入れます。

棒グラフでは、右のように**数の大きい順に並べかえる**こともできます。

こうすると、**「どの色が多いか」**が、ぐんとわかりやすくなりますよね。

このように、グラフは、**目的に合わせて、書き方を工夫する**というのがポイントになります。

自動車の色調べ
(大山駐車場、5月10日午前)

数が大きい順に並べた場合でも、「その他」は最後に書きます。

白　赤　黄　青　その他

三年生　表と棒グラフ

**1** 先週、けんたくんの学校では、図書室から本を借りた人の数を調べて、表にまとめました。

(1) グラフの1めもりは何人を表しているでしょうか。

答え＿＿＿＿＿＿

(2) 例)にならって、グラフに表してみましょう。

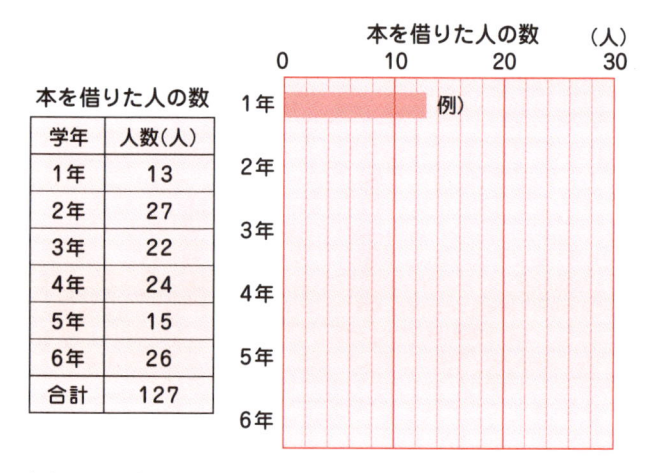

**本を借りた人の数**

| 学年 | 人数(人) |
|---|---|
| 1年 | 13 |
| 2年 | 27 |
| 3年 | 22 |
| 4年 | 24 |
| 5年 | 15 |
| 6年 | 26 |
| 合計 | 127 |

(3) 上の表とグラフを比べて、あてはまるほうを○で囲みましょう。

①人数の多い、少ないの違いがわかりやすいのは（表、グラフ）のほうです。

②人数を聞かれたときに、見て、すぐに答えられるのは（表、グラフ）のほうです。

## 答え

**① (1)** 2人

**(2)**

**本を借りた人の数**

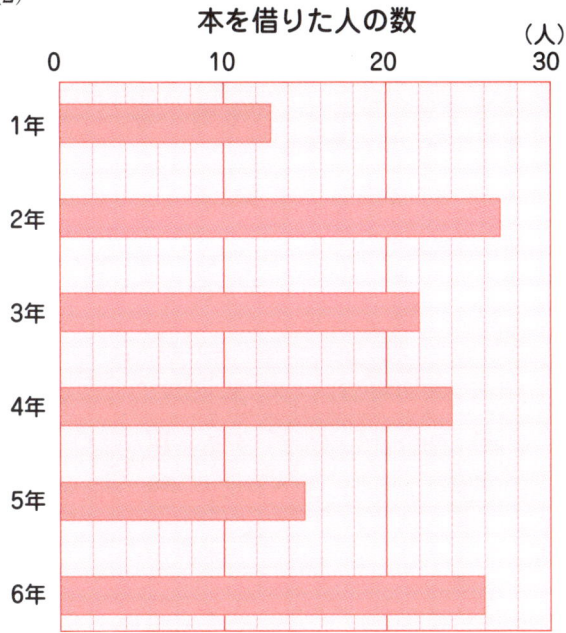

|  |  |
|---|---|
| 1年 | 約13人 |
| 2年 | 約27人 |
| 3年 | 約22人 |
| 4年 | 約25人 |
| 5年 | 約15人 |
| 6年 | 約28人 |

(横軸:0〜30(人)の棒グラフ)

**(3)** ①グラフ　　②表

☞数の大きさを比べるときは、グラフが一目瞭然で便利ですが、「何人か」がすぐにわかるのは表ですよね。子どもたちはこうして、資料を作ったり、整理したりするときには、目的に応じて表やグラフを使い分けるといいことを学んでいきます。

今度は表です。表にもいろいろありますが、ここでは、私たちがふだんいちばん使うことが多い2つのタイプを見ていきます。

**❷** いちろうくんは、1月、2月、3月の天気を調べ、次のような表にまとめました。

この3つの表を1つにまとめて、その表を見ながら質問に答えましょう。

天気調べ

| 1月 | |
|---|---|
| 天　気 | 日数(日) |
| 晴　れ | 14 |
| くもり | 12 |
| 雨 | 3 |
| 雪 | 2 |
| 合　計 | 31 |

| 2月 | |
|---|---|
| 天　気 | 日数(日) |
| 晴　れ | 13 |
| くもり | 10 |
| 雨 | 2 |
| 雪 | 3 |
| 合　計 | 28 |

| 3月 | |
|---|---|
| 天　気 | 日数(日) |
| 晴　れ | 18 |
| くもり | 8 |
| 雨 | 5 |
| 雪 | 0 |
| 合　計 | 31 |

(1) 上の3つの表を1つの表にまとめてみましょう。

天気調べ

| 天気＼月 | 1月 | 2月 | 3月 | 合　計 |
|---|---|---|---|---|
| 晴　れ | 例) 14 | | | |
| くもり | 12 | | | |
| 雨 | 3 | | | |
| 雪 | 2 | | | |
| 合　計 | 31 | | | ① |

(2) 雪が2日ふった月は何月ですか。　　答え＿＿＿＿

(3) 3カ月の間で、いちばん多かった天気は何でしょうか。

答え＿＿＿＿

(4) 3カ月の間に、くもりの日は何日ありましたか。

答え＿＿＿＿

(5) 表の①に入る数字は、何の合計を表していますか。

答え＿＿＿＿

> まとめたことで、月別、天気別の数が比べやすくなりました。最初の表では天気別の合計は出ていないので、(3)や(4)のようなことはパッとわかりませんでした。こんなふうに1つの表にまとめると、バラバラの表にするよりも、**数が比べやすくなり、いろいろなことがわかるようになる場合がある**のです。

● 答え ●

② (1)(4) 下の表を見てください　(2) 1月　(3) 晴れ
(5) 3カ月の日数の合計

| 天候＼月 | 1月 | 2月 | 3月 | 合　計 |
|---|---|---|---|---|
| 晴　れ | 14 | 13 | 18 | 45 |
| くもり | 12 | 10 | 8 | (4) 30 |
| 雨 | 3 | 2 | 5 | 10 |
| 雪 | 2 | 3 | 0 | 5 |
| 合　計 | 31 | 28 | 31 | ① 90 |

# 折れ線グラフ

小学生レベル
四年生 ★☆☆

下のようなグラフを **折れ線グラフ** といいます。折れ線グラフの特ちょうは、**変化のしかた** がひと目でわかること。気温や体重などのように、変化のようすをつかみたいときに便利なグラフです。

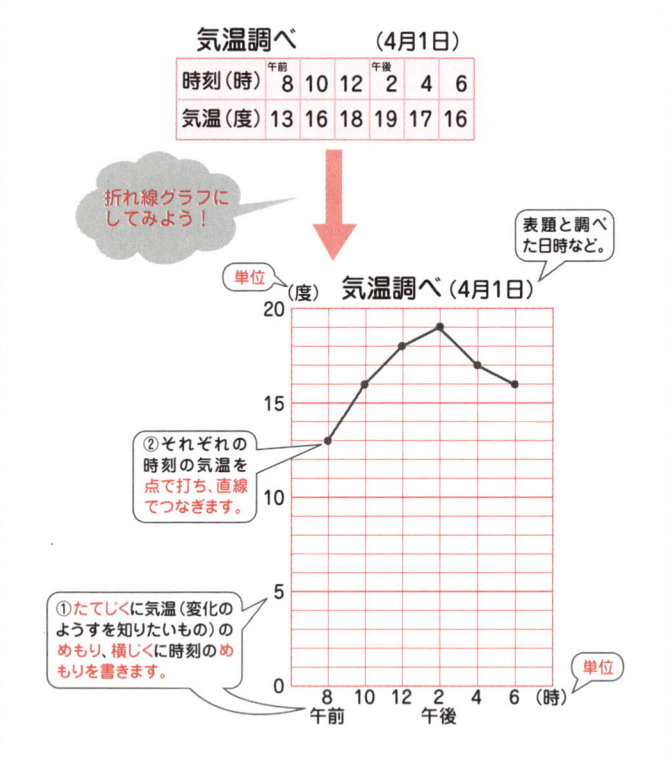

気温調べ　（4月1日）

| 時刻（時） | 午前 8 | 10 | 12 | 午後 2 | 4 | 6 |
|---|---|---|---|---|---|---|
| 気温（度） | 13 | 16 | 18 | 19 | 17 | 16 |

折れ線グラフにしてみよう！

↓

単位　(度)　気温調べ（4月1日）

表題と調べた日時など。

② それぞれの時刻の気温を点で打ち、直線でつなぎます。

① たてじくに気温（変化のようすを知りたいもの）のめもり、横じくに時刻のめもりを書きます。

単位

折れ線グラフでは、変化する様子をわかりやすくするために、〰〰 を使って、途中のめもりを省くこともできます。

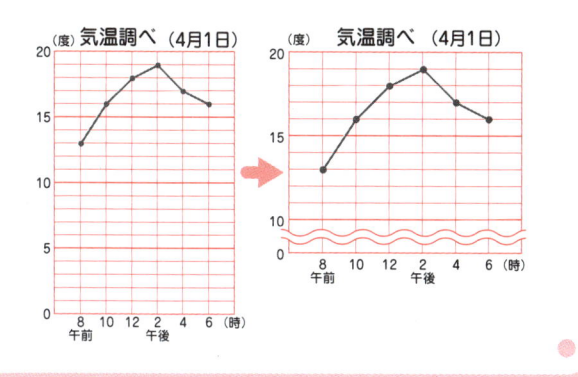

1. ( ) の中の正しい言葉を○で囲み、☐にあてはまる言葉を書きましょう。

(1) 折れ線グラフでは、線の向きが（上、下）のときは数量が増えることを表し、線の向きが（上、下）のときは、数量が減ることを表しています。

(2) 変化が大きいところほど、直線の傾きは（急、ゆるやか）です。

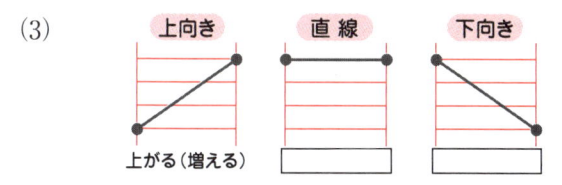

(3) 上向き　直線　下向き

上がる（増える）　☐　☐

> 折れ線グラフは2つのものを比べるときにも便利です。次のページの折れ線グラフは2つの市の気温変化を表したもの。
> これを見ると、たとえば、「全体的に南市のほうが気温が高い」「南市に比べると、北市は1日の気温変化がゆるやかだ」というように、それぞれの気温変化の特ちょうが、すぐにつかめ違いを比べることが簡単にできます。

四年生　折れ線グラフ

## 2 次の折れ線グラフについて答えましょう。

(1) 南市で、1時間の気温変化がもっとも激しいのはいつですか。　　　　答え _____

(2) 北市のほうが気温が高いのは何時ですか。

答え _____

(3) 正午のそれぞれの気温は何度ですか。

答え　南市 _____　北市 _____

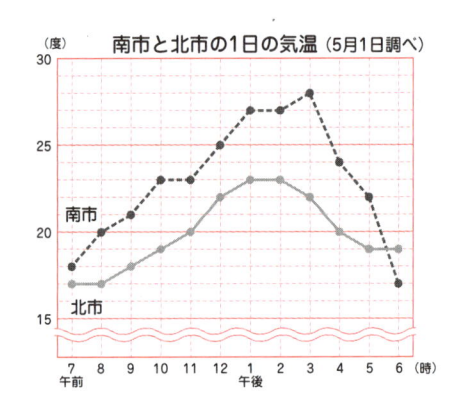

**南市と北市の1日の気温**（5月1日調べ）

---

● 答え ●

① (1) 上、下

(2) 急

(3) **直線** 変わらない　　**下向き** 下がる（減る）

☞変化しない様子をよく「横ばい」といいますね。

② (1) 午後5時から6時　　(2) 午後6時

(3) 南市 25度　　北市 22度

☞正午は昼の12時です。

# 百分率（割合）とグラフ

小学生レベル ★★★★★ 五年生

**百分率**というとピンとこない方でも、**％（パーセント）**といえばどうでしょうか。％は割合を表すもので、たとえば野球でいう打率も割合のひとつですね。

**割合＝比べられる量÷もとにする量**

で求めます。

つまり、割合というのは、「比べられる量がもとにする量の何倍か」を表す数なのです。

例）野球をしています。しょうたくんは8球のうち、4回打ち、ゆうこさんは12球のうち3回打ちました。打った割合を比べましょう。

|  | 比べられる量 | ÷ | もとにする量 | ＝ 割合 |
|---|---|---|---|---|
| しょうたくん | 4 | ÷ | 8 | ＝ 0.5 |
| ゆうこさん | 3 | ÷ | 12 | ＝ 0.25 |

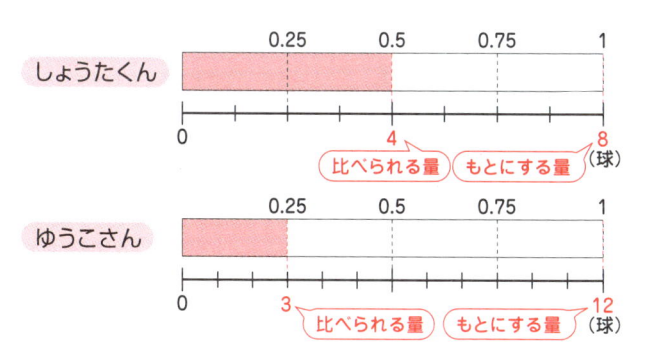

しょうたくん

0　　　　　　　　　4　　　　8
　　　　　　比べられる量　もとにする量（球）

ゆうこさん

0　　　3　　　　　　　　　　12
　　比べられる量　　　もとにする量（球）

百分率は、**もとにする量を100としたときの割合**のことです。割合**0.01を1パーセント**といい、**%**と書きます。

今の例を百分率で表すと、

しょうたくん　　　　0.5　→　50%　→　0.01が50こということ

ゆうこさん　　　　0.25　→　25%　→　0.01が25こということ

つまり、

　百分率＝比べられる量÷もとにする量×100

なのです。

また、0.1を**1割**、0.01を**1分**、0.001を**1厘**と表すこともあります。このように表した割合を**歩合**といいます。

|  | 1 | 0.1 | 0.01 | 0.001 |
|---|---|---|---|---|
| 歩　合 | 10割 | 1割 | 1分 | 1厘 |
| 百 分 率 | 100% | 10% | 1% | 0.1% |

例）　　　　　　歩合　　　　　百分率
　0.34　　→　3割4分　　→　34 %
　0.567　→　5割6分7厘　→　56.7%
　1.2　　 →　12割　　　 →　120 %

## 1 市の面積に占める緑地の割合をそれぞれ百分率で表し、表に書き入れましょう。

|  | 市の面積 (Km²) | 緑地の面積 (Km²) | 割合 |
|---|---|---|---|
| 南川市 | 32 | 12 |  |
| 北川市 | 60 | 18 |  |

## 2 ゆりさんが80人にアンケート用紙を配ったところ、62人が回答してくれました。

(1) 回答した人は、全体の何%でしょうか。

式 _____  答え _____

(2) 回答しなかった人は、全体の何%ですか。

式 _____  答え _____

## 3 小数や整数で表した割合を百分率で、百分率で表した割合を小数や整数で表しましょう。

(1) 0.45   答え _____   (2) 1.26   答え _____

(3) 78.6%  答え _____   (4) 134%   答え _____

## 4 小数や百分率で表した割合を歩合で表し、歩合で表した割合を百分率で表しましょう。

(1) 0.48   答え _____   (2) 44.6%  答え _____

(3) 2割5分  答え _____  (4) 12割   答え _____

(5) 10割3分6厘   答え _____

## 答え

① 南川市　37.5%　☞ $12 \div 32 \times 100 = 37.5$

　北川市　30%　☞ $18 \div 60 \times 100 = 30$

☞森林の面積そのものは、北川市のほうが多いのですが、割合は南川市のほうが多くなっています。

② (1) 式　$62 \div 80 \times 100 = 77.5$　答え　77.5%

　(2) 式　$80 - 62 = 18$　　$18 \div 80 \times 100 = 22.5$

　　答え　22.5%

☞百分率は全体を100としたときの割合を表すので、(1)より、$100 - 77.5 = 22.5$。したがって、答えは22.5%という答え方をしても、もちろん正解。

（円グラフ：回答した人 77.5%／回答しなかった人 22.5%／合計が100になります）

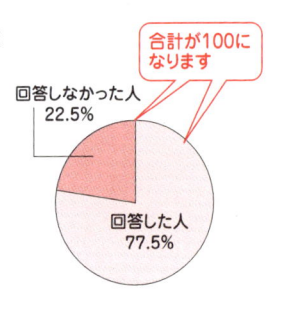

③ (1) 45%　(2) 126%　(3) 0.786

　(4) 1.34

④ (1) 4割8分　(2) 4割4分6厘　(3) 25%

　(4) 120%　(5) 103.6%

☞割合は、大人はバーゲンセールや野球の打率などでおなじみですが、子どもたちは「何%が何割だっけ…？」とわからなくなりがちです。細かく暗記しなくても、0.1 = 10% = 1割を覚えておけば応用がききますから、実はこれだけで十分。そんなふうに伝えてあげてはいかがでしょうか。

割合をもとにして、数を求める方法も見ておきましょう。

例）ある文房具店では、文房具が定価の80％で売られています。定価350円の色えんぴつは、いくらで買えますか。

バーゲンセールのときなどに、よく「10％引き」「2割引き」といった札を見かけますね。20％引きや2割引きとは、元の値段の80％（8割）で買えるということ。つまり、定価を1としたとき、売価は0.8。ですから、この例）の売価は350円の0.8倍です。
　そこで、

　　売価＝定価（350円）×0.8

という式がわかります。

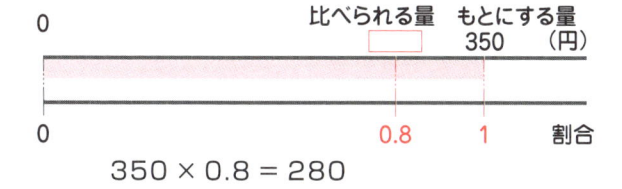

$$350 \times 0.8 = 280$$

ほかに、$x$と百分率の式を使って、
　　　　$x \div 350 = 0.8$　←比べられる量÷もとにする量＝割合
　　　　　$x = 0.8 \times 350$
として求めることもできます。
どちらにしても、

**比べられる量＝もとにする量×割合**

という式をみちびきだすことができますよね。

**5** 生徒数800人の学校で、1学期の間、1日も休まなかった生徒は全体の34％でした。これは何人でしょうか。

　　　式　　　　　　　　　　　　答え

**6** テニスクラブでは、今日4人が休みました。これはクラブ全体の12.5％です。クラブ員は全部で何人でしょうか。

　　　式　　　　　　　　　　　　答え

**7** ある店で、定価2300円の品物が20％引きで売られています。となりの店では同じものを500円引きで売っています。どちらのほうが、いくら安いでしょうか。

　　　式　　　　　　　　　　　　答え

**8** □にあてはまる数を書き入れましょう。
　(1) 1.5 kg を1とすると、2.3にあたる重さは □ kg です。
　(2) 300 g は □ kg の15％にあたります。

**9** 小魚には重さの約2％にカルシウムがふくまれています。カルシウムを1g取るには、何gの小魚を食べればよいのでしょうか。

　　　　　　　　　　　　　　　　答え

### 答え

⑤ 式　800×0.34＝272　　答え　272人

⑥ 式　4÷0.125＝32　　答え　32人

☞わかりにくかったかもしれませんね。こんなときは$x$（→143ページ）が活躍してくれます。

$$x \times 0.125 = 4$$ ←比べられる量＝もとにする量×割合

$$x = 4 \div 0.125 = 32$$

「割合＝比べられる量÷もとにする量」に$x$をあてはめて、$4 \div x = 0.125$から求めることもできます。

⑦ 式　2300×0.2＝460（値引き額）　500－460＝40

答え　500円引きのほうが40円安い。

☞ 2300×(1－0.2)＝2300×0.8＝1840（売価）

2300－500＝1800（売価）　　1840－1800＝40

などでも、求められます。

⑧ (1) $\boxed{3.45}$ kg

☞式は1.5×2.3＝3.45。絵で表してみましょう。

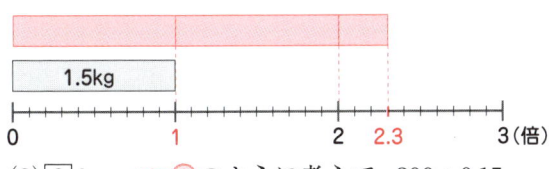

(2) $\boxed{2}$ kg　　☞⑥のように考えて、300÷0.15。

⑨ 答え　50 g

☞求めたい小魚の量を$x$ gとして、

$$x \times 0.02 = 1$$ ←比べられる量＝もとにする量×割合

$$x = 1 \div 0.02 = 50$$

割合を表すグラフに、**帯グラフ**と**円グラフ**があります。

例）図書館に来た子どもたちに借りたい本を聞きました。
百分率で表して、グラフで比べてみましょう。百分率は四捨五入して、一の位まで求めましょう。

借りたい本の種類

| 種類 | 冊数（冊） |
|------|-----------|
| 物語 | 78 |
| 科学 | 31 |
| 図かん | 8 |
| その他 | 28 |
| 合計 | 145 |

まず、百分率で表します。
全体が145冊ですから、

物語　　78 ÷ 145 × 100 = 53.7　→ 54%

科学　　31 ÷ 145 × 100 = 21.3　→ 21%

図かん　8 ÷ 145 × 100 = 5.5　→ 6%

その他　28 ÷ 145 × 100 = 19.3　→ 19%

まず、帯グラフ、次に円グラフで表してみましょう。

● 帯グラフ

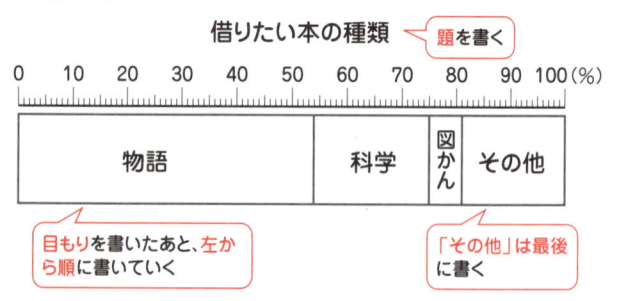

借りたい本の種類　←題を書く

0　10　20　30　40　50　60　70　80　90　100(%)

| 物語 | 科学 | 図かん | その他 |

目もりを書いたあと、左から順に書いていく

「その他」は最後に書く

## ● 円グラフ

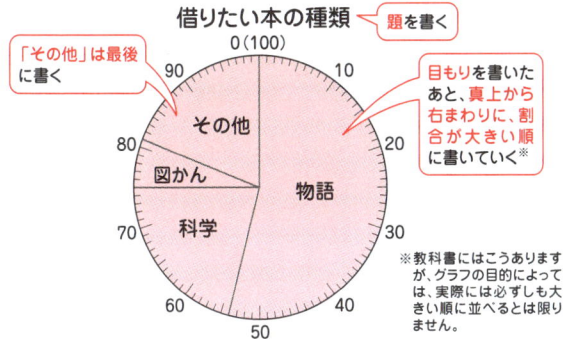

**借りたい本の種類** ← 題を書く

「その他」は最後に書く

目もりを書いたあと、真上から右まわりに、割合が大きい順に書いていく※

※教科書にはこうありますが、グラフの目的によっては、実際には必ずしも大きい順に並べるとは限りません。

こうしてみると、圧倒的に「物語」が人気があるのがわかります。2番目の「科学」の2倍以上ですね。

このように、帯グラフや円グラフは**全体に占める割合**を見たり、**あるものの割合と別のものの割合を比べる**ときに便利です。

**❿** あきらさんのクラスでスポーツ大会に何をやりたいか、アンケートをとりました。百分率を一の位まで求め、グラフにしましょう。

スポーツ大会の種目

| 種目 | 人数（人） |
|---|---|
| サッカー | 18 |
| 野球 | 10 |
| ポートボール | 6 |
| その他 | 4 |
| 合計 | 38 |

スポーツ大会の種目

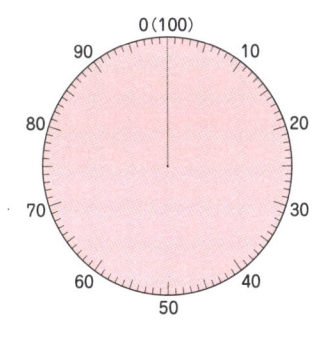

**⑪** 年齢順の帯グラフにして比べましょう。

人口全体に占める年齢別の人口　　（単位 人）

| 場　所 | 人　口 | 0〜14歳 | 15〜64歳 | 65歳以上 |
|---|---|---|---|---|
| 東京都 | 1174万 | 148万6000 | 854万3000 | 180万8000 |
| 鳥取県 | 62万 | 9万5000 | 38万7000 | 13万2000 |

⬇ 百分率を計算すると…

（単位 %）

| 場　所 | | 0〜14歳 | 15〜64歳 | 65歳以上 |
|---|---|---|---|---|
| 東京都 | | 13 | 73 | 15 |
| 鳥取県 | | 15 | 62 | 21 |

人口全体に占める年齢別の人口

東京都　｜0〜14歳｜

鳥取県

　百分率のグラフでは、**すべての百分率を足したとき、必ず100になる**ようにしますが、❷では、東京都も鳥取県も、百分率の合計が100になっていません。このように、四捨五入などをしたために、足しても100にならないときや100を超えるときは、**いちばん多い部分か、「その他」で調整**します。

● 答え ●

⑩ サッカー　→ 47%
18 ÷ 38 × 100 = 47.3…

野球　→ 26%
10 ÷ 38 × 100 = 26.3…

ポートボール　→ 16%
6 ÷ 38 × 100 = 15.7…

その他　→ 11%
4 ÷ 38 × 100 = 10.5…

**スポーツ大会の種目**

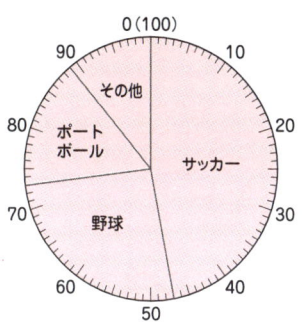

⑪ **人口全体に占める年齢別の人口**

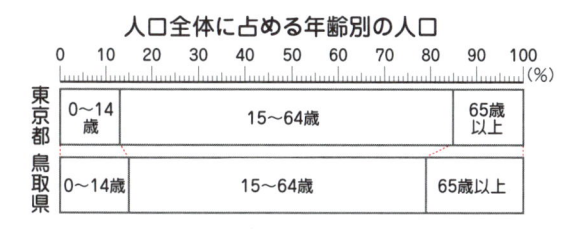

☞ 東京都の百分率の合計は101。**いちばん多い「15～64歳」で調整**して、100にします。鳥取県も百分率の合計が98で、100に足りません。やはり、いちばん多い「15～64歳」で調整します。

　また、帯グラフでは、同じテーマで違うものを比べたいときには、こんなふうに上下に並べると、違いがわかりやすくなります。また、赤い点線のように、同じ項目ごとにつなげるのも、比べやすくするためによく使われる工夫のひとつです。

# 資料の調べ方（散らばり、延べ）と柱状グラフ

小学生レベル
★★★
★★★ 六年生

調べたことについて、**平均**や**散らばり**（分布）を見て、分析することがあります。平均や散らばりは、資料や記録の特徴をつかむのに、とても便利でよく使われる方法です。

例1） 1組の男子の身長をはかり、5cmごとに区切って表にまとめると、右のようになりました。

身長調べ（1組男子）

| 身長（cm） | 人数（人） |
|---|---|
| 140以上～145未満 | 2 |
| 145～150 | 5 |
| 150～155 | 6 |
| 155～160 | 4 |
| 160～165 | 2 |
| 合計 | 20 |

（1） 身長の散らばりのようすがよくわかるように、表を見ながら、下の図を完成させてください。

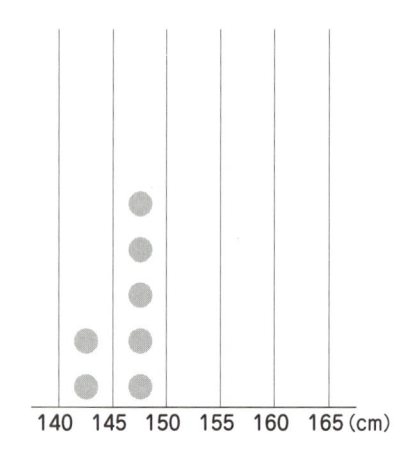

図を作るときには、次の点に気をつけましょう。

**～以上、～以下** … その数をふくみます。

例）140cm以上…140cmをふくみます。

**～未満、～を超える** … その数をふくみません。

例）145cm未満…145cmをふくみません。

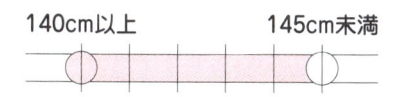

140cm以上　　　　　145cm未満

散らばりのようすは、次のような**柱状グラフ**に表すと、わかりやすくなります。

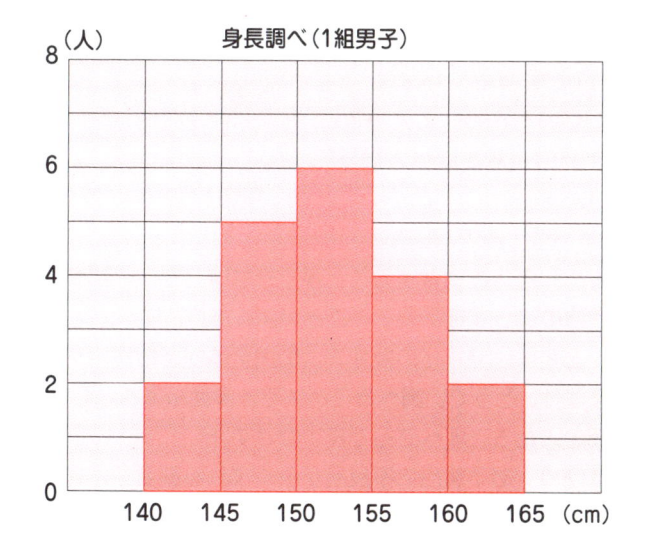

身長調べ（1組男子）

棒グラフ（→362ページ）とよく似ていますが、大きく違うのは、**柱状グラフでは棒と棒の間をくっつける**こと。これは、散らばりのようすや特ちょうがよくわかるようにするためです。

この柱状グラフでも、人数がいちばん多いのは「150cm以上155cm未満」で、そこをピークに山形に散らばっていることや、散らばりの範囲が「140cm以上165cm未満」であることなども、パッとわかるようになっていますね。

また、資料や記録でよく使われる言葉に**延べ**があります。

例2) 先週、さきこさんの班で、遅刻した人を調べました。

遅刻者調べ（先週）

| 曜日 | 名前 |
|---|---|
| 月 | よしお、あきこ |
| 火 |  |
| 水 | りか |
| 木 | よしお、りか |
| 金 | よしお |
| 土 |  |
| 合計 | 6人 |

ここでは、同じ人が別の日に遅刻したら、「別の人」とみなして数え、合計を計算しています。

こういうふうにして求めた合計の人数を**延べ人数**といいます。

また、全体を調査することができないとき、**一部を調べて全体のようすを予想する**ことがよくあります。

たとえば、テレビの視聴率。国民全員がどの番組を見ているかは、とうてい調べることはできませんよね。そこで、一部の人たちを調べて％で表すのです。

ほかに、ある製品に不良品がふくまれる割合や、ある商品の人気度などの調査（市場調査）でもよく使われる方法です。

## 1 いちろうさんとゆずるさんがボール投げをしました。

ボール投げ (m)

| いちろう | 18 | 21 | 22 | 19 | 15 |
|---|---|---|---|---|---|
| ゆずる | 21 | 23 | 20 | 18 | 19 |

(1) 平均すると、どちらのほうが遠くへ飛ばしましたか。それぞれの平均を求めましょう。

式 _____ 答え _____

(2) 2人のうち、散らばりの範囲が大きいのはどちらでしょうか。

答え _____

## 2 ようこさんの町では、毎週、空きかんひろいのボランティア活動をしています。ボランティア活動に参加した回数と人数を調べて、次のような表にまとめました。

ボランティア活動の参加回数と人数（1月から7月）

1組

| 回数（回） | 人数（人） |
|---|---|
| 0以上～5未満 | 0 |
| 5～10 | 5 |
| 10～15 | 10 |
| 15～20 | 12 |
| 20～25 | 7 |
| 25～30 | 4 |
| 合計 | 38 |

2組

| 回数（回） | 人数（人） |
|---|---|
| 0以上～5未満 | 5 |
| 5～10 | 9 |
| 10～15 | 11 |
| 15～20 | 10 |
| 20～25 | 3 |
| 25～30 | 0 |
| 合計 | 38 |

(1) 下は1組の柱状グラフです。この上に、2組のグラフを重ね書きしましょう。

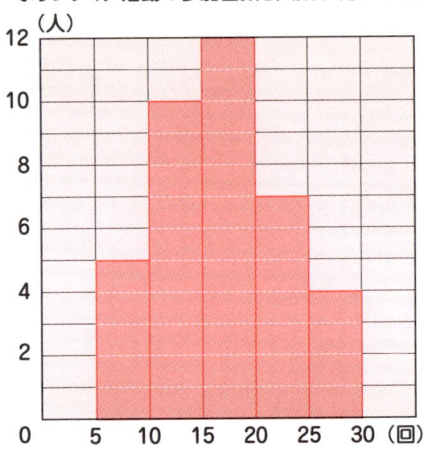

**ボランティア活動の参加回数と人数（1月から7月）**

(2) 空欄をうめましょう（百分率は四捨五入して、一の位まで求める）。

|  | 1組 | 2組 |
|---|---|---|
| いちばん人数の多い区切り | 回以上 回未満<br>15〜20 | 回以上 回未満<br>〜 |
| 10回未満の人の割合(%) | 13 |  |
| 20回以上の人の割合(%) | 29 |  |

**3** 工場で作ったオモチャ250こを調べたところ、2こが不良品でした。1750このうち、不良品は何こあると考えられますか。

式 　　　　　　　　　　　　　　答え

## 答え

① (1) 式　いちろうさん $(18+21+22+19+15)÷5=19$
　　　　ゆずるさん $(21+23+20+18+19)÷5=20.2$
　答え　ゆずるさんのほうが遠くへ飛ばした。

(2) いちろうさん

☞いちろうさんは、最高記録が22m、最低記録が15mなので、散らばりの範囲は7m。一方、ゆずるさんは最高記録が23m、最低記録が19mですから、散らばりの範囲は4m。

　散らばりの範囲は、いちろうさんのほうが大きいですね。いいかえると、記録にムラがあるということ。どうやら、ゆずるさんのほうが安定した実力がありそうです。

②　**ボランティア活動の参加回数と人数**

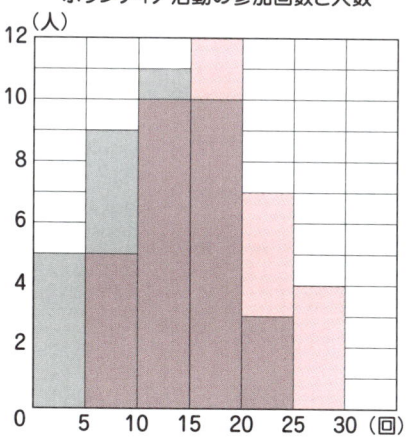

☞もちろん、次ページのように別べつに書き、並べて

比べてもよいのですが、このように重ねて書くと、散らばりの特ちょうや違いが比べやすくなります（2つのものを比べるときは重ねるのが一般的ということではなく、グラフを書くときの工夫の一例ということ）。グラフにはいろいろなものがあり、また、棒グラフと折れ線グラフなど、まったく違うタイプのグラフを組み合わせる場合もあります。

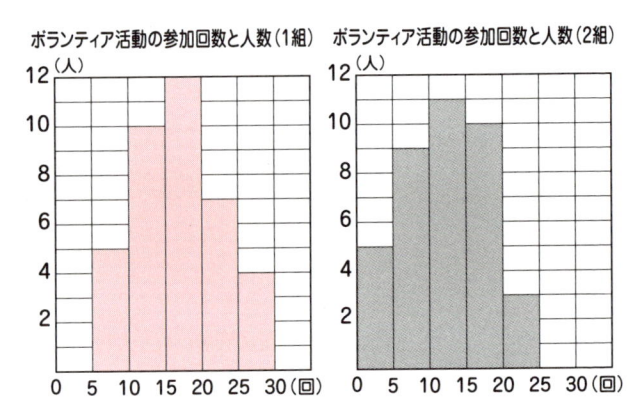

ボランティア活動の参加回数と人数（1組）　ボランティア活動の参加回数と人数（2組）

☞「いちばん人数の多い区切り」はグラフを見たほうがわかりやすいですが、百分率は表を見たほうが計算しやすいですね。

|  | 1組 | 2組 |
|---|---|---|
| いちばん人数の多い区切り | 回以上　回未満<br>15〜20 | 回以上　回未満<br>10〜15 |
| 10回未満の人の割合（％） | 13 | 37 |
| 20回以上の人の割合（％） | 29 | 8 |

**③** 式　$2 ÷ 250 = 0.008$　$1750 × 0.008 = 14$　　答え　14こ

☞「250こ中2こ」ということは、不良品の割合が0.8％ということ。1750こ中では14こになりますね。

7章

# 比、比例、場合の数

この章で取り上げる算数は
どれも6年生で習うものばかり。
小学校では算数について、6年間にわたり、
さまざまなことを学びますが、
その中でも"上級編"の内容
といってよいかもしれません。

# 比

小学生レベル　六年生

比は**割合**の表し方のひとつ。割合は、

　　**割合＝比べられる量÷もとにする量**

で求められます（→371ページ）。

たとえば、200ページのパンフレットがあるとします。そのうち、25ページを読んだら、読み終えた割合は、

　　25÷200＝0.125

全体（200ページ）を1としたとき、読み終わったのは、そのうちの0.125ということです。

割合の表し方には、3つの方法があったのを覚えていらっしゃいますか。

**小　数**　0.125
**百分率**　12.5％
**歩　合**　1割2分5厘

| | 比べられる量 | もとにする量 |
|---|---|---|
| 割合 | \multicolumn{2}{c}{$a \div b = \dfrac{a}{b}$} ||
| 比 | \multicolumn{2}{c}{$a : b$} ||
| 比の値 | \multicolumn{2}{c}{$\dfrac{a}{b}$} ||

比では、これを **25:200** と表して**「25対200」**と読みます。：の前が「比べられる量」です。

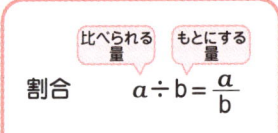

そして $a:b$ のとき、$\dfrac{a}{b}$（$a$ を $b$ でわった商）を**比の値**といい、**比の値が等しいとき、「比は等しい」**といいます。

たとえば、3:2の比の値は $\dfrac{3}{2}$、または1.5です。

それでは、6:4の比の値はどうなるでしょうか。

もちろん、$\frac{6}{4}$ですよね。約分すると$\frac{3}{2}$。3：2と比の値が同じです。ですから、3：2と6：4では「比は等しい」ということができます。

これは、つまり、**比は同じ数をかけても、同じ数でわっても、等しくなる**ということです。

同じ数をかける ×2
3：2 ＝ 6：4
同じ数でわる ÷2

また、**比はできるだけ小さい整数の比**に直して表します。これを「**比を簡単にする**」といいます。

たとえば、20：5の比を簡単にするときは、右のように同じ数でわることで、4：1とできます。

5でわる 20：5 5でわる
↓
4：1

例1) 3：2  6：4

比の値 $\frac{3}{2}$  $\frac{6}{4} = \frac{3}{2}$

比の値が等しい
↓
比は等しい
3：2＝6：4

例2) 16：20   0.3：1.8

÷4    10倍して、整数にする
16：20  3：18
↓     ↓
4：5   3：18 ÷3
      ↓
比を簡単にする   1：6
          ↓
         比を簡単にする

**1** 比を簡単にしましょう

(1) 49 : 42 → ☐　　(2) 1.2 : 4.8 → ☐

(3) $\frac{2}{5} : \frac{3}{5}$ → ☐　　(4) $\frac{3}{4} : \frac{5}{8}$ → ☐

(5) $0.6 : \frac{1}{4}$ → ☐　　(6) $2\frac{5}{6} : 2$ → ☐

**2** ☐にあてはまる数を書き入れましょう。

(1) ☐ : 18 = 2 : 3　　(2) ☐ : 0.8 = 5 : 4

**3** 濃縮ジュースと水を2：3の比で混ぜて、ジュースを作ります。

(1) 濃縮ジュースが50mlのとき、水は何mlでしょうか。

答え _____

(2) 水が1.2 l のとき、濃縮ジュースは何 l でしょうか。

答え _____

(3) ジュースを180mlつくるとき、濃縮ジュースは何ml、水は何mlでしょうか。

答え _____

**4** なるみさんの影の長さを答えましょう。

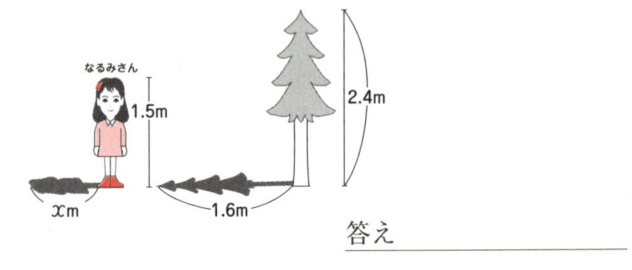

なるみさん 1.5m　　2.4m

$x$m　　1.6m

答え _____

比を使った問題は、絵で表してみたり、$x$を使ったりするとわかりやすくなります。

たとえば、❸の（1）では、濃縮ジュースの量を$x$として…、

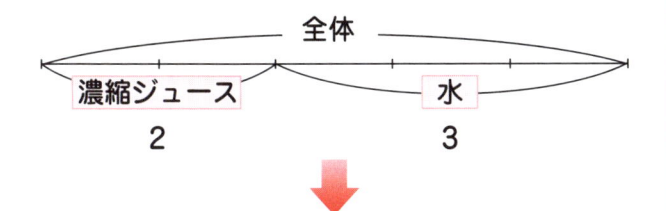

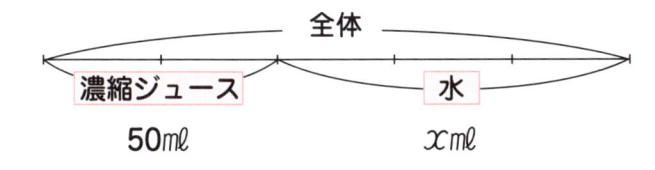

```
       ──── 全体 ────
  濃縮ジュース      水
      2           3
```

```
       ──── 全体 ────
  濃縮ジュース      水
     50㎖         $x$㎖
```

①
$2 : 3 = 50 : x$
②
×a

① $2 × a = 50$
　　　$a =$ ⬜(1)

② $3 × a = x$
　　$3 ×$ ⬜(1) $=$ ⬜(2)

⬜(2) に入る数が、❸(1)の答えですね。

● 答え ●

① (1) 7:6

☞ $49:42=(49÷7):(42÷7)=7:6$

(2) 1:4  【小数は整数に直します】

☞ $1.2:4.8=(1.2×10):(4.8×10)=12:48$
$=(12÷12):(48÷12)=1:4$

小数の比は10倍、100倍…して整数の比に直します

(3) 2:3  【分数を整数に直します】

☞ $\dfrac{2}{5}:\dfrac{3}{5}=\left(\dfrac{2}{5}×5\right):\left(\dfrac{3}{5}×5\right)=2:3$

(4) 6:5  【分母が違うときは、分母の公倍数をかけます】

☞ $\dfrac{3}{4}:\dfrac{5}{8}=\left(\dfrac{3}{4}×8\right):\left(\dfrac{5}{8}×8\right)=6:5$

このほか、通分を利用しても比を簡単にできます。

$\dfrac{3}{4}:\dfrac{5}{8}=\dfrac{6}{8}:\dfrac{5}{8}=6:5$

【通分する】 ×2  【両方とも分数（または小数）で表す】

(5) 12:5

☞ $0.6:\dfrac{1}{4}=\dfrac{6}{10}:\dfrac{1}{4}=\left(\dfrac{6}{10}×20\right):\left(\dfrac{1}{4}×20\right)=12:5$

【分母の公倍数をかける】

(6) 17:12

☞ $2\dfrac{5}{6}:2=\dfrac{17}{6}:2=\left(\dfrac{17}{6}×6\right):(2×6)=17:12$

---

比を簡単にするときの手順をまとめましょう。
- **小 数** →10倍、100倍、…して、整数にする
- **分 数** →分母が同じとき → 分子だけにする
  例) $\dfrac{2}{5}:\dfrac{3}{5}=2:3$
  分母が違うとき → 分母の公倍数をかける

② (1) ⬚12⬚ : 18 = 2 : 3　　(2) ⬚1⬚ : 0.8 = 5 : 4

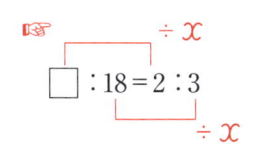

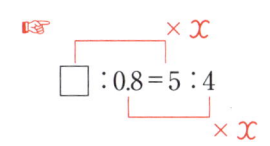

☞　　　÷ x　　　　　　☞　　　× x
　□ : 18 = 2 : 3　　　　　□ : 0.8 = 5 : 4
　　　　÷ x　　　　　　　　　　× x

18をいくつでわれば3　　0.8 × x = 4
になるのでしょうか。　　x = 5
その数をxとすると…　　そこで、
　　18 ÷ x = 3　　　　　□ × 5 = 5
　　x = 6　　　　　　　　□ = 1

そこで、
　　□ ÷ 6 = 2
　　□ = 2 × 6 = 12

③ (1) 75mℓ

☞水の量をxとすると、2 : 3 = 50 : xです。

　　　　× 25
　2 : 3 = 50 : x
　　　　　× 25

　x = 3 × 25
　　= 75

(2) 0.8 ℓ

☞濃縮ジュースの量をxとすると、2 : 3 = x : 1.2。

　　　× a
　2 : 3 = x : 1.2
　　　　× a

$$3 \times a = 1.2$$
$$a = 1.2 \div 3 = 0.4$$
$$x = 2 \times a = 2 \times 0.4 = 0.8$$

(3) 濃縮ジュース　72㎖　　水　108㎖

☞濃縮ジュース：水＝2：3ですから、濃縮ジュース2、水3に対し、全体（濃縮ジュース＋水）は5（2＋3）。次の図を見てみてください。

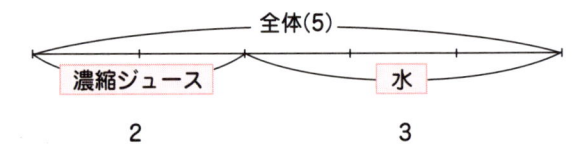

```
                    ─── 全体(5) ───
        ┌───────┬───────┬───────┬───────┬───────┐
        │ 濃縮ジュース │        │   水   │        │
        └───────┴───────┴───────┴───────┴───────┘
             2                  3
```

濃縮ジュースは全体の$\frac{2}{5}$、水は$\frac{3}{5}$。そこで、

濃縮ジュース＝全体×$\frac{2}{5}$＝180×$\frac{2}{5}$＝72

　　水　　　＝全体×$\frac{3}{5}$＝180×$\frac{3}{5}$＝108

**④** 1m

☞木の高さ：なるみさんの身長＝木のかげ：なるみさんのかげ、ですね。そして、

木の高さ：なるみさんの身長＝2.4：1.5　　　　　　　｝×10
　　　　　　　　　　　　　＝24：15　　　　　　　　｝÷3
　　　　　　　　　　　　　＝8：5

［比は等しい］

木のかげ：なるみさんのかげ＝8：5　　　　　　　　｝×0.2
　　　　　　　　　　　　　＝1.6：$x$　　　（1.6÷8＝0.2）

これでもうわかりますよね。

# 拡大図と縮図

小学生レベル ★★★ 六年生

角度は変えずに、辺の長さだけを同じ倍率で大きくしたものを**拡大図**、小さくしたものを**縮図**といいます。

たとえば、下の絵では…、

(1)

拡大 ⬇　⬆ 縮小

(2)

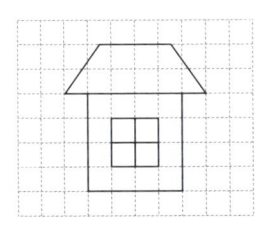

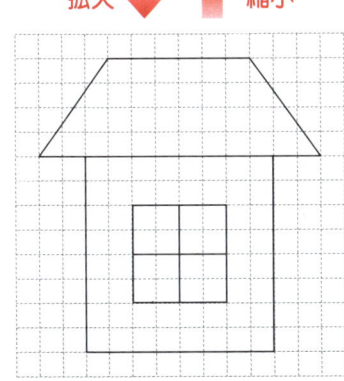

（2）は（1）の何倍でしょうか。辺の長さを比べてみてください。

対応する辺の長さがすべて2倍になっていますね。つまり、（2）は（1）の**2倍の拡大図**というわけです。この2倍を**倍率**といいます。

7章●比、比例、場合の数

反対に、(1) は (2) を何分の一に縮めたものでしょうか。対応する辺を比べてみてください。——すべて $\frac{1}{2}$ になっていますね。(1) は (2) の **$\frac{1}{2}$ の縮図**です。

この $\frac{1}{2}$ を**縮尺**といいます。縮尺には、次のような表し方があります。

①$\frac{1}{1000}$  ②1：1000  ③0　　10　　20　　30m

③では、1cmが10mを表しています。地図などでよく見る表し方ですよね。

## 1 次の三角形について、□にあてはまる数や言葉を書き入れましょう。

(1) 2倍の拡大図では、辺□に対応する辺の長さは2.4cmです。

(2) $\frac{1}{3}$ の縮図で、辺イウに対応する辺は□cmです。

## 2 次の三角形について答えましょう。

(1) 3倍の拡大図の面積は何cm²ですか。

式_____

答え_____

(2) $\frac{1}{4}$ の縮図では、面積はもとの図形の何分の一になるでしょうか。

式_____　　答え_____

**3** 三角形アイウの3倍の拡大図、四角形アカサタの$\frac{1}{3}$の縮図を書きましょう。

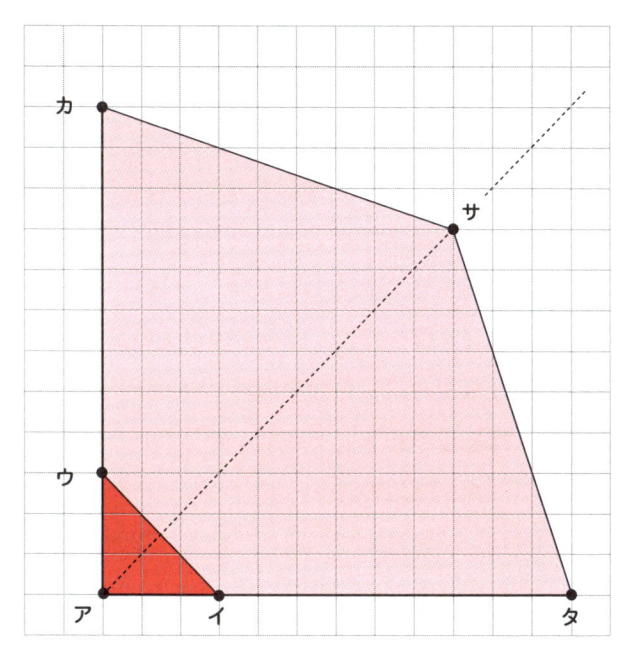

**4** 右は公園の敷地を$\frac{1}{2000}$で表したものです。

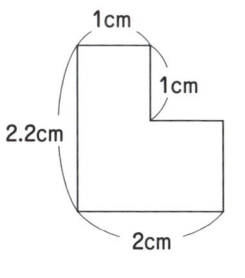

(1) 図で1cmのところは、実際には何mでしょうか。

答え _____

(2) 公園の面積を求めましょう。

式 _____  答え _____

● 答え ●

① (1) 辺 アイ　　(2) 1 cm

☞ 拡大図でも縮図でも、角度は変わりません。辺だけが、**拡大図では倍率に応じて長くなり、縮図では縮尺に応じて短くなる**のでしたね。

大人は**コピー機**に慣れているので、このあたりが理屈抜きで頭に入っているのですが、子どもは混同することもしばしば。一緒にコンビニなどでコピー機を操作してみるのもよいかもしれません。

ちなみに、**合同な図形**（→292ページ）では、角度も辺の長さもまったく同じでしたネ。

② (1) 式　底辺の長さ　$8 \times 3 = 24$　　高さ　$2 \times 3 = 6$
　　　　　$24 \times 6 \div 2 = 72$　　答え　72 cm²

(2) 式　もとの図形の面積　$8 \times 2 \div 2 = 8$

$\frac{1}{4}$ の縮図の面積　$2 \times 0.5 \div 2 = 0.5$

$8 \div 0.5 = 16$　　　　答え　$\frac{1}{16}$

☞ もとの面積の底辺を $a$、高さを $b$ とすると、縮図の面積は

$$(a \times \frac{1}{4}) \times (b \times \frac{1}{4}) \div 2 = (a \times b \div 2) \times \frac{1}{16}$$

（底辺）　（高さ）　　　　（もとの面積）

つまり、縮図の面積は**縮尺×縮尺**の分だけ小さくなるのですね。

拡大図ではどうでしょうか。これは、**倍率×倍率**だけ大きくなります。

## ③

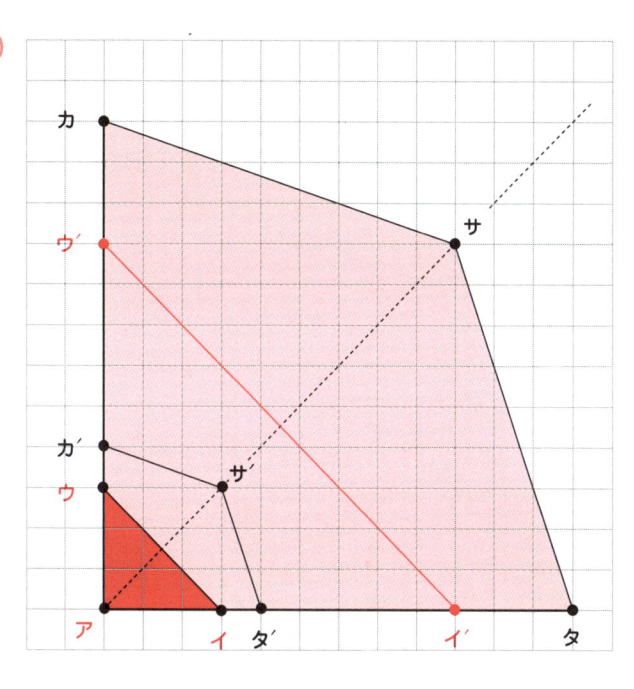

☞ 〈三角形の書き方〉

①辺アイの3倍の長さになるように、点イ'を打つ。

②辺アウの3倍の長さになるように、点ウ'を打つ。

③点イ'と点ウ'を直線結ぶ。

〈四角形の書き方〉

①点アと点サをつなぐ点線を引く。

②辺アタの$\frac{1}{3}$の長さになるように、点タ'を打つ。

③辺アカの$\frac{1}{3}$の長さになるように、点カ'を打つ。

④辺アサの$\frac{1}{3}$の長さになるように、点サ'を打つ。

　②〜④のかわりに、三角定規などを使って（→282ページ）辺カサと平行な直線カ'サ'を、直線ア

カ'が直線アカの$\frac{1}{3}$の長さになるように、辺サタと平行な直線サ'タ'を、直線アタ'が直線アタの$\frac{1}{3}$の長さになるように引いてもよい。

⑤点を直線で結ぶ。

④ (1) 20m

☞図の縮尺が$\frac{1}{2000}$ですから、実際の長さは、図面上の長さを2000倍すれば、求められますね。

　$1 \times 2000 = 2000$

実際の長さは2000cm、つまり20mというわけです。

(2) 式　$(\underbrace{1 \times 2000}_{①の横} \times \underbrace{2.2 \times 2000}_{①のたて} + \underbrace{1 \times 2000}_{②のたて} \times \underbrace{1.2 \times 2000}_{②の横})$

　　　$\underline{\div 10000}$
　　　　└ $1m^2 = 100cm \times 100cm$

$= (1 \times 2.2 + 1 \times 1.2) \times 200\cancel{0} \times \cancel{2000} \div \cancel{10000}$

$= 3.4 \times 400$

$= 1360$

答え　$1360 m^2$

## コラム ⑤

# はかれないものをはかるには？

縮図を使うと、実際にははかることがむずかしいものも簡単にはかれたりします。

たとえば、木から6mのところに立って、木のてっぺんを見上げたところ、角度は50°でした。見ている人の身長は1.5m。木は地面から垂直に伸びているものとします。

底辺（6m）と2つの角度（50°と90°）がわかれば、三角形が書けますよね。そこで、底辺を2cmとして、この角度で三角形を書いてみます。つまり、実際の$\frac{1}{300}$の縮図を書いてみるんですね。この縮図で木の高さをはかると2.7cmありました。

2.7×300＝810

木の高さは810cm、つまり8.1mというわけです。8.1mのものを簡単にはかることはできませんが、これなら簡単ですね。

川はばなども、いちいち向こう岸に渡らなくても、この方法ではかることができます（角度 $a$ と底辺 $b$ の長さを実際にはかって縮図を作り、縮図ではかった $c$ の長さを拡大）。

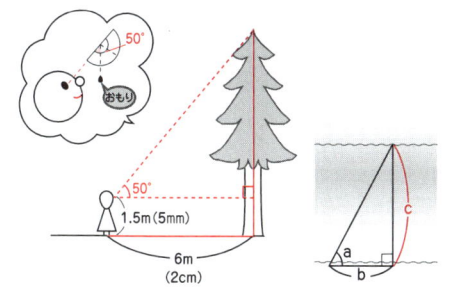

# 比例

小学生レベル

★★★
★★★ 六年生

片方が2倍、3倍、…になると、もう片方も2倍、3倍、…になる関係を**比例**といいます。例を見てみましょう。

例）水を1dℓ入れると、2cmの深さになる入れものがあります。水の量が2倍、3倍、…になると、水の深さはどうなりますか。

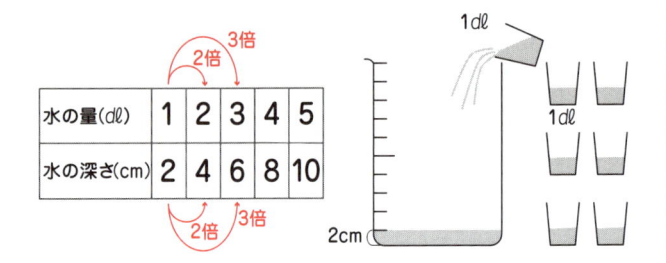

| 水の量(dℓ) | 1 | 2 | 3 | 4 | 5 |
| --- | --- | --- | --- | --- | --- |
| 水の深さ(cm) | 2 | 4 | 6 | 8 | 10 |

ここでは、水の量と深さが比例していますね。

こんなふうに、2つの量 $x$ と $y$ があり、$x$ の値が2倍、3倍、…になると、$y$ の値も2倍、3倍、…になるとき、「**$y$ は $x$ に比例する**」といいます

このとき、$x$ の値が $\frac{1}{2}$、$\frac{1}{3}$、…になると、$y$ の値も $\frac{1}{2}$、$\frac{1}{3}$、…になります。

そして、$y \div x$ の商、$\frac{y}{x}$ は**決まった数**になります。

$$y \div x = \frac{y}{x} = \textbf{決まった数}$$

例）の場合はどうでしょうか。水の量を $x$（dℓ）、深さ

を $y$（cm）とすると、$\frac{y}{x}$ は $\frac{2}{1}$、$\frac{4}{2}$、$\frac{6}{3}$、…。つまり、いつも決まった数、2になっていますよね。これは水1dℓあたりの深さが2cmと決まっていることを表しています。

そして、

　　$y = 2 \times x$

となっていることもわかります。$y$ が $x$ に比例するときには、次のような式が成り立つのです。

**$y$ ＝決まった数×$x$**

この式を比例の式といいます。

これをグラフに表すと、下のようになります。

比例のグラフでは、**たてじくを $y$、横じくを $x$** とし、グラフは**0を通る右上がりの直線**になるという特ちょうがあります（「0」は、正しくは「原点」ですが、小学校の教科書ではそこまでやらないようです）。

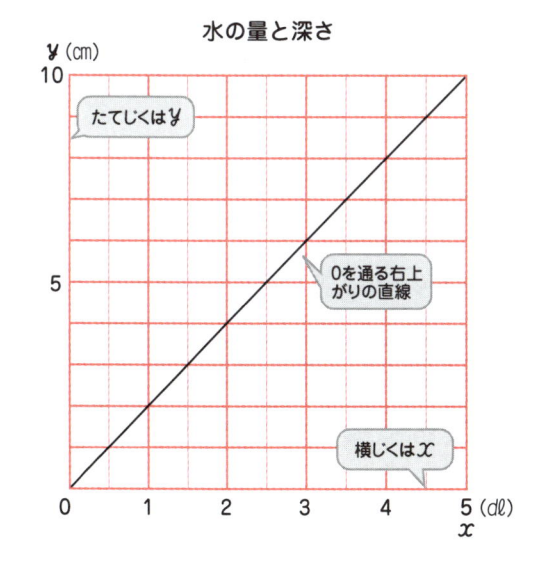

水の量と深さ

- たてじくは $y$
- 0を通る右上がりの直線
- 横じくは $x$

**1** 1こ200gのおもりがあります。おもりの数を増やしながら、全体のおもさをはかりました。

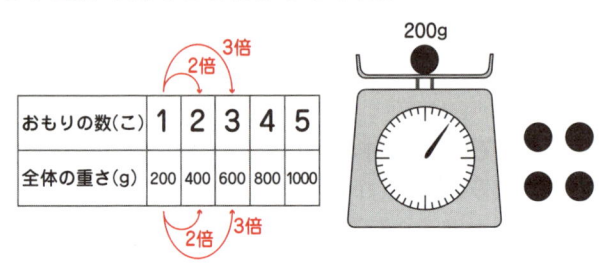

| おもりの数(こ) | 1 | 2 | 3 | 4 | 5 |
|---|---|---|---|---|---|
| 全体の重さ(g) | 200 | 400 | 600 | 800 | 1000 |

(1) おもりの数を $x$ (こ)、全体の重さを $y$ (g) として、式に表しましょう。

答え $y = \boxed{\phantom{00}} \times \boxed{\phantom{00}}$

(2) おもりが20このとき、全体の重さはいくらになるでしょうか。

式　　　　　　　　　　　答え

(3) 全体の重さをはかると2.6kgでした。おもりは何このっていますか。

式　　　　　　　　　　　答え

**2** 厚紙で1辺10cmの正方形を切り取ると20gでした。また、それと同じ厚紙で飾りを作り、重さをはかると34gでした。

(1) 厚紙の重さを $x$ (g)、面積を $y$ (cm²) として、比例の式を作りましょう。

式　$y = \boxed{\phantom{00}} \times x$

(2) (1)で求めた比例の式を使って、飾りの面積を求めましょう。

式 _____  答え _____

### 3 時間と自転車が進んだ距離をグラフに表しました。

(1) 正しいほうを○で囲みましょう。

比例のグラフでは、たて軸に（$x$、$y$）、横軸に（$x$、$y$）を置き、(0、1) を通る（曲線、直線）を描きます。

(2) 2分後、何m進みましたか。

答え _____

(3) 450m進むのは何分後ですか。

答え _____

(4) 比例の式はどうなりますか。

式 _____

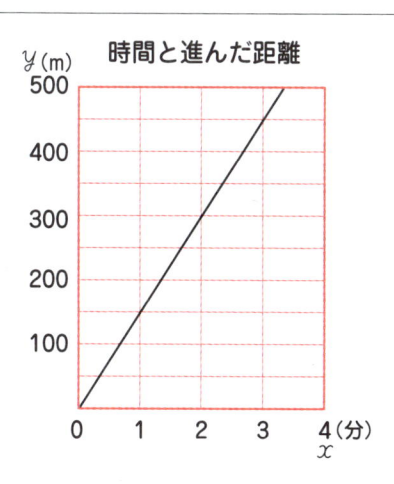

**時間と進んだ距離**

## 答え

**①** (1) $y = \boxed{200} \times \boxed{x}$

☞ まず、$\frac{y}{x}$を求めましょう。表を見ると、$\frac{200}{1}$、$\frac{400}{2}$、$\frac{600}{3}$、…ですから、$\frac{y}{x}$は200だとわかりますね。

(2) 式　$200 \times 20 = 4000$　答え　4000g（または4kg）

☞ (1)の式の$x$に20をあてはめるんですね。

(3) 式　$x \times 0.2 = 2.6$
$$x = 2.6 \div 0.2 = 13$$
答え　13こ

**②** (1) 式　$y = 5 \times x$

☞ 正方形の面積は「1辺×1辺」なので、この厚紙は100cm²で20g。

もし200cm²なら？　そう、40gですよね。面積と重さは比例していることがわかります。そこで、式は、

$y = \boxed{\phantom{0}} \times x$

$100 = \boxed{\phantom{0}} \times 20$

$\boxed{\phantom{0}}$つまり、$\frac{y}{x}$は$\frac{100}{20}$、すなわち5。

(2) 式　$5 \times 34 = 170$　答え　170cm²

**③** (1) $y$、$x$、0、直線　　(2) 300m　　(3) 3分後

(4) 式　$y = 150 \times x$

☞ (2)をもとに、$\frac{y}{x} = \frac{300}{2} = 150$として求めることもできますが、グラフを見ると、$x$が1（分）のとき、$y$が150（m）なので、すぐに150だとわかります（$\frac{y}{x}$は「$x$1につき、$y$はいくつか」を表したものなので→405ページ）。

# 反比例

小学生レベル 六年生

片方が2倍、3倍、…になると、もう片方が$\frac{1}{2}$、$\frac{1}{3}$、…になる関係を**反比例**といいます。例を見てみましょう。

例）面積が12㎠の長方形があります。たてと横の長さの関係を表にすると、次のようになりました。

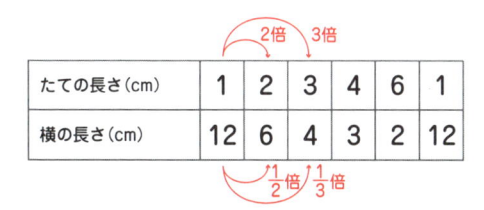

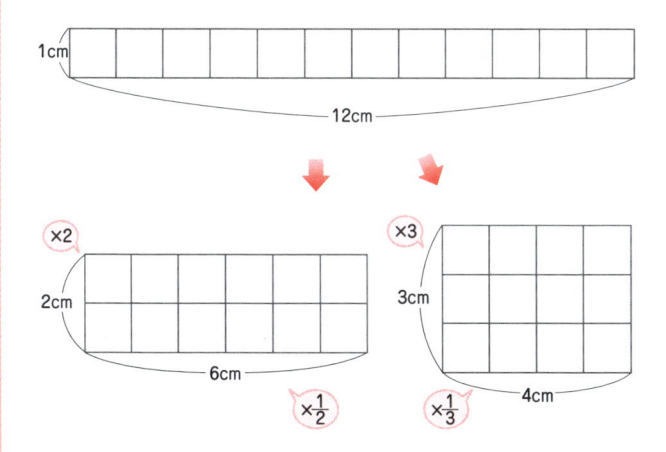

2倍　3倍

| たての長さ(cm) | 1 | 2 | 3 | 4 | 6 | 1 |
|---|---|---|---|---|---|---|
| 横の長さ(cm) | 12 | 6 | 4 | 3 | 2 | 12 |

$\frac{1}{2}$倍　$\frac{1}{3}$倍

1cm / 12cm

×2 / 2cm / 6cm / ×$\frac{1}{2}$

×3 / 3cm / 4cm / ×$\frac{1}{3}$

たての長さを$x$(cm)、横の長さを$y$(cm)とすると、$x$

$x$の値が2倍、3倍、…になるにつれて、$y$の値はどうなっているでしょうか。$\frac{1}{2}$、$\frac{1}{3}$倍、…となっていますね。

こんなふうに、2つの量 $x$ と $y$ があり、$x$ の値が2倍、3倍、…になると、$y$ の値が $\frac{1}{2}$ 倍、$\frac{1}{3}$ 倍、…になるとき、**「$x$ は $y$ に反比例する」** といいます

そして、**$x \times y$ の積は決まった数**になります。

**$x \times y =$ 決まった数**

例1）の場合はどうでしょうか。

$x$ が1のとき $y$ は12、$x$ が2のとき $y$ は6…。いつでも、
$x \times y = 12$
になっていますね。

そこで、次の式も成り立ちます。

**$y =$ 決まった数 $\div x$**

反比例のグラフは、比例と違って、**直線にはなりません**（点を細かく打つほど、**曲線**に近くなります）。

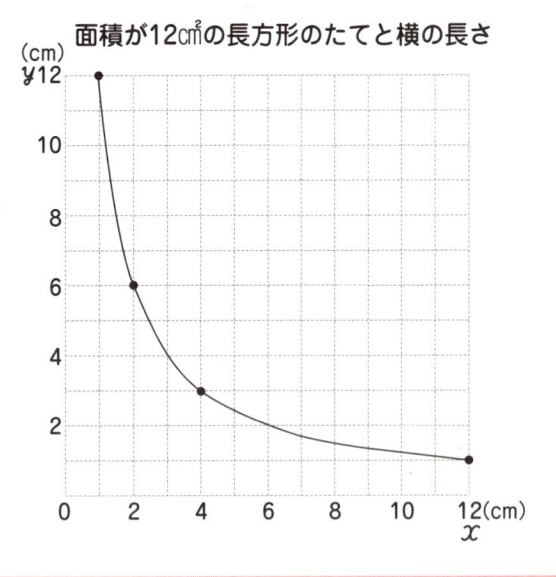

**面積が12㎠の長方形のたてと横の長さ**

**1** 300このお菓子を作るために、使う機械の数と、かかる時間を表にまとめると、表のようになりました。

| 機械の数(台) | 1 | 2 | 3 | 4 | 5 | 6 | 10 |
|---|---|---|---|---|---|---|---|
| 300こ作るのにかかる時間(分) | 30 | 15 | 10 | 7.5 | | | |

(1) 機械の数が1台の2倍の□台になると、かかる時間は$\frac{1}{□}$の□分になります。

(2) 上の表の空いた欄にあてはまる数を書き入れましょう。

(3) 機械の数を$x$（台）、300こ作るのにかかる時間を$y$（分）として、$y$を表す式を書きましょう。

式　$y = □ \div x$

(4) グラフを書きましょう。

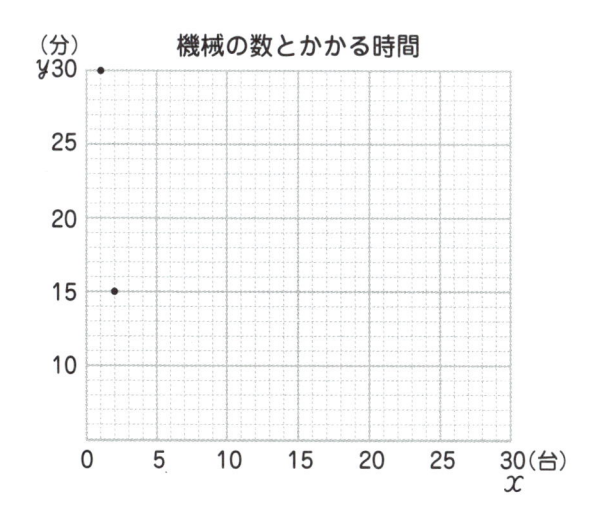

機械の数とかかる時間

**2** 2つの量が比例するもの、反比例するものをそれぞれ選び出しましょう。また、$y$を表す式を書きましょう。

①水道から1分間に4ℓの水が出ているとき、時間$x$（分）と水の量$y$（ℓ）。

式　$y = $ ☐

②底辺は5cmのままで、高さを1cm、2cm、…と変えていったときの、三角形の高さ$x$（cm）と面積$y$（cm²）。

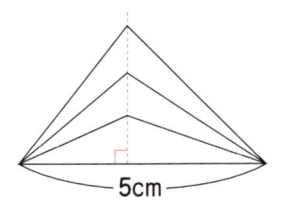

式　$y = $ ☐

③容積が125m³のプールを水で満たすために、1分間に1kℓ、2kℓ、…というように、1分間あたりの水の量を増やしていったとき、1分間あたりの水の量$x$（kℓ）と、プールをいっぱいにするのに必要な時間$y$（分）。

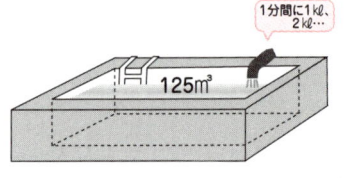

式　$y = $ ☐

比例　　　　　　　　反比例

**3** 緑が丘市から青葉市までの道のりは120kmです。自動車で緑が丘市から青葉市まで行くとき、時速を$x$（km）、到着までにかかる時間を$y$（時間）として、$y$を表す式を書きましょう（一定のスピードで走るものとします）。

式

## 答え

① (1) $\boxed{2}$、$\boxed{\dfrac{1}{2}}$、$\boxed{15}$

(2)

| 機械の数(台) | 1 | 2 | 3 | 4 | 5 | 6 | 10 |
|---|---|---|---|---|---|---|---|
| 300こ作るのにかかる時間(分) | 30 | 15 | 10 | 7.5 | 6 | 5 | 3 |

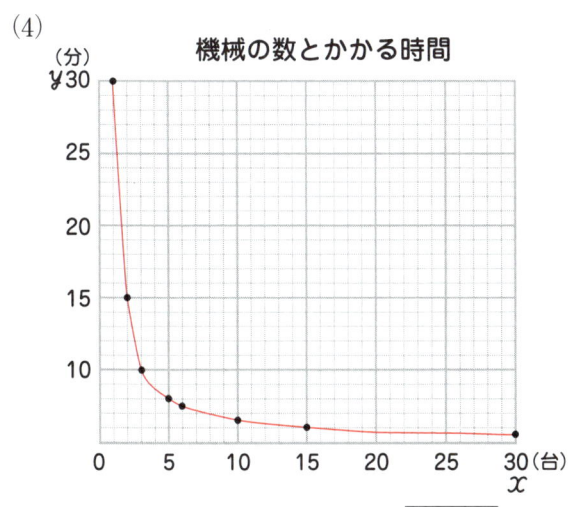

かけると、30になる組み合わせ

(3) $y = \boxed{30} \div x$ ☞表を見ると、$x \times y = 30$。

(4)

**機械の数とかかる時間**

② ① $y = \boxed{4 \times x}$ …比例　　② $y = \boxed{\dfrac{5}{2} \times x}$ …比例

③ $y = \boxed{125 \div x}$ …反比例

☞ 1分間に1kℓそそぐと、125分でいっぱいになります（1㎥＝1kℓ→355ページ）。2kℓなら、半分の62.5分。つまり、$x \times y = 125$、反比例の関係です。**$x$と$y$が反比例するとは、$x$と$y$の積が一定ということでもあるのです。**

③ 式　$y = 120 \div x$

# 場合の数

**小学生レベル**
六年生

　**場合の数**とは、どういうものだったか覚えていらっしゃいますか。赤玉と白玉を使った例や樹形図という言葉が記憶にある方も多いかもしれません。

　場合の数は、「並べ方」や「組み合わせ方」が何とおりあるかを考える問題です。

例1) 1組から4組まで、4クラスで野球の試合をします。どのクラスとも1回ずつ対戦するとき、対戦の組み合わせは何とおりあるでしょうか。

まず、表を使って考えてみる方法です。

(1)

| 1組 | 2組 | 3組 | 4組 |
|---|---|---|---|
| ① | ① |  |  |
| ② |  | ② |  |
| ③ |  |  | ③ |
|  | ④ | ④ |  |
|  | ⑤ |  | ⑤ |
|  |  | ⑥ | ⑥ |

(2)

|  | 1組 | 2組 | 3組 | 4組 |
|---|---|---|---|---|
| 1組 |  | ① | ② | ③ |
| 2組 |  |  | ④ | ⑤ |
| 3組 | 同じ組み合わせなので数えない |  |  | ⑥ |
| 4組 |  |  |  |  |

414

答えは6とおり。

(2)の表では、ます目が6以上ありますが、斜線を引いた部分の組み合わせ方は○をつけた部分と同じ（「1組対2組」は「2組対1組」と同じ）なので、数えません。

もうひとつは、図を使って考える方法です。

右のように、1〜4組までを頂点として直線で結び、辺と対角線の数を合計したものが組み合わせ方の数になります。

次に、「並べ方」について考えてみましょう。

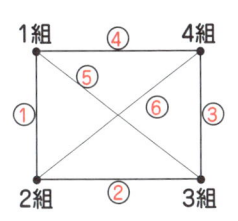

例2）A、B、Cの3人でリレーのチームをつくります。走る順番は何とおりあるでしょうか。

図にすると簡単にわかります。

```
     1番目    2番目    3番目
              B   ——  C
      A  <
              C   ——  B

              A   ——  C
      B  <
              C   ——  A

              A   ——  B
      C  <
              B   ——  A
```

6とおりですね。

nこのものを並べるとき、こんなふうにn×(n−1)×(n−2)…で、何とおりの並べ方があるかがわかります。小学校では習わない式ですが、覚えておくと、ふだん何か組み合わせ方を考えるときなどに意外に便利ですよ。

**1** 10円玉を3回投げたとき、表と裏の出方には、何とおりあるでしょうか。図を書いて求めましょう。

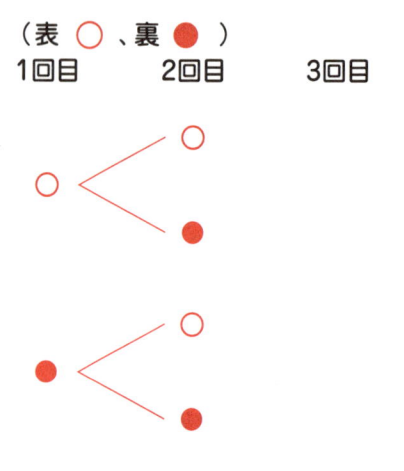

（表 ◯、裏 ●）
1回目　　2回目　　3回目

答え＿＿＿＿＿＿

**2** 赤、青、黄、緑、白の5つのビー玉の中から3つ選びます。選び方は何とおりありますか。図や表を書いて求めましょう。

ヒント：5つの中から3つ取り出すということは、（取り出さないものを）2つ選ぶというのと同じ。2種類のビー玉の組み合わせ方を考えましょう（→418ページ。これは1つの解き方です。ほかにも考えてみてください）。

答え＿＿＿＿＿＿

## ３ 0、2、4、6のカードが1枚ずつ、全部で4枚あります。

(1) この中から2枚選んで、2けたの数を作ります。全部で何とおりできるでしょうか。

答え＿＿＿＿＿＿

(2) 4枚を並べて4けたの数を作ります。全部で何とおりできるでしょうか。

答え＿＿＿＿＿＿

場合の数にややこしいイメージが持たれやすいのは、「どのタイプの問題には、どのタイプの図表を使えばいいのか」がわかりにくいからのようです。次のページを参考にしてください。

① いくつかの中から2つを取る組み合わせ方

例1）や❷がこのタイプですね。

|   | A | B | C | D |
|---|---|---|---|---|
| A |   | ① | ② | ③ |
| B |   |   | ④ | ⑤ |
| C |   |   |   | ⑥ |
| D |   |   |   |   |

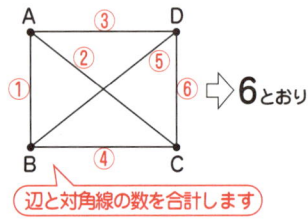

辺と対角線の数を合計します

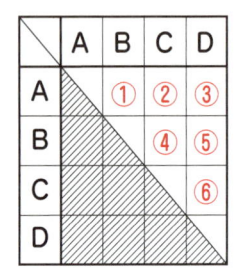

⇨ 6とおり

② いくつかのものを並べるときの組み合わせ方

例2）がこのタイプです。

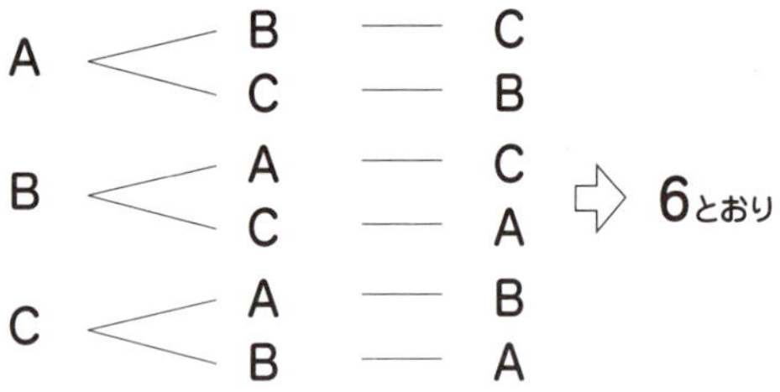

A ＜ B ― C
　　 C ― B

B ＜ A ― C
　　 C ― A

C ＜ A ― B
　　 B ― A

⇨ 6とおり

③ 2種類のものを並べるときの組み合わせ方

❶がこのタイプですね。

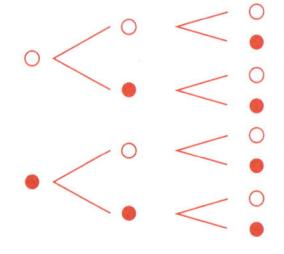

⇨ 8とおり

## 答え

**①** 8とおり

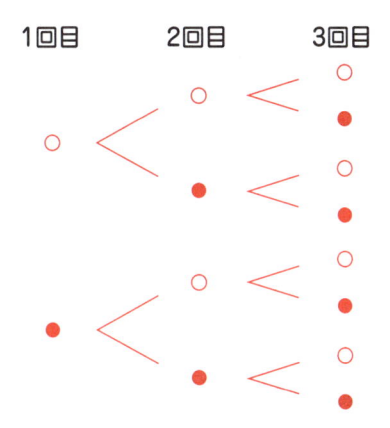

**1回目　2回目　3回目**

☞ これを見ると、コインを3回投げて、3回とも表が出るのは8度やって1度だけ。ですから、**コインの表（または裏）が続けて3回出る確率は$\frac{1}{8}$**（12.5％）といえます。

**②** 10とおり

☞ いくつかのものの中から2つを取って、組み合わせ方を見るときは、図形か表を書くとすぐわかります。

**③** (1) 9とおり

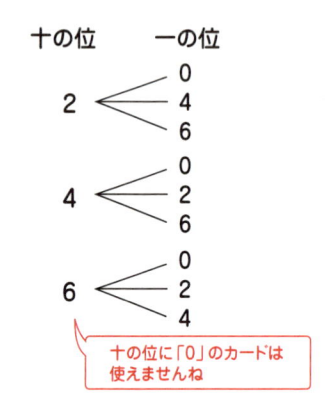

```
十の位    一の位
          ┌ 0
       2 ─┼ 4
          └ 6

          ┌ 0
       4 ─┼ 2
          └ 6

          ┌ 0
       6 ─┼ 2
          └ 4
```

> 十の位に「0」のカードは使えませんね

(2) 18とおり

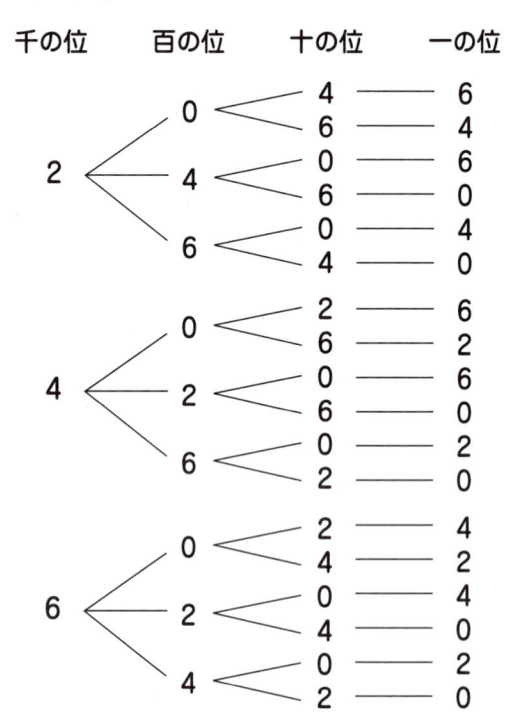

```
千の位    百の位    十の位    一の位
                    ┌ 0 ── 4 ── 6
                    │      6 ── 4
          2 ────────┼ 4 ── 0 ── 6
                    │      6 ── 0
                    └ 6 ── 0 ── 4
                           4 ── 0

                    ┌ 0 ── 2 ── 6
                    │      6 ── 2
          4 ────────┼ 2 ── 0 ── 6
                    │      6 ── 0
                    └ 6 ── 0 ── 2
                           2 ── 0

                    ┌ 0 ── 2 ── 4
                    │      4 ── 2
          6 ────────┼ 2 ── 0 ── 4
                    │      4 ── 0
                    └ 4 ── 0 ── 2
                           2 ── 0
```

<主要参考文献一覧>

- 『新訂 あたらしいさんすう1』（東京書籍）
- 『新訂 新しい算数 2上』（東京書籍）
- 『新編 新しい算数 2下』（東京書籍）
- 『新訂 新しい算数 3上』（東京書籍）
- 『新編 新しい算数 3下』（東京書籍）
- 『新訂 新しい算数 4上』（東京書籍）
- 『新編 新しい算数 4下』（東京書籍）
- 『新訂 新しい算数 5上』（東京書籍）
- 『新編 新しい算数 5下』（東京書籍）
- 『新訂 新しい算数 6上』（東京書籍）
- 『新編 新しい算数 6下』（東京書籍）
- 『さんすう1』（教育出版）
- 『算数 2上』（教育出版）
- 『算数 2下』（教育出版）
- 『算数 3上』（教育出版）
- 『算数 3下』（教育出版）
- 『算数 4上』（教育出版）
- 『算数 4下』（教育出版）
- 『算数 5上』（教育出版）
- 『算数 5下』（教育出版）
- 『算数 6上』（教育出版）
- 『算数 6下』（教育出版）
- 『みんなとあそぶ しょうがっこう さんすう 1ねん』（学校図書）
- 『みんなと学ぶ 小学校 算数 2年上』（学校図書）
- 『みんなと学ぶ 小学校 算数 2年下』（学校図書）
- 『みんなと学ぶ 小学校 算数 3年上』（学校図書）
- 『みんなと学ぶ 小学校 算数 3年下』（学校図書）
- 『みんなと学ぶ 小学校 算数 4年上』（学校図書）
- 『みんなと学ぶ 小学校 算数 4年下』（学校図書）
- 『みんなと学ぶ 小学校 算数 5年上』（学校図書）
- 『みんなと学ぶ 小学校 算数 5年下』（学校図書）
- 『みんなと学ぶ 小学校 算数 6年上』（学校図書）
- 『みんなと学ぶ 小学校 算数 6年下』（学校図書）

〔著者紹介〕
**小学校の算数を楽しむ会**
（しょうがっこうのさんすうをたのしむかい）

　会社員、主婦、元塾講師、編集者、ライターなど、さまざまなバックグラウンドを持つ仲間たちが月1回集まり、小学校の算数で遊ぼうという趣旨のもと、自作の問題を出し合う、解答を競い合う、雑談に興じる（算数から逸脱することもしばしば）などしている。代表・磯崎ひとみ。

## この算数、できる？

(検印省略)

2001年11月22日　第1刷発行
2004年 7月22日　第16刷発行

著　者　小学校の算数を楽しむ会（しょうがっこうのさんすうをたのしむかい）
発行者　杉本　惇

発行所　㈱中経出版
　　　　〒102-0083
　　　　東京都千代田区麹町3の2　相互麹町第一ビル
　　　　電話　03(3262)0371（営業代表）
　　　　　　　03(3262)2124（編集代表）
　　　　FAX 03(3262)6855　振替 00110-7-86836
　　　　ホームページ　http://www.chukei.co.jp/

乱丁本・落丁本はお取替え致します。
DTP／エム・エー・ディー　印刷／新日本印刷　製本／越後堂製本

ⓒ2001 Shougakkounosansuuwotanoshimukai, Printed in Japan.
ISBN4-8061-1547-9　C0041